“十四五”时期国家重点出版物出版专项规划项目
新 能 源 先 进 技 术 研 究 与 应 用 系 列

储能原理与技术

Principles and Technology for Energy Storage

郭 韵 陈 斌 张运燊 著

哈爾濱工業大學出版社
HARBIN INSTITUTE OF TECHNOLOGY PRESS

内 容 简 介

本书共6章，涵盖新能源、电力电子技术和控制系统的相关内容。各章节内容依次为主要储能技术与电池管理系统、能源行业储能技术需求、间歇性能源储能技术、移动式储能系统、氢气存储及储热、锂离子电池。

本书既可供从事新能源技术研究和能源管理工作的有关人员参考使用，也可作为高等院校新能源技术、动力工程、电子科学与技术、电气、环境等专业本科生及研究生的储能专业课程教材。

图书在版编目(CIP)数据

储能原理与技术/郭韵，陈斌，张运燊著．—哈尔滨：哈尔滨工业大学出版社，2022.9(2024.1重印)

ISBN 978－7－5603－8800－7

Ⅰ.①储…　Ⅱ.①郭…　②陈…　③张…　Ⅲ.①储能－技术－高等学校－教材　Ⅳ.①TK02

中国版本图书馆CIP数据核字(2022)第032460号

策划编辑　王桂芝
责任编辑　马毓聪
出版发行　哈尔滨工业大学出版社
社　　址　哈尔滨市南岗区复华四道街10号　邮编150006
传　　真　0451－86414749
网　　址　http://hitpress.hit.edu.cn
印　　刷　哈尔滨市工大节能印刷厂
开　　本　787 mm×1 092 mm　1/16　印张12.75　字数302千字
版　　次　2022年9月第1版　2024年1月第2次印刷
书　　号　ISBN 978－7－5603－8800－7
定　　价　48.00元

前　言

随着碳达峰、碳中和目标升级为国家战略，“双碳”目标将纳入生态文明建设整体布局，全面推行绿色低碳循环经济发展，为中国能源转型发展指明了方向。储能是一项发展前景广阔且具有现实意义的科学技术，储能的发展其实也是能源利用技术的发展。储能技术如今在我们的生活中早已拥有了无法取代的地位，无论是续航能力更强的手机，容量更大的充电宝，还是更便利的锂空气电池电动车，抑或是新能源汽车的性能优化等，都离不开储能技术的发展。随着新能源的开发利用，各种新能源电站大批量地被建立起来，随之而来的是新能源的大量消纳问题，而储能技术则是解决此类问题的最佳方案之一。同时，与新能源技术发展伴随而来的是微电网等新型能源利用方式的产生。但是，无论是新能源电站还是微电网，并网问题都是迫切需要解决的，两者的并网方式选择不佳会导致对大电网稳定性产生消极影响。发展储能技术并投入使用，可以降低其并网难度。

为了“碳达峰”“碳中和”目标的逐一实现，对于高级专门人才的格局需求和素质要求发生了巨大变化，新的学科门类也在不断发展。目前国内外有关储能及相关电力电子技术和控制系统的书籍较少，为了拓展并普及对储能的认知，为发展我国的储能技术做出自己的一份贡献，作者特著此书。本书分为 6 章，涵盖新能源、电力电子技术和控制系统的相关内容，各章节内容依次为主要储能技术与电池管理系统、能源行业储能技术需求、间歇性能源储能技术、移动式储能系统、氢气存储及储热、锂离子电池。另外书中还介绍了新能源并网的相关技术。

本书得到上海市“科技创新行动计划”项目以及上海工程技术大学出版专项支持，是一本内容丰富、专业性强的学术著作。本书既可供从事新能源技术研究和能源项目管理工作的有关人员参考使用，也可作为高等院校新能源技术、动力工程、电子科学与技术、电气、环境等专业本科生及研究生的储能专业课程教材。

本书是参考相关资料，并结合作者多年来研究工作的成果而著成。由于作者水平有限，时间仓促，书中难免存在不足之处，恳请读者批评指正。

作　者
2022 年 5 月

目　录

第 1 章　主要储能技术与电池管理系统 …… 1

1.1　机械类储能 …… 1

1.2　电化学储能 …… 5

1.3　超级电容储能 …… 15

1.4　储热储能 …… 16

1.5　储氢储能 …… 17

1.6　电池管理系统 …… 18

第 2 章　能源行业储能技术需求 …… 22

2.1　电源侧储能技术需求 …… 22

2.2　电网侧储能技术需求 …… 24

2.3　用户侧及居民侧储能技术需求 …… 27

2.4　社会化功能性服务设施储能技术需求 …… 28

2.5　储能技术的市场需求 …… 30

第 3 章　间歇性能源储能技术 …… 34

3.1　光伏发电系统 …… 34

3.2　新能源并网发电系统 …… 44

3.3　微电网中储能系统种类及作用 …… 70

3.4　微电网储能应用关键技术 …… 74

第 4 章　移动式储能系统 …… 102

4.1　移动式储能系统的市场需求 …… 102

4.2　移动式储能系统的作用和组成 …… 102

4.3　集装箱式储能系统 …… 103

第 5 章　氢气存储及储热 …… 111

5.1　气态储氢及液态储氢 …… 111

5.2　金属氢化物储氢 …… 112

5.3　其他储氢方式 …… 117

5.4　氢气存储发展动向 …… 127

5.5　储热技术热力学基础 …… 130

5.6　储热材料 …… 137

5.7 储热发展动向 …………………………………………………………………… 140
第 6 章 锂离子电池 ………………………………………………………………… 143
6.1 锂离子电池原理 ………………………………………………………………… 143
6.2 锂离子电池发展现状 …………………………………………………………… 146
6.3 功率二极管 ……………………………………………………………………… 154
6.4 双极结型晶体管 ………………………………………………………………… 160
6.5 超级电容器故障类型及优化方式 ……………………………………………… 175
附录 A 分布式发电并网对电能质量和可靠性的影响 …………………………… 178
A.1 简介 ……………………………………………………………………………… 178
A.2 电能质量扰动 …………………………………………………………………… 179
A.3 电能质量敏感用户 ……………………………………………………………… 182
A.4 现有电能质量改善技术 ………………………………………………………… 182
参考文献 ……………………………………………………………………………… 187
名词索引 ……………………………………………………………………………… 190

第1章　主要储能技术与电池管理系统

1.1　机械类储能

机械类储能主要包括抽水蓄能、飞轮储能以及压缩空气储能等。机械类储能主要是将能量以机械能的形式进行存储。

1.1.1　抽水蓄能

抽水蓄能即将“多余”电能以水的重力势能(位能)形式进行存储,再根据用电需求选择适当的时机将水的重力势能转化为电能以缓解电网用电紧张。

抽水蓄能一般通过建立抽水蓄能电站来实现,抽水蓄能电站主要由上水库、下水库、抽水泵以及水轮发电机组等组成,其结构简图如图1.1示。

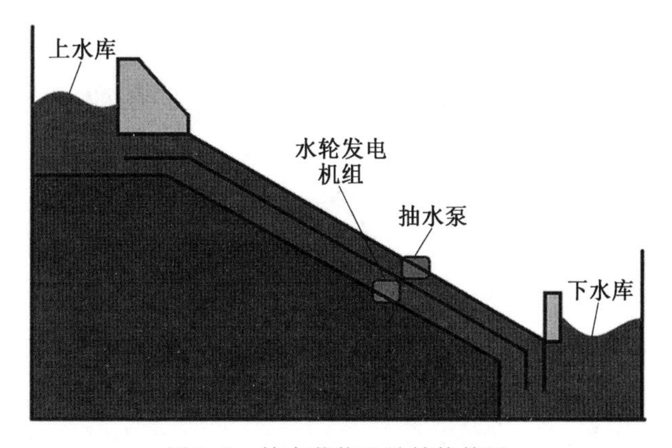

图1.1　抽水蓄能电站结构简图

抽水蓄能电站应用于电力系统的主要作用是对电网进行削峰填谷,缓解电网压力。在电网负荷低的时段,利用电网“多余”的电能将水从下水库通过抽水泵抽入上水库,将电能以水的重力势能形式储存起来,提升电网负荷从而起到“填谷”的作用;当电力系统处于用电高峰期的时候,电网负荷加重,抽水蓄能电站通过水的重力势能带动水轮发电机组发电,再经过变压器将电能输入电网,缓解电网压力,起到“削峰”的作用。各时段抽水蓄能电站的工作原理及能量转换如图1.2所示。

抽水蓄能电站在用电高峰时进行水轮发电的发电量E_T与在用电低谷时从下水库抽水进入上水库所用电量E_P分别可由式(1.1)及式(1.2)计算得到。

$$E_T=\frac{VH\eta_T}{367.2}\quad (kW\cdot h) \tag{1.1}$$

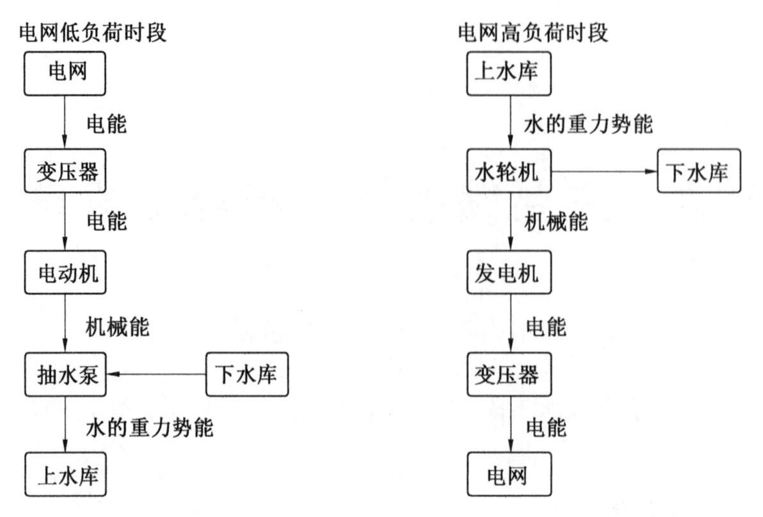

图 1.2　各时段抽水蓄能电站的工作原理及能量转换

$$E_P = \frac{VH\eta_P}{367.2} \quad (\text{kW} \cdot \text{h}) \tag{1.2}$$

式中,V 为上水库或下水库的蓄能容量,m^3;H 为抽水工况的平均扬程或发电工况的平均水头,m;η_T,η_P 分别为发电工况及抽水工况下抽水蓄能电站的运行效率,%;367.2 为能量单位换算系数。

发电量 E_T 及抽水用电量 E_P 在数值上并非等值,基本满足“四度电换三度电”的说法,也就是抽水蓄能综合效率 η 为发电量 E_T 与抽水用电量 E_P 的比值,数值上 $\eta=0.65\sim0.75$。抽水蓄能综合效率具体计算公式为

$$\eta = \frac{E_T}{E_P} = \eta_T \eta_P \tag{1.3}$$

$$\eta_T = \eta_1 \eta_2 \eta_3 \eta_4 \tag{1.4}$$

$$\eta_P = \eta_5 \eta_6 \eta_7 \eta_8 \tag{1.5}$$

式中,η_1,η_2,η_3,η_4 分别为抽水蓄能电站发电时输水系统、水轮机、发电机以及变压器的运行效率,%;η_5,η_6,η_7,η_8 分别为抽水蓄能电站抽水时变压器、电动机、抽水泵以及输水系统的运行效率,%。

抽水蓄能电站进行抽水时消耗的电能与发电时产生的电能单纯在数值上看仿佛是一种低效的能源储存方式,但是从市场经济的角度来看,将用电低谷时的电能进行储存,并在用电高峰时供给出售,其中高价电与低价电的差值远高于能源储存、释放循环周期内消耗掉的电能费用。

抽水蓄能电站总的来说具有以下优点:技术成熟、持续放电时间长(以天计)、电站使用寿命长(以十年计)、机组启停灵活等。

另一方面,抽水蓄能电站因其工作特点,需要较高的平均水头,且占地面积大,因此其也具有对自然及地质环境要求严格、投资成本高、建设周期长且投资回收期长等缺点。

1.1.2　飞轮储能

飞轮储能又被称为飞轮电池,是一种能储存机械能及电能以及将机械能与电能互相

转换的储能技术。

飞轮储能系统一般由飞轮、电动机、轴承、真空泵及电力电子设备(电力转换器)等组成,其结构如图 1.3 所示。

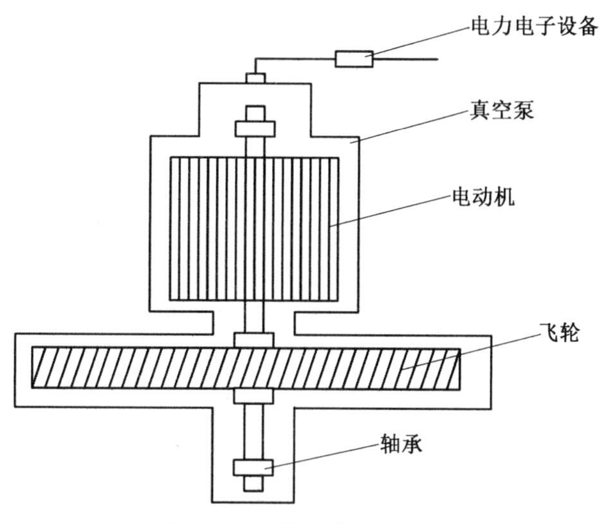

图 1.3　飞轮储能系统结构

飞轮储能系统通过机械能与电能之间的互相转换来完成其作为储能单元的职责。飞轮储能系统的充电方式一般分为两种:一种是由电能通过电力电子设备驱动电动机带动飞轮提速储能;另一种则是直接提供机械能通过传动装置带动飞轮提速储能。飞轮储能系统在发电时通过带动发电机发电,再经过电力电子设备进行电能输出。其工作原理如图 1.4 所示。

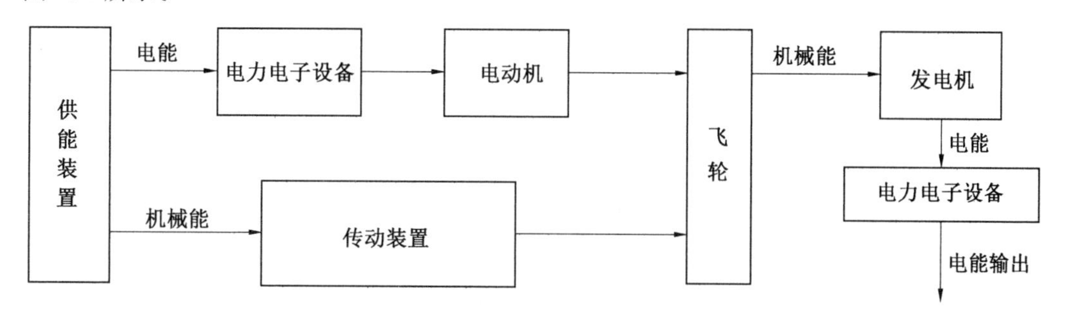

图 1.4　飞轮储能系统工作原理

飞轮储能系统中飞轮转动存储能量 E 为

$$E=\frac{1}{2}Jw^2 \tag{1.6}$$

$$J=\sum_i m_i r_i^2 \tag{1.7}$$

式中,J 为飞轮转动惯量,$kg \cdot m^2$;w 为飞轮旋转角转速,rad/s;m_i为不同半径上对应的飞轮质量分量,kg;r_i为飞轮各部分与旋转中心的距离,m。

由式(1.6)及式(1.7)可知,储能时飞轮转动存储的能量受不同半径上对应的飞轮质量分量、飞轮各部分与旋转中心的距离及飞轮旋转角速度影响。当飞轮大小一定时,主要影响飞轮转动存储能量的因素为集中飞轮大部分质量的轮缘质量以及飞轮转速，且与飞轮储能所存储能量大小成正比。

飞轮储能具有能量储存密度高，充放电快，充放电次数无限制，污染小，响应快以及使用寿命长等特点。因此，飞轮储能适用范围广泛，现今被研究并应用于不间断供电、电动汽车电池、大功率脉冲放电电源、风力发电系统不间断供电以及免蓄电池磁悬浮飞轮储能不间断电源（UPS）等方面。

1.1.3　压缩空气储能

压缩空气储能是一种适用于各种场合的储能技术，具有可靠性高、经济环保、适用性广等特点。压缩空气储能系统主要包括电动机、压缩机、冷却器、储气装置、换热器/燃烧室、膨胀机、发电机以及其他辅助/控制装置。其结构及原理如图 1.5 所示。

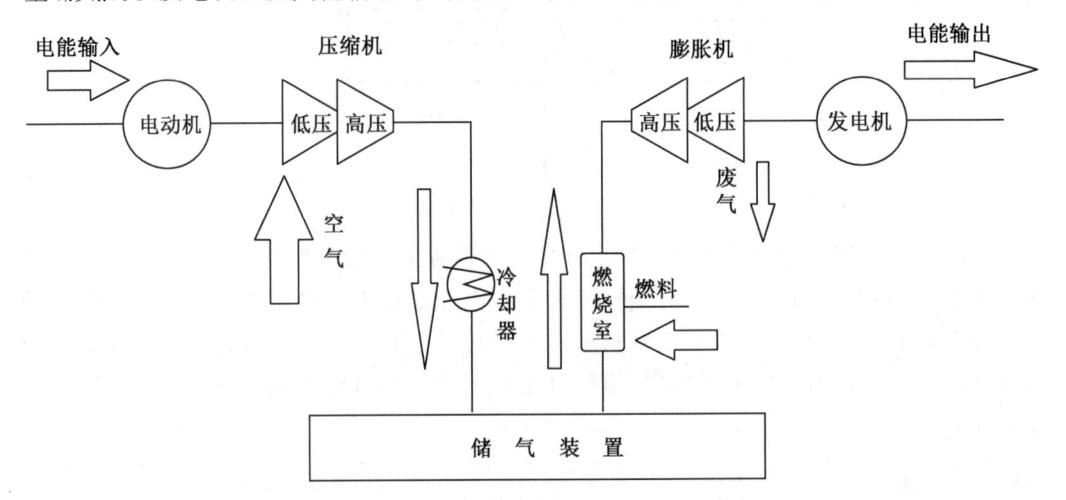

图 1.5　压缩空气储能系统结构及原理

压缩空气储能系统的主要工作方式为电力系统用电负荷低谷时，将“多余”电能通过电动机带动压缩机把空气压缩存入储气装置中，等到电力系统用电负荷高峰时，利用压缩空气通过膨胀机做功带动发电机发电，输出电能供给电网用户使用。储气装置按储能系统大小不同而有所差别，一般将高压储气罐用于微小型压缩空气储能系统中，大型压缩空气储能系统一般使用洞穴、地下矿井等作为储气装置。

压缩空气储能系统通过用电能驱动压缩机压缩气体，形成高压空气来进行储能。压缩空气的过程主要由压缩机完成，从减少功耗的角度来看，压缩空气的过程越接近等温压缩，功耗越少，于是多采用带中间冷却的多级压缩过程对空气进行压缩。式(1.8)至式(1.10)分别为绝热压缩、等温压缩、带中间冷却环节的多级压缩过程的功耗（分别为 W_{cs}、W_{ct}、W_{cn}）计算公式。

$$W_{cs}=\frac{k}{k-1}p_1V_1\left[\left(\frac{p_2^{(k-1)/k}}{p_1}\right)-1\right] \tag{1.8}$$

式中，V_1 为气体被压缩前的体积。

$$W_{ct}=\int_1^2 V\mathrm{d}p=p_1V_1\ln\frac{p_2}{p_1} \tag{1.9}$$

式中，p 为压缩机瞬时压力。

$$W_{\mathrm{cn}}=\frac{k}{k-1}np_1V_1\left[\left(\frac{p_2^{(k-1)/nk}}{p_1}\right)-1\right] \tag{1.10}$$

式中，k 为绝热指数；n 为多级压缩的级数；p_1，p_2 分别为压缩机的进、排气压力。

在压缩空气储能系统的膨胀过程中，气体通过膨胀机对外输出功率，带动发电机发电输出电能。膨胀机一般采用中间加热多级膨胀，使得膨胀过程近似于等温膨胀过程，达到输出功最大化的目的。等温膨胀输出功为

$$W_{\mathrm{et}}=p_3V_3\ln\left(\frac{p_3}{p_4}\right) \tag{1.11}$$

式中，p_3 为输入气体压力；p_4 为输出气体压力；V_3 为输入气体体积。

在实际情况中，多级膨胀过程无法完全等同于等温膨胀过程，会受到输出气体温度影响，因此往往会在储气装置与膨胀机间设置燃烧室，提高送入膨胀机气体的温度，起到提高膨胀过程输出功的作用。同时，无论是压缩过程还是膨胀过程，设置的多级过程级数不宜过多，否则会导致设备过于庞大臃肿，一般级数不超过4级。

1.2　电化学储能

电化学储能是指各种二次电池储能，利用化学元素做储能介质，充放电过程伴随储能介质的化学反应或者变化，主要包括铅酸电池、液流电池、钠硫电池、锂离子电池等。目前以锂离子电池和铅酸电池为主。电化学储能电站通过化学反应进行电池正负极的充电和放电，实现能量转换。传统电池技术以铅酸电池为代表，由于其对环境危害较大，已逐渐被锂离子电池、钠硫电池等性能更高、更安全环保的电池所替代。电化学储能的响应速度较快，基本不受外部条件干扰，但投资成本高、使用寿命有限，且单体容量有限。随着技术手段的不断发展，电化学储能正越来越广泛地应用于各个领域，尤其是电动汽车和电力系统。

2018年是我国电化学储能发展史的分水岭。一方面是因为电化学储能累计装机功率规模首次突破吉瓦级，另一方面是因为电化学储能功率规模呈现爆发式增长，新增电化学储能装机功率规模高达649.47 MW，对比2017年的147.3 MW，同比增长341%。截至2019年底，我国电化学储能电站累计装机功率规模为1 709.60 MW，同比增长59.4%（图1.6）。

2020年电化学储能在保持稳步发展的同时，落地了一些2019年规划而未建设的项目，累计装机功率规模达到3 092 MW。“十四五”期间，充分考虑各类直接或间接政策的支持，年复合增长率（2020—2025年）有望超过65%，预计到2025年年底，电化学储能的市场装机功率规模将接近38 GW（图1.7）。

根据中关村储能产业技术联盟（CNESA）发布的最新数据，中国的储能能力在2021年底达到了3 240万kW。该组织表示，预计未来几年储能市场将继续稳步增长。

与此同时，在未来几年，全球储能市场有望快速增长。据CNESA预测，未来20年的投资额为6 200亿美元，到2040年，全球累计安装量将达到942 GW或2 857 GW·h。

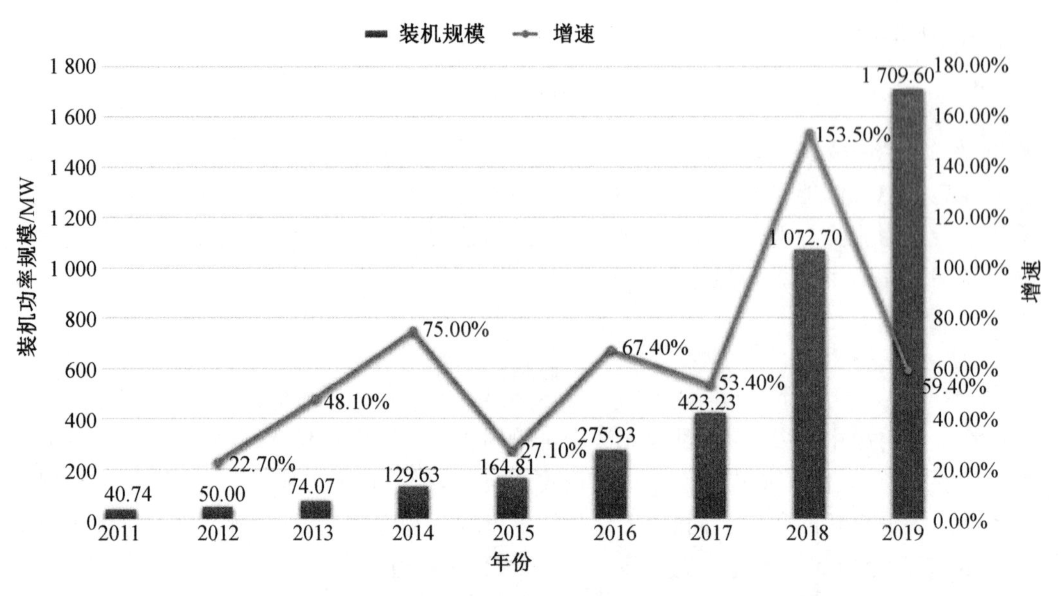

图 1.6　2011—2019 年我国电化学储能电站装机功率规模情况

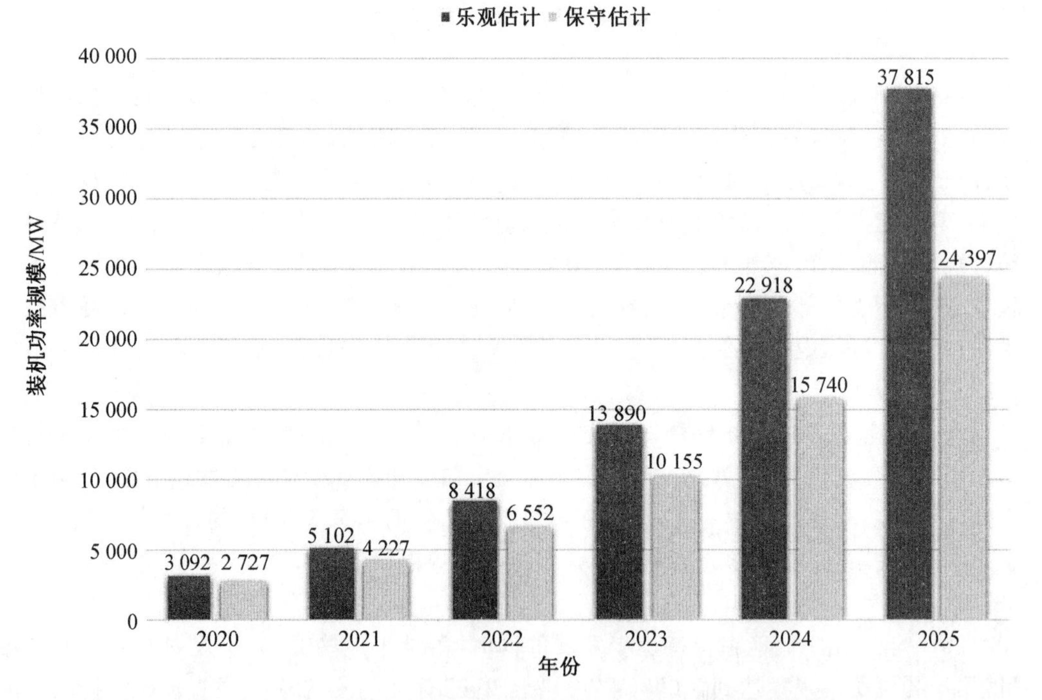

图 1.7　2020—2025 我国电化学储能电站装机功率规模预测情况

离子电池成本降低正在推动这一增长，预计到 2030 年公用事业规模储能系统的成本将下降约 52%。

CNESA 在其全球储能项目数据库中发布的数据显示，得益于 2019 年 636.9 MW 的新增装机容量，我国的电化学储能市场增长了 59.4%。

数据显示，截至 2019 年底，我国包括物理和热力设施在内的累计储能能力超过3 240

万 kW,电化学储能在运行中的容量达到 170 万 kW。

由于储能行业机构参与了“十四五”储能政策方面的准备工作,对未来更有利于储能的立法,因此储能行业的增长可能会继续下去。

2017—2018 年,我国的整体储能市场增长尤其强劲,新增装机容量达到 8.1 GW,其中约 1.45 GW 是电化学储能。该行业组织表示:“这一快速增长的原因,不仅仅是初期发展阶段的一个小基数,而是创造了有利于行业发展的条件。”

中国国家航天局进行的一项制造商调查显示,2019 年锂离子电池价格每千瓦时下降 1 000～1 500 元人民币。

CNESA 称,该行业在 2017—2018 年取得的成功,还得益于我国政府在 2017 年引入了新的仓储开发条款。国家电网有限公司表示:“(电网)辅助服务(储能的主要应用)政策的细化,以及青海、广东、江苏、内蒙古和新疆等地区的政策发展,形成了一波储能建设和发展的浪潮。”

CNESA 还强调,宁德时代(CATL)、比亚迪(BYD)、融科储能(Rongke Power)和中国中车(CRRC)等我国储能系统供应商的规模和竞争力,是该行业最近增长背后的关键因素。尽管在一定程度上依赖外国技术,但我国已经开发出许多主流和前沿的能源储能解决方案。

电化学储能装置主要包括锂离子电池、铅酸电池、钠硫电池、钒液流电池、铅碳电池、锌空气电池、氢镍电池、燃料电池以及超级电容器,其中锂离子电池、钠硫电池、液流电池和铅碳电池是研究热点和重点。下面对锂离子电池、铅酸电池、液流电池和铅碳电池进行详细介绍。

1.2.1　锂离子电池

我国锂离子电池行业发展现状如下。

根据中国化学与物理电源行业协会统计分析,2018 年我国锂离子电池销售收入达到 1 727 亿元,较 2017 年的 1 589 亿元,同比增长 8.7%;锂离子电池的产量由 1 009 亿 W·h增长到 1 242 亿 W·h,同比增长 23.1%。其主要原因是新能源汽车动力电池和储能电池市场的快速增长。其中,消费类电子产品用锂离子电池销售收入由 757 亿元增长到 772 亿元,同比增长约 2%,产量由 524 亿 W·h 增长到 540 亿 W·h,同比增长 3%。消费类电子产品用锂离子电池的主要市场是手机、笔记本电脑、平板电脑、移动电源、电动自行车、电动工具和可穿戴设备等,手机、笔记本电脑、平板电脑和移动电源市场的需求均出现减少,但电动自行车、电动工具、可穿戴设备对锂离子电池需求增长相对较快。新能源汽车用动力锂离子电池销售收入由 780 亿元增长到 890 亿元,同比增长 14.1%;产量由 446 亿 W·h 增长到 650 亿 W·h,同比增长 45.7%。储能锂离子电池销售收入由 52 亿元增长到 65 亿元,同比增长 20%;产量由 39 亿 W·h 增长到52 亿 W·h,同比增长 35%。

2017 年锂离子电池出口量约为 17.11 亿只,2016 年约为 15.17 亿只,同比增长 12.79%。2017 年锂离子电池出口额约为 80.48 亿美元,2016 年约为 68.41 亿美元,同比增长 17.64%。

2018 年我国动力锂离子电池装机量如下。

(1)三元电池:装机量为 331 亿 W·h,占总装机量的 58.17%;从配套车辆类型来看,主要配套在新能源乘用车上,占比 90.4%。

(2)磷酸铁锂电池:装机量为 221.9 亿 W·h,占总装机量的 39%;从配套车辆类型来看,主要配套在新能源客车上,占比 72.5% 。

(3)锰酸锂电池:装机量为 10.8 亿 W·h,占总装机量的 1.9%;主要应用在新能源客车上,占比 66.7%。

(4)钛酸锂电池:装机量为 5.2 亿 W·h,占总装机量的 0.9%;主要作为快充电池应用在新能源客车上 。

在各类动力电池中,目前市场主要由三元电池和磷酸铁锂电池占据主导地位;从发展趋势来看,三元电池占比将快速提升。

2016 年以来,动力锂离子电池行业呈现产能结构性过剩。随着国家政策的深度调整,动力电池行业集中度将持续提升。2016 年前 20 强企业装机量占比 83.1%,前 5 强企业装机量占比 64.5%。2017 年前 20 强企业装机量为 320.9 亿 W·h,占比 87%;前 5 强企业装机量为 223.43 亿 W·h,占比 60.5%。2018 年前 20 强企业装机量为 522.3 亿 W·h,占比 91.8%;前 5 强企业装机量占比 73.6%,前 2 强企业装机量占比 61.3%。2018 年作为我国动力电池市场的关键一年,各个企业面临着补贴大幅度下滑、能量密度及续航门槛大幅提高、企业资金链紧张等多重压力,市场进入洗牌阶段,无论是二三线梯队企业,还是被边缘化的动力电池企业,均面临被淘汰出局的风险。

锂离子电池的概念其实很混乱,没有一个很统一的说法。一般把负极是金属锂的一次电池称为锂离子电池,也称为锂原电池,是不能充电的,代表性的有锂-二氧化锰电池、锂-氟化碳电池、锂-亚硫酰氯电池。

现在的手机屏幕越来越大,相应的耗电量也增加了。所以,手机电池的容量就成了一个很重要的选购指标,毕竟谁也不想用着手机的同时还拖着长长的充电线。

现在衡量手机电池容量的单位是 mAh,这是电量的单位,还需要乘上电压才是能量的单位。

电池容量计算公式:

$$Q=It$$

电池能量计算公式:

$$W=UIt$$

式中,I 为电池放电电流,A;t 为电池放电时间,h;U 为电池电压,V。

在手机这类便携式电子设备中,为了减小电池的体积,锂离子电池正极使用的都是钴酸锂,这种正极材料具有很高的压实密度。正因为手机电池正极用的都是同一种材料,所以电池的电压都比较接近(理论上是 3.7 V,具体数值与不同电池生产商的工艺有关),再加上手机里面往往只有一块单体电池,只用容量其实就可以衡量电池可储存能量的大小。

但是,笔记本电脑上的电池却会同时标注电池的容量(电量)和能量。这是因为,笔记本电脑中不只有一块单体电池,里面有很多块电池串并联,形成了电池组,所以就不能用电池的容量来衡量电池可储存的能量了。同一型号的电池并联(图 1.8)后,与单体电池相比，电池组的电压不变，但容量会增加；电池串联（图1.9）后，电池组的容量不变，但是电压会增加。

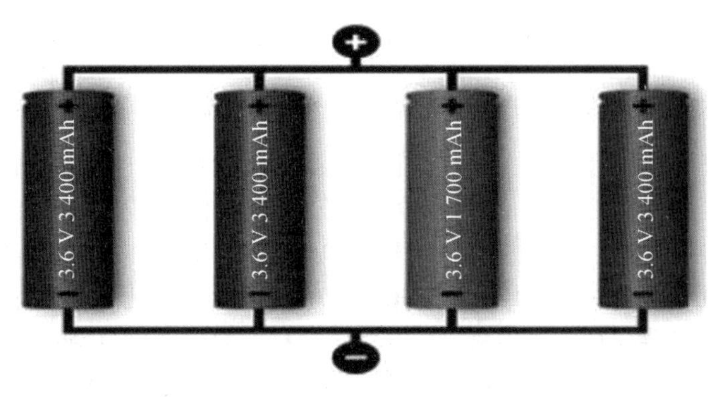

图1.8　电池并联

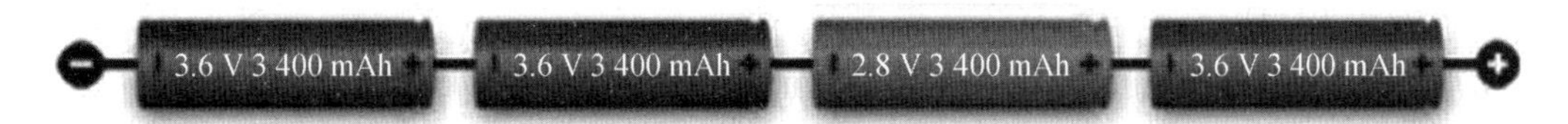

图1.9　电池串联

以笔记本电脑电池为例，若规格参数为“57.4 W·h/7 565 mAh@7.6 V（典型容量）”，则说明这是由4块容量为3 782.5 mAh、电压为3.8 V的锂离子电池串并联形成的电池组，其可储存的能量为7 565 mAh×7.6 V=57.494 W·h。那么为什么不认为它是由两块7 565 mAh的电池串联组成的呢？理由是7 565 mAh的电池容量太大了，对生产的要求比较高；此外3 782.5 mAh的电池其实就是手机使用的电池，对工厂来说，如果一条生产线就可以同时生产手机、笔记本电脑用的电池，可以减少成本。

锂离子电池的种类很多，比较有代表性的是以锰酸锂、钴酸锂、磷酸铁锂、镍钴锰三元材料、镍钴铝三元材料为正极的商品化电池体系。其中，锰酸锂成本低、循环稳定性差，可用于低端电动汽车、储能电站以及电动工具等领域；钴酸锂成本高、能量密度高，主要应用领域为消费类电子产品；磷酸铁锂具有相对较长的循环寿命、相对较好的安全性、相对较低的成本，已大规模应用于电动汽车、规模储能、备用电源等领域；镍钴锰三元材料与钴酸锂结构类似，但与之相比具有更长的循环寿命、更高的稳定性、更低的成本，适用于电动工具、电动汽车及大规模储能领域。

锂离子电池由于具有比能量高、循环性能优异和绿色环保等优势，已基本占据便携式电子产品市场，如手机、笔记本电脑、照相机等。锂离子电池的工作原理主要是锂离子在正极（金属氧化物）和负极（石墨）之间嵌入和脱出来实现能量的储存和释放。用化学反应方程式表示如下。

正极：

$$\mathrm{LiCoO_2} \rightleftharpoons \mathrm{Li_{1-x}CoO_2} + x\mathrm{e^-} + x\mathrm{Li^+}$$

负极：

$$6\mathrm{C} + x\mathrm{Li^+} + x\mathrm{e^-} \rightleftharpoons \mathrm{Li_xC_6}$$

总反应：

$$LiCoO_2 + 6C \rightleftharpoons Li_xC_6 + Li_{1-x}CoO_2$$

可以看出,锂离子电池具有很高的工作电压(3.7 V),比能量可达到150 W·h/kg。锂离子电池的性能主要依赖于电极材料和电解质的性质,而电极材料的选择尤为重要。1970年,层状 TiS_2 嵌入型材料首次被应用为正极材料,而目前锂离子电池的正极材料主要是 $LiCoO_2$、$LiNiO_2$、$Li_xMn_2O_4$ 和 $LiFePO_4$。

$LiCoO_2$ 由于具有电化学容量高、工作电压高、循环性能好等优点,是锂离子电池首选的正极材料,但是钴资源匮乏、有毒和价格高等原因限制了其更大规模的应用,尤其是在电动汽车和大型储能方面的应用。与 $LiCoO_2$ 相比,$LiNiO_2$ 具有更高的体积比能量,同时价格更低、无污染、自放电低,是很有希望替代 $LiCoO_2$ 的正极材料。但是由于制备困难、安全性低以及稳定性差等因素,$LiNiO_2$ 正极材料的发展较为缓慢。

$Li_xMn_2O_4$ 具有三维隧道结构,有利于锂离子的嵌入和脱出,而且资源储量大、价格低廉、安全性高,是一种非常有潜力的锂离子电池正极材料,但是其比容量比 $LiCoO_2$ 低了近30%(110 Ah/kg),并且存在锰离子溶解造成高温循环性差等问题,限制了其在高能量密度电池中的应用,但有望在未来的大规模储能领域发挥作用。

$LiFePO_4$ 是一种具有橄榄石结构的磷酸盐化合物,它具有稳定的充放电平台,充放电过程中结构稳定性好,安全性高,价格低廉,环保无污染,比容量可达160 Ah/kg,是近年来发展最快的一种锂离子电池正极材料,广泛应用于电动汽车和储能领域。$LiFePO_4$ 存在的主要问题是振实密度低以及电子、离子电导率差,但可以通过材料纳米化、二次造粒、碳包覆和掺杂等方法来提高 $LiFePO_4$ 电化学性能。

目前商业化的锂离子电池负极材料主要是石墨碳材料,理论比容量为372 Ah/kg。其他一些非碳材料,如硅、锡等合金负极材料,虽然具有高的储锂容量,但由于其在脱嵌锂离子时结构不稳定、循环稳定性差、首次不可逆容量大等问题,距离商业化还有很长的道路要走。

锂离子电池的循环寿命一般定义为:锂离子电池进行深度充放电时,其容量能保持在80%以上的循环次数。从这里可以看出有两个关键词:深度充放电和80%。深度充放电容易破坏锂离子电池中的微观结构,使得容量降低。

在实际应用中,以手机为例,手机有保护机制,是没法对电池进行深度充放电的,若要深度充放电则需要电池厂的专门设备;此外,锂离子电池的容量在80%以下并不是说它不能用,只是会让用户觉得电池不耐用了。

如果锂离子电池在工厂测试时的寿命有500次,那么用户实际使用的寿命肯定是要大于500次的,因为用户正常使用时做不到对电池深度充放电,所以电池容量衰减没那么厉害。至于如何让锂离子电池更长寿,我们所能做的就是不要对锂离子电池深度充放电(当然更要避免过度充电和过度放电),也就是要浅充浅放,即没充满电就用,没放完电就充。

总体来说,锂离子电池具有输出电压高、比能量高、比功率高、充放电效率高、循环寿命长、自放电小、环境友好等诸多优点,但是应用于大容量储电仍然面临电池的安全性和成本问题。有了各种安全性高的电极材料、充分的电池内外安全保护措施以及合理安全的电池结构设计,锂离子电池的安全性问题将大大改善。同时,随着材料制备技术的发展和电池制备工艺的改进，锂离子电池成本也有望进一步降低，这将促使锂离子电池的应用逐步向大功率系统如大功率电动汽车和大规模储能电池等领域扩展，并可能成为储能领域的领先者。

国际上研发锂离子电池储能系统的公司主要包括美国的特斯拉、A123 Systems（现在已被中国万向集团收购），日本三菱重工，韩国三星、LG；国内的代表厂商有比亚迪、中航锂电、力神等。特别是美国特斯拉，其依托日本松下的电池技术和独有的电池管理技术，在电动汽车领域和储能领域迅速崛起。2017 年，其在澳大利亚的南澳大利亚州建成了当时世界最大规模的 100 MW/129 MW · h 的储能电站，并成功运行。

然而，锂离子电池由于能量密度很高且大量使用有机电解液，关于其发生燃爆事故的报道层出不穷，因此需要选择合适的应用模式，并在大规模应用场合严格监控。由于新能源汽车电池逐渐退役，我国 2020 年退役的动力电池已突破 20 GW · h，因此亟待发展退役动力电池的梯次利用回收技术，使能源的使用形成闭环。

经过 10 多年的发展，中、日、韩三国的锂离子电池电芯产值已占据全球市场的 90%以上，锂离子电池行业三国鼎立的竞争格局已经形成。未来，锂离子电池需要在降低成本的基础上继续大幅提高安全性，以实现在大规模储能领域的普及应用。

1.2.2　铅酸电池

铅酸电池是最早商业化的储能电池体系。

早期的铅酸电池都采用流动电解液体系，当电池处于过充状态时会消耗电解液中的水，在正负极分别生成氧气和氢气，所以在使用过程中需要定时加水以维持电解液平衡。同时，早期铅酸电池还存在过充、酸泄漏、正极板变形等问题。

到 20 世纪末，阀控技术的应用为铅酸电池带来了重大的技术突破。阀控铅酸（VRLA）蓄电池的设计原理是将一定数量的电解液吸收在极片和隔板中，以此增强负极吸氧能力，阻止电解液损耗，使电池能够实现密封。在密封体系中，当电池过充时可以实现一个内部的氧循环，正极产生的氧气与负极的海绵状铅反应，使负极的一部分处于未充满状态，抑制负极氢气的产生，从而有效地解决电解液流失以及漏酸等问题。阀控铅酸蓄电池的比能量可以达到 35 W · h/kg 或 70 W · h/L，同时功率和能量效率分别达到 90%以及 75%，而每月自放电低于 5%，生命周期可以达到 8 年，充放电循环 1 000 次。铅酸电池由于价格便宜、构造成本低、可靠性好、技术成熟等优点，已广泛应用于汽车蓄电池以及各类备用电源。

2020 年 4 月以来，全国连续发生多起电动车电池爆炸起火事件，而且大多是锂离子电池引起的！多起锂离子电池爆炸事故，把锂离子电池推上了风口浪尖。有人认为鉴于国标更新、轻量化等多种因素，锂离子电池取代铅酸电池势在必行；另一部分人则认为，尽管锂离子电池在轻量化方面有着天然的优势，但锂离子电池安全性能无法保障，未来几年铅酸电池或仍然是储能电池的主流。

锂离子电池价格高，同等规格下即便最低的锂离子电池价格，也是铅酸电池价格的两倍。虽然锂离子电池有可能在高端产品领域逐渐替代铅酸电池，但两轮电动车等低值产品毕竟是以普通人为主要购买力，因此铅酸电池的高性价比将决定铅酸电池仍是主流。

由于锂离子电池的自身属性，一旦电芯出现热失效的情况，整个电池包都将处于一个危险的状态。而铅酸电池则几乎不存在热失效的麻烦（尤其是在放电阶段），即便鼓包也不会在安全性上出现什么麻烦。得益于价格和安全性上的优势，铅酸电池几乎垄断了电动车的电池市场。

由于新国标只针对电动自行车，而电摩和轻便电摩品类并没有对整车质量加以限制，只要其他方面符合电摩和轻便电摩的标准就行了，因此铅酸电池完全可以正常使用。一批互联网电动车品牌已经开始逐步使用铅酸电池替代锂离子电池，其中原因不言而喻。

铅酸电池经过近 20 年的发展，已经形成了一套完整的生产－销售－回收产业链条。铅酸电池回收利用率高，能稳定地循环使用，这也是铅酸电池能够持续保持旺盛市场活力的重要原因。锂离子电池回收利用困难重重，做不到像铅酸电池一样的回收利用，面临着严重的环境问题以及资源浪费的问题，回收率极低。

锂离子电池的贮存运输安全风险较大，即使是报废的锂离子电池仍然具有很大的能量，在贮存、运输过程中，需要危险货物车辆运输和绝缘处理，因此锂离子电池从业者需要经过专业培训，目前这部分的政策、技术还不够完善。

尽管目前各大电池企业在新国标实施后，纷纷开展锂离子电池项目，但结合锂离子电池成本高、安全性差、回收体系不成熟等因素来看，未来铅酸电池毫无疑问还是市场主流。

铅酸电池的市场占有量在蓄电池中高达 30%，但铅酸电池随着使用会发生正极活性材料软化脱落、板栅腐蚀、负极活性材料不可逆硫酸盐化，导致其循环寿命较短，在高温条件下更为严重。

近年来发现以碳作为铅酸电池活性物质载体可大大提高其比能量和比功率。这种电池的原型是铅碳超级电池，其结构相当于将一个双电层电容器与传统的铅酸电池并联使用，使铅碳电池兼具了传统铅酸电池的高比能量和电容器的高比功率。由于碳能够起缓冲器的作用，与铅负极分担充/放电电流，特别是在高倍率电流充/放电时，复合负极板中的碳首先快速响应，能够减缓大电流对铅负极板的冲击，显著提高了电池的使用寿命（>5 000 次）。然而铅碳超级电池存在的最大问题就是在生产过程中不可避免地会产生重金属污染，虽然可以通过技术创新加以抑制，但难以避免由材料本身带来的环境问题。

1.2.3 液流电池

液流电池是一种较独特的电化学储能装置，其通过电解液内离子的价态变化实现电能存储和释放。液流电池又称氧化还原液流电池，是一种新型的大型电化学储能装置，正负极均使用钒盐溶液的称为全钒液流电池，简称钒电池，其荷电状态 100%时电池的开路电压可达 15 V。

液流电池是由 Thaller(NASA Lewis Research Center, Cleveland, United States)于 1974 年提出的。液流电池储能系统由电堆单元、电解质溶液及电解质溶液储供单元、控制管理单元等部分组成。液流电池储能系统的核心是由电堆和实现充、放电过程的单电池按特定要求串联而成的，结构与燃料电池电堆相似。液流电池电堆中的单元电池主要由紧固件、端板、集流板、电极框、双极板、电极和离子传导膜组成，各零件之间通过橡胶或者焊接等密封方式进行密封，两侧的端板起到压合固定的作用，通过紧固件将所有组件紧固为一体。电堆则由若干个单元电池串联起来通过压滤机的叠合方式装配而成。

液流电池是正负极电解液分开且各自循环的一种高性能蓄电池，具有容量高、使用领域(环境)广、循环使用寿命长的特点，是一种新能源产品。氧化还原液流电池是一种正在被积极研制开发的新型大容量电化学储能装置，它不同于通常的使用固体材料电极或气体电极的电池，其活性物质是流动的电解质溶液。它最显著特点是规模化蓄电。在广泛利用可再生能源的形势下，可以预见，液流电池将迎来一个快速发展的时期。液流电池普遍应用的条件尚不具备，对许多问题尚需进行深入的研究。循环伏安测试表明：石墨毡具有良好导电性、机械均一性、电化学活性、耐酸性、耐强氧化性，是一种较好的电极材料，与石墨棒和各种粉体材料相比更适合用于液流电池的研究和应用。有学者借助扫描电镜观察了分别采用三种处理方式(未处理、热处理、酸热处理)的石墨毡表面状况的差异，结果表明热处理和酸热处理能除去石墨毡表面的杂质和影响电化学反应的污染物，使石墨毡表面干净平整，石墨毡的表面状况得到明显改善。交流阻抗实验表明，与未处理石墨毡相比，经过热处理、酸热处理的石墨毡的电阻明显减小，证实了活化处理对石墨毡表面状况的改善，使石墨毡材料得到改性，降低了电阻，增强了电化学活性。

研究较多的液流电池根据活性物质不同，有锌溴液流电池、多硫化钠溴液流电池及全钒液流电池三种。锌溴液流电池属于液流电池的一种。当前国内有少数几家公司在做该项技术的研发。锌溴液流电池在造价上具有与生俱来的优势，因为从储能电池的普遍成本看，电解液成本占到总成本的30%，所以电解液成分的价格在很大程度上决定了电池的整体造价。锌溴液流电池的电解液成分为锌和溴，其中锌是一种很常见的金属，容易大量获取而且价格较低，而另一种成分溴更是常见，甚至在污水中就能提取到。这个先天性的特质决定了锌溴液流电池在成本方面具有优势。

全钒液流电池是一种新型蓄电储能设备，不仅可以用作太阳能、风能发电配套的储能装置，还可以用于电网调峰，提高电网稳定性，保障电网安全。与其他的储能电池相比，全钒液流电池有以下特点。

(1)输出功率取决于电堆的大小和数量，储能容量取决于电解液容量和浓度，因此设计非常灵活：要增加输出功率，只需要增加电堆的面积和电堆的数量；要增加储能容量，只需要增加电解液的体积。

(2)活性物质为溶解于水溶液的不同价态的钒离子，在充、放电过程中，仅离子价态发生变化，不发生相变化反应，充放电应答速度快。

(3)电解质金属离子只有钒离子一种，不会发生正、负电解液活性物质相互侵染的问题，电池使用寿命长，电解质溶液容易再生循环使用。

(4)充、放电性能好，可深度放电而不损坏电池，自放电低。在系统处于关闭模式时，储罐中的电解液无自放电现象。

(5)选址自由度大，系统可全自动封闭运行，无污染，维护简单，操作成本低。

(6)电解质溶液为水溶液，电池系统无潜在的爆炸或着火危险，安全性高。

(7)电池部件多为廉价的碳材料、工程塑料，材料来源丰富，且在回收过程中不会产生污染，环境友好。

(8)能量效率高，可达70%，性价比高。

(9)启动速度快，如果电堆里充满电解液可在 2 min 内启动，在运行过程中充放电状态切换只需要 0.02 s。

(10)可实时、准确监控电池系统荷电状态(SOC)，有利于电网进行管理、调度。

全钒液流电池适用于调峰电源系统、大规模光伏电源系统、风能发电系统以及不间断电源或应急电源系统。国内外全钒液流电池的主要生产企业有大连融科储能(Rongke Power)、北京普能和日本住友电气工业(Sumitomo Electric Industries)。

自 1974 年 Thaller 提出液流电池概念以来，中国、澳大利亚、日本、美国等国家相继开始研究开发，并研制出了多种体系的液流电池。其中，全钒液流电池技术最为成熟，已经进入了产业化阶段。全钒液流电池使用水溶液作为电解质且充放电过程为均相反应，因此具有优异的安全性和循环寿命(>1 万次)，在大规模储能领域极具优势。

在国际上，日本住友电气工业的全钒液流电池技术最具代表性，其 2016 年在日本北海道建成了15 MW/60(MW · h)的全钒液流电池储能电站，主要在风电并网中应用。在我国，中国科学院大连化学物理研究所的全钒液流电池技术最具代表性，其在 2008 年将该技术转入融科储能进行产业化推广。融科储能于 2012 年完成了当时全球最大规模的 5 MW/10(MW · h)商业化全钒液流电池储能系统，已经在辽宁法库 50 MW 风电场成功并网并安全稳定运行多年，该成果奠定了我国在液流储能电池领域的世界领军地位。2014 年，融科储能开发的全钒液流电池储能系统成功进军欧美市场，开始全球战略布局。2016 年，国家能源局批准融科储能建设规模为 200 MW/800(MW · h)的全钒液流电池储能调峰电站，用于商业化运行示范。目前，全钒液流储能电池依然存在能量密度较低、初次投资成本高的问题，正在通过市场模式和技术创新予以完善。在未来，还需要开发更低成本的长寿命液流电池技术，以实现技术的迭代发展。

1.2.4　铅碳电池

铅碳电池(或称先进铅酸电池)是传统铅酸电池的升级产品，其通过在负极加入特种碳材料，弥补了铅酸电池循环寿命短的缺陷，其循环寿命可达到铅酸电池的 4 倍。

铅酸电池电化学反应是可逆反应，所以能实现充电、放电的循环。荷电状态下，正极主要成分为二氧化铅，负极主要成分为铅；放电状态下，正负极的主要成分均为硫酸铅。

铅酸电池的电极反应式如下。

$$2PbSO_4+2H_2O \rightleftharpoons PbO_2+Pb+2H_2SO_4$$

充电：

$$2PbSO_4+2H_2O = PbO_2+Pb+2H_2SO_4\text{(电解池)}$$

充电时正极：

$$PbSO_4+2H_2O-2e^- = PbO_2+4H^+ +SO_4^{2-}$$

充电时负极：

$$PbSO_4+2e^- = Pb+SO_4^{2-}$$

放电：

$$PbO_2+Pb+2H_2SO_4 = 2PbSO_4+2H_2O\text{(原电池)}$$

放电时负极：

$$Pb+SO_4^{2-}-2e^-=\!=\!=PbSO_4$$

放电时正极：

$$PbO_2+4H^++SO_4^{2-}+2e^-=\!=\!=PbSO_4+2H_2O$$

以上是目前成本最低的电化学储能技术。并且，铅碳电池由于适合在部分荷电工况下工作、安全性好，因此适合在各种规模的储能领域中应用。在国际上，美国桑迪亚国家实验室、美国 Axion Power 公司、国际先进铅酸蓄电池联合会、澳大利亚联邦科学与工业研究组织、澳大利亚 Ecoult 公司和日本古河电池公司等机构均开展了铅碳电池的研发工作，并成功将该技术应用在数兆瓦的储能系统中，可满足中小规模和大规模储能市场的需求。

我国在铅碳电池研究、开发、生产与示范应用方面也取得了长足的进步。比较有代表性的是南都电源、双登集团等铅酸电池企业，它们通过与中国人民解放军军事科学院防化研究院、哈尔滨工业大学等单位合作，开发出了自己的铅碳电池技术，并在国内成功实施了多个风光储应用示范，例如：浙江鹿西岛 6.8 MW·h 并网新型能源微网项目，珠海万山海岛 8.4 MW·h 离网型新能源微网项目，无锡新加坡工业园 20 MW 智能配网储能电站等。2018 年，中国科学院大连化学物理研究所与中船重工风帆股份有限责任公司合作，开发出了拥有自主知识产权的高性能、低成本储能用铅碳电池，并开展了光伏储能应用示范。

目前，尽管铅碳电池的循环寿命较铅酸电池有大幅提高，但是比起锂离子电池来说还有明显不足。如何进一步提高铅碳电池寿命，以及如何进一步降低铅碳电池成本，成为其后续发展亟待解决的关键问题。

1.3　超级电容储能

超级电容储能即超级电容器储能装置，是一种介于传统电容器和蓄电池储能装置之间的新型储能装置。

超级电容器(本书主要介绍“双电层电容器”)系统构成主要包括两个多孔化活性炭电极及置于两个电极之间的电解质溶液，如图 1.10 所示。

从图 1.10 出发对超级电容器储能机理论述如下：当对超级电容器施加一定的电压时，多孔化活性炭电极内部的电荷聚集在电极表面上，两电极分别吸引电解质溶液中的正、负离子并排列形成电解质界面，由此形成“双电层”，这时超级电容器就相当于由一个内部电阻和两个串联的电容器组成，由于“双电层”的间距远小于传统电容器，所以其电容量也远大于传统电容器。超级电容器每个电极的电容量为

$$C=A(K_e/d) \tag{1.12}$$

式中，A 为电解质与电极的接触面面积；K_e 为介电常数；d 为电荷层间距。

超级电容储能系统在储能系统的应用场所中具有以下优势：充放电效率高(高达90%)，功率密度高(为蓄电池储能系统的 5 倍以上)，寿命长(循环寿命可达 50 万次以上)，制作、维护费用低，环保无污染，适用温度范围广(−50～70 ℃)等。因此，超级电容储能系统常被用于电能应用中具有灵活性、随机性以及突发性的场合，例如用于改善电网

中的动态电压变化,作为各种发电效率波动大的电源的备用电源等。

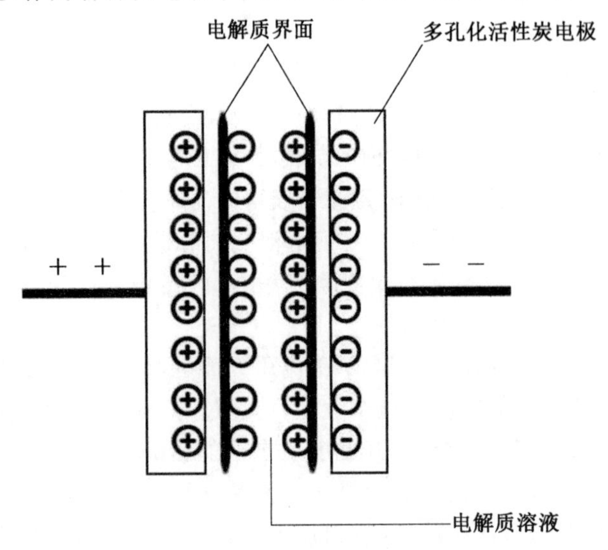

图 1.10 超级电容器(双电层电容器)系统构成

1.4 储热储能

储热储能是一种将热量进行存储并在关键时刻进行释放的储能技术,储热储能技术一般分为将热量以介质温度提升为方式进行存储为原理的显热储热,以介质材料发生相变时吸热、放热为原理的相变储热,以储热材料之间发生的可逆化学反应为原理的热化学储热。三者的粗略对比见表 1.1。

表 1.1 不同类型储热对比

	显热储热	相变储热	热化学储热
质量蓄热密度	0.02～0.03 kW·h/kg	0.05～0.1 kW·h/kg	0.5～1 kW·h/kg
体积蓄热密度	约50 kW·h/m^3	约100 kW·h/m^3	约500 kW·h/m^3
储存时间	短期	短期	长期
传输距离	短距离	短距离	理论上无距离限制

显热储热技术具有使用寿命长、运行方式简单、成本低廉等优点,目前最常见的为熔融盐储热系统。熔融盐储热系统所使用的熔融盐一般为硝酸盐混合物,其作用方式为:熔融盐在熔融盐储罐中处于液态,进行吸热从而进行储热过程,低温熔融盐储罐(约 280 ℃)升温转换为高温状态(约 550 ℃)。目前显热储热技术已经发展得相对成熟,其难以弥补的储存时间及传输距离等方面的缺陷限制了其未来的发展前景,未来显热储热技术的发展方向主要为与其他储能储热技术相互配合,研究混合型储能储热技术。

相变储热技术又被称为潜热储热技术,其工作方式主要是依靠相变材料的相变过程进行吸热、放热完成储热过程。相变储热技术的特性主要是由所使用的相变材料决定的。

相变材料按相变形态可分为固一固储热材料、固一液储热材料、固一气储热材料、液一气储热材料;按成分可分为有机类储热材料、无机类储热材料和复合型储热材料。目前常用的相变储热材料研究最广泛的为固一液储热材料,主要包括以下几种:结晶水和盐类、熔融盐类、石蜡、脂酸类以及多元醇类。

热化学储热技术相较于相变储热技术、显热储热技术而言,研究现状是研究时间短、技术尚未成熟。热化学储热技术有着储热密度高、储存时间长、传输距离基本无限等特点,具有广阔的发展前景,但其目前仍处于实验研究阶段,同时具有一次性建设所需投资大且系统整体效率偏低等缺点。

1.5 储氢储能

氢元素是自然界中分布最广的元素,氢作为能源来说有着其他能源无法比拟的优势。如今,各种化石能源的过度开采利用导致地球能源储量下降,环境被污染,人们不得不去开发新的能源。氢作为一种具有清洁、无毒、发热量高等诸多特点的能源,受到广大用户和能源商的青睐。储氢技术作为储能技术中的一环,为氢能的储存、运输、利用开辟了道路。

就目前而言,储氢技术主要分为物理储氢和化学储氢两类。

(1)物理储氢主要包括高压储氢、液化储氢、活性炭吸附储氢等。

①高压储氢主要是利用高压钢瓶储存压缩氢气,传统钢瓶储氢压力一般为15 MPa左右。传统钢瓶制作工艺简单,但是能耗高,储氢密度也不足,如果对其加压,安全性问题也无法保证。

②液化储氢是将氢在超低温(−253 ℃)、常压下转换为液氢存储于真空绝热容器中。液化储氢体积能量高、液氢占用体积小、热值高,但是液氢易挥发不易储存,同时液化氢的过程能耗大,安全性得不到保障。

③活性炭吸附储氢是利用高比表面积活性炭作为吸附剂的吸附储氢技术。此种储氢技术具有安全环保、储氢量高、投入少、易于规模化、寿命长等优点,具有良好的发展前景。

(2)化学储氢主要包括金属氢化物储氢、有机液体储氢等。

①金属氢化物储氢是指将氢以原子状态存储于金属或者金属合金中。金属氢化物储氢是目前应用最广泛的储氢技术。储氢合金是在一定的温度压力下能够大量、可逆地吸收、释放氢气的金属化合物。一般的储氢合金为 A_nB_n 结构,A指的是控制储氢量、与氢元素亲和力高的金属,B指的是控制吸氢、放氢过程可逆、与氢元素亲和度低的金属。A类金属主要包括ⅠA~ⅤB族金属元素,例如Ti、Zr、Ca、Mg、V、Nb等;B类金属则主要为Fe、Co、Ni、Cr、Cu、Al等。储氢合金 A_nB_n 结构按合成材料类别主要分为 AB_5(稀土系)、AB_2(锆系)、AB(钛系)、A_2B(镁系)等。

②有机液体储氢是指用某些不饱和烯烃、炔烃以及芳香烃等与氢气的加氢、脱氢反应来实现储氢过程。

表1.2所示为几种储氢技术的优缺点对比。

表 1.2　几种储氢技术的优缺点对比

储氢技术	储氢量/%	优点	缺点
高压储氢	1～3	成本低，便于民用，充放气快	储氢量低，压缩气体耗能高，安全性及民众接受度低
液化储氢	>10	体积能量密度大，体积小	自挥发性强，安全性低，难以长途运输，经济性差
活性炭吸附储氢	3～10	储氢量大，便于运输，循环寿命长，方便推广	成本高，技术不成熟
金属氢化物储氢	1～8	储氢密度高，能耗低，安全性高	难以运输，易粉化
有机液体储氢	5～10	储氢量大，能耗低，运输方便	技术操作复杂，技术不成熟

1.6　电池管理系统

为确保电池性能良好，延长电池使用寿命，必须对电池进行合理有效的管理和控制，国内外研究机构均投入了大量的人力物力对其进行深入研究。如日本青森工业研究中心于20世纪90年代开始至今，持续进行电池管理系统（BMS）实际应用的研究；美国维拉诺瓦大学和相关公司已经合作多年，对各种类型电池的电池剩余容量（SOC）进行基于模糊逻辑的预测；丰田、本田以及通用汽车公司都把电池管理系统纳为重点技术开发对象。我国在“十三五”期间设立电动汽车重大专门研究项目，经过几年的发展之后在电池管理系统方面取得了重大突破，达到了国外水平。

1.6.1　BMS的基本结构

BMS主要的工作原理可归纳为：电路首先采集电池状态信息数据，再由电子控制单元（ECU）进行数据处理和分析，然后根据分析结果对系统内的相关功能模块发出控制指令，并向外界传递信息。基于上述原理美国托莱多大学提出了一个典型的BMS基本结构（图1.11），把BMS简化为ECU和均衡电池之间电荷水平的均衡器（EQU）两大部分。其中ECU的任务主要有：数据采集，数据处理，数据传递和控制。ECU也控制均衡器、车载充电器等电池维护设备。

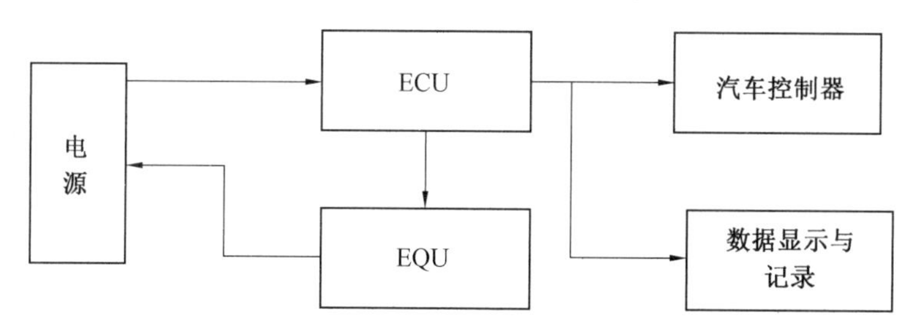

图1.11　典型的BMS基本结构

1.6.2　BMS的组成

1. 数据采集

在BMS中，采集到的数据是对电池做出有效管理和控制的基础。因此，数据的精度、采样频率和数据过滤就非常重要。鉴于电压、电流、温度的动态变化特征，采样频率应不低于1次/s。锂离子电池的安全性要求高，对电压敏感，所以必须采集每个单体电池的电压，检测每个电池组的温度。镍氢电池和铅酸电池对电压和温度的采集要求不像锂离子电池那样高，有时为化简BMS的结构，对电压和温度成对或成组采集。

2. SOC估算

SOC的确定是BMS中的重点和难点。由于电动汽车电池在使用过程中表现出的高度非线性，准确估计SOC具有很大难度。传统的SOC估算方法有开路电压法、内阻法和安时法等。近年来又开发出了许多对于SOC的估算方法，例如模糊逻辑算法模型、自适应神经模糊推断模型、卡尔曼滤波估计模型算法以及新出现的线性模型法和阻抗光谱法等。

开路电压法适用于测试稳定状态下的SOC，在电动汽车行驶过程中不宜使用。开路电压法通常用作其他方法的补充。内阻法是根据蓄电池的内阻与SOC之间的联系来预测SOC。但是，电池内阻受多方面因素的影响，其预测结果易受干扰，可靠性不高。再加上此方法的算法比较复杂，计算量大，因此实际应用比较困难。安时法是通过对电流积分的方法记录从蓄电池输出的能量或者输入蓄电池的能量，再根据充放电起始SOC状态计算出蓄电池SOC。该方法最为直接明显，操作简单，短时间内具有较高精度，但长时间工作有较大的累积误差。

实际应用中，安时法是目前最常用的方法，且可以和其他方法组合使用，如安时－内阻法、安时－Peukert方程法、安时－开路电压法。这些组合算法通常比单纯使用安时法精度更高。各种智能算法和新型算法还不是很成熟，有些算法在单片机系统上难以实现，所以在实际应用中还不多见，但这是SOC估算未来的发展方向。

为了更准确地估算SOC，在算法中还需要考虑对电池温度的补偿、自放电和电池老化等多方面因素。例如，韩国亚洲大学和韩国先进工程研究院的研究人员对镍氢电池SOC的估算中考虑了电池的实际可用容量（包含了对温度的考虑）、自放电率和电池老化对容量的影响，提出的SOC计算公式为：SOC（%）＝100%×（额定容量＋容量补偿因数＋自放电效应＋老化效应＋充电量－放电量）/额定容量。其SOC估算精确度在±3%

以内。

3. 电气控制

电气控制需要实现的功能有：控制充放电过程，包括均衡充电；根据 SOC、SOH（健康状态）和温度来限定放电电流。电气控制需要结合所使用的电池技术和电池类型来设定一个控制充电和放电的算法逻辑，以此作为充放电控制的标准。

在 BMS 中，均衡充电是非常关键的一个环节。动力电池一般由多个单体电池串联而成。由于单体电池之间存在不一致性，各个单体电池之间充放电的容量差会降低电池组的容量，过充或者过放会严重影响电池组的使用寿命，危及电动汽车安全。

均衡充电的方案有多种，在选择方案时要考虑电路复杂程度和均衡效率。美国托莱多大学在 BMS 中采用了一种集中式、非耗散型的选择性推进均衡器。这种方案通过控制继电器网络的切换来对所选择的单体电池进行均衡充电，硬件设备相对独立，均衡简单，但效率相对较低。

4. 安全管理和控制

电池使用的安全问题是国内外各大汽车企业当前所面临和必须解决的问题，电动汽车是否能够普及，取决于电池的安全问题能否得到合理解决。BMS 在安全方面侧重于对电池的保护，以及防止高电压或高电流的泄漏，其所必备的功能有：过放电控制，过电压、过电流控制，防止温度过高，在碰撞的情况下关闭电池。这些功能可以与电气控制、热管理相结合来完成。许多 BMS 都专门增加了电池保护电路和电池保护芯片。

5. 热管理

电池在不同的温度下会有不同的工作性能，如铅酸电池、锂离子电池和镍氢电池的最佳工作温度为 25～40 ℃。温度的变化会使电池的 SOC、开路电压、内阻和可用能量发生变化，甚至会影响电池的使用寿命。温度的差异也是引起电池均衡问题的原因之一。因此，热管理的主要任务有：使电池工作在适当的温度范围；降低各个电池模块之间的温度差异。电动汽车常用的温度控制方法是使用车载空调器来实现对温度的控制。

6. 数据通信

数据通信是 BMS 的重要组成部分之一。在 BMS 中，目前数据通信采用的方式最主要的是 CAN 总线通信方式。CAN 为分布式控制系统实现各节点之间实时、可靠的数据通信提供了强有力的技术支持，应用于工业自动化设备、船舶、医疗设备等领域。CAN 总线是德国 Bosch 公司于 20 世纪 80 年代初为解决现代汽车中众多的控制与测试仪器之间的数据交换而开发的一种串行数据通信协议，它是一种多主总线，通信介质可以是双绞线、同轴电缆或光导纤维，通信速率可达 1 Mbps。

在 CAN 总线中有 4 种帧类型。

（1）数据帧（Data Frame）。数据帧带有应用数据。

（2）远程帧（Remote Frame）。通过发送远程帧可以向网络请求数据，启动其他资源点传送它们各自的数据。远程帧包含 6 个不同的位域：帧起始、仲裁域、控制域、CRC 域、应答域、帧结尾。仲裁域中的 RTR 位的隐极性表示为远程帧。

（3）错误帧（Error Frame）。错误帧能够报告每个节点的出错，由两个不同的域组成。

第一个域是不同站提供的错误标志的叠加，第二个域是错误界定符。

(4)过载帧(Overload Frame)。如果节点尚未准备好接收就会传送过载帧，由两个不同域组成。第一个域是过载标志，第二个域是过载界定符。

BMS 的 CAN 通信协议是建立在国际标准化组织的开放系统互联模型基础上的，只不过其模型只有三层，即只取 OSI 底层的物理层、数据链路层和顶层的应用层。CAN 总线通信接口集成了 CAN 协议的物理层和数据链路层功能，可完成对通信数据的成帧处理，包括位填充、数据块编码、循环冗余检验、优先级判别等。

第 2 章　能源行业储能技术需求

储能技术作为电力系统的重要支撑技术之一，具有无法取代的地位。储能系统的应用贯穿于整个电力系统，在电源侧、电网侧、用户侧及居民侧乃至社会化功能性服务设施方面都起到至关重要的作用。

传统电力系统中各项问题突出：发电厂、发电站运转效率低，发电机组磨损消耗严重，电力峰谷现象严重，用户用电质量无法得到保障，电网消纳能力差，电力浪费严重，各种社会化功能性服务设施供电效果差等。

将储能系统安置于电力系统的各个部分，将从各方面优化改善电力系统，同时对于新能源的利用、能源市场的开拓、社会化功能性服务设施的建设，以及用户的用电体验等方面都具有良性作用。

长期以来，电力公司一直对储能技术感兴趣，因为它有支持电网的平稳运行的潜力。储能技术作为电网重要支撑技术具有“负载平衡”的功能，即在低需求期间存储非高峰电力，并在高需求期间释放电力，从而减少对高成本峰值发电的使用。该功能还可支持可再生能源发电的发展，由于风力发电厂和太阳能发电厂数量的增多及可再生能源发电间歇性的特点，电力公司正考虑通过储能技术优化现有电网基础设施，从而避免或推迟修建新的电力线路，从而为电网自身的发展提供部分替代方案。储能技术所具有的其他关键功能被统称为“辅助服务”，这些功能存在的主要目的是为用户提供电力传输服务的必要功能，这些服务包括为实现电力交易而采取的行动（例如调度），维护电网完整性所需的服务，以及纠正与供电相关的影响所需的服务（例如供需平衡）。同时，大宗电力采购也因电力需求增长而变得紧张，储能潜力的重要性与日俱增，推动了电力公司及相关人员对更优秀的储能技术的需求，引发了大量的储能技术开发和部署项目。

2.1　电源侧储能技术需求

储能系统在电源侧（发电侧）的应用对整个发电系统电源侧的优化提升具有显著的作用，对其需求可总结如下。

传统发电厂在没有储能系统存在的情况下，往往是根据电网对电能的需求量、用户侧的需求、电网的负荷程度来调节发电机组的运行状态。因此，在一大部分的发电时间内发电厂的发电机组是无法以最优工况进行发电的，而大量储能电站的建立，可以支撑发电厂的高工作效率，保证发电机组能够以最优工况进行运作，减少启停功耗，提升发电效率。

传统发电站在应对电网负荷变换时，采取“削峰填谷”的方式，主要是预留发电机组的运行效率。在低负荷时期，使发电机组不以最优工况全力工作，或者是停止部分发电机组工作运行；在高负荷时期，启动暂停的机组，提高发电机组运行效率，增加发电量。这种传统做法会对发电机组造成损耗，特殊情况下发电机组的频繁启停会严重影响发电机组的使用寿命。建立寿命长的储能电站，能够使得发电机组无须频繁启停、改变工作效率，并且能够以最优工况运行，大大提高发电机组的使用寿命。

在化石能源日渐枯竭的今天，新能源的开发利用显得尤为重要。如今新能源分布式发电设备的大量建设，对新能源的消纳利用提出了新的要求。"储能＋分布式发电"的组合形成了趋势，作为发电侧来说，分布式发电随机性、波动性和偶然性大。以光伏发电为例，在不同时段、不同天气情况下分布式发电的功率随时间变化大，如图 2.1 所示。光伏发电站因为其不稳定的发电功率波动而难以并入电网中，而在光伏发电站中建立储能系统可以为其平缓发电功率，提高发电质量，降低其并网难度。

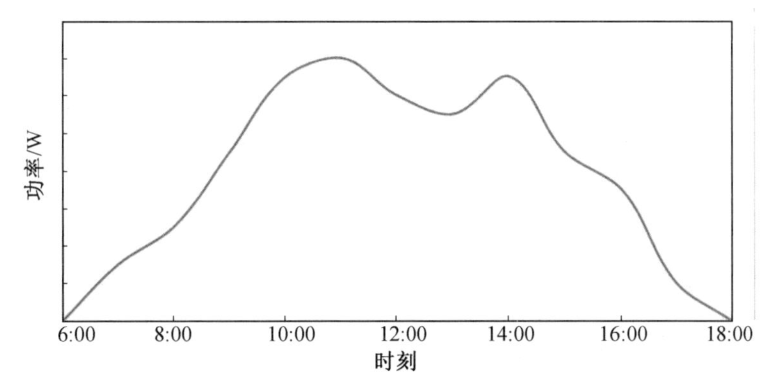

图 2.1　光伏发电时间—功率曲线

电力系统电源侧对于储能系统的经济需求近年来也有所改变，2019 年底各地政府纷纷出台政策鼓励分布式电源配置储能系统，安徽要求新招标风电项目储能系统配置功率不可低于风电装机功率的 20%，持续时间不低于 1 h，湖南要求新招标风电项目储能系统配置功率不低于风电装机功率的 20%，持续时间不低于 2 h 等。就目前而言，储能系统在电源侧的需求主要以政府导向为主，其回本盈利周期长，且潜在经济性因素短时间无法被新能源企业发现，企业普遍看重现时投资回报率大小，所以很长一段时间内储能系统在电源侧的大规模配置依旧将以政府导向为主。但是储能系统对于分布式发电站的经济效益提升在长期来看是相当可观的。

可再生能源，如风能和太阳能，因为其固有的特性，发电产生的电能具有可变性和不确定性，随着这些来源可变的可再生能源发电（VG）被添加到电网中，会对电网产生许多运行方面的影响，但其中许多可以通过储电得以缓解。可再生能源发电对电网的影响主要有以下几方面。

（1）VG 增加了电力频率的短期（秒至分钟）可变性，必须将其维持在每秒 60 个周期以确保电网正常可靠运行。

（2）VG 增加了电网上发电供应（斜坡）的小时需求，增加了传统发电机的频繁调节和相关维护，需要通过相应方式解决。

(3)可再生能源发电的不确定性增加了常规发电机组的压力，这种不确定性会增加电力系统运行的成本，因为它会导致太多或太少的发电机可用于响应“净负荷”的变化。

(4)可再生能源发电增加了每日最小和最大电力供应之间的差异(包括有效降低最小负荷)，这可能会迫使传统发电机降低输出。在某些情况下，这种差异可能会迫使本应连续运行的传统发电机组在时段内频繁关闭或者迫使可再生能源发电机组削减输出，“浪费”可再生能源发电的潜力。

(5)可再生能源因为其固有特性，常常位于位置比较偏僻的地带，因此为了满足输电要求，常常需要新的输电线路为电网供电，然而，由于政策原因以及风能或太阳能专用长距离输电可能受到资源容量相对较低的限制，因此配置储能装置可以增加线路负荷，并有助于减少因输电限制而导致的风力发电电能削减。

2.2 电网侧储能技术需求

我国是一个幅员辽阔、人口密集的大国，区域性人口密度差异大，工商业生产基地密集性高，导致电网铺设困难大、投资高，再加上工业发展迅速、人口转移量加大以及新能源行业的蓬勃发展，给电网系统的建设带来了巨大的挑战。储能技术作为电网建设的支柱技术，在电力系统中的电网侧对其主要有以下几个方面的需求。

2.2.1 电网削峰填谷的需求

电网电力负荷大小受时间影响大，传统电网建设一般不搭建储能系统，一方面导致发电站对于负荷应对需求加大，机组负载波动增加，另一方面则影响了用户的正常用电。在电网中搭建储能装置可以有效地利用储能装置进行削峰填谷，平滑发电负载，减轻电力系统各部分压力。

2.2.2 电网系统负载均衡度的需求

电网系统一般新旧线路混合、复杂，且各地区、各时间段负载变化明显，差异大。不同线路在不同时间节点处于重载、轻载的状态不同，例如：商场供电线路节假日及休息时间负载大，而工作日电力需求少；工业园区供电线路一般时间均处于重载状况，小区供电线路则根据昼夜变化负载变化明显。以上情况的存在大大加大了电力系统负载不均衡程度，而选择适宜的储能系统并将其搭建在适合的电网节点位置上可以有效地平衡电网线路负载，提高电网系统负载均衡度，如图 2.2 所示。

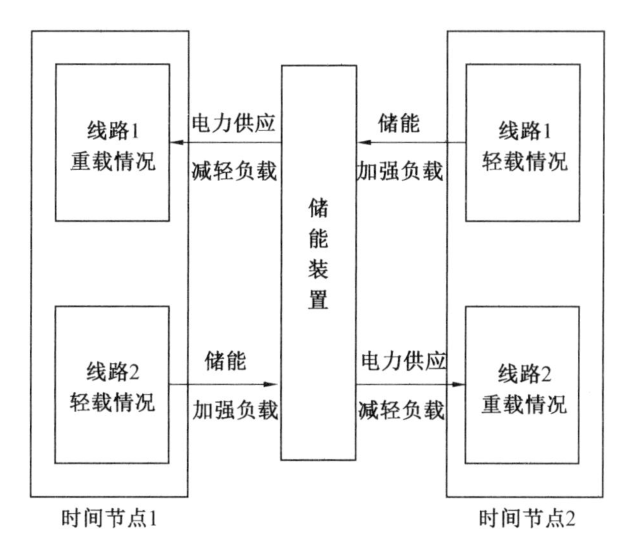

图 2.2 电网储能装置平衡负载图

2.2.3 提高电能质量、加强新能源消纳能力的需求

近年来，在我国能源政策、市场需求及环保意识上升的影响下，我国分布式能源电站的大规模爆发式的建立导致了新能源消纳及电网保持供电质量难的问题。由于电网的辅助设施建设不完善，分布式能源电站的搭建未充分考虑电网消纳能力，全国各地“弃光”“弃风”现象严重，而在电网侧搭建储能系统则可以有效增强新能源消纳能力，使得负荷与发电曲线更好地匹配，同时提高电网供电质量。

2.2.4 电网调频的需求

电网系统的传统调频方式是依靠调频机组的调速系统增减发电机组的输出功率来响应电网系统负荷改变引起的频率变化。但是，随着电网规模的扩大，大规模风电并网运行以及电力市场的不断健全深化，传统调频方式无法满足电网调频需求。就 2019 年而言，因调频问题而造成的弃风量占全部弃风量的 30%左右。传统调频机组参与调频的不足在于其响应慢、爬坡速率低两点，使得其无法满足当下短周期、高随机性的电网调频需求，甚至会导致“反向调频”现象的发生，而将储能系统加入电网调频系统中，依靠储能系统响应快、爬坡速率高的特点，可以有效地弥补传统调频方式的不足，满足电网调频需求。

电网系统目前的能量存储情况，以美国为例，大约有 22 GW 的电力储存容量，这相当于美国全国现有总发电量的 2%，几乎所有这些储存容量都是以抽水蓄能的形式存在的。我国的电网电力储能措施大多始于 20 世纪 70 年代中后期。电网储能装置的部署是多种因素影响下产生的结果，例如用于满足峰值电力需求的石油和天然气价格大幅上涨；大量燃煤电厂和核电厂的建立满足了相对稳定的基本负荷需求，但它们提供的发电能力不足以满足日负荷、小时负荷(“负荷跟踪”)和峰值发电需求，这一限制导致电力公司积极开发储能装置作为化石燃料中间负荷和峰值发电的替代品。

20 世纪 70 年代，美国开始对各种类型的储能技术进行研究，其中包括电池储能、电容器储能、飞轮储能、压缩空气储能、地下抽水储能和超导磁储能等。本来随着储能技术的发展，所有类型储能装置的部署都将显著增长，但是，到20世纪80年代结束，在天然气价格大幅下降、天然气涡轮机得到改进以及《发电厂和工业燃料使用法》被废除的情况下，灵活的天然气发电在经济上显得更具吸引力。其他技术、市场和监管因素也曾在历史上限制了电力储能装置的部署，并且持续至今。但是，储能装置部署的主要历史阻碍是电力公司估计和获取电力存储的全部经济价值的能力有限，尤其对于电网来说，快速响应存储技术的许多动态效益并未达到具有吸引力的程度。因此，1990年至2010年，美国新建的储能装置容量只有2 MW，而新发电量超过300 GW。

电力存储技术在电网中的不同应用会带来不同的效益，电网储能技术发展面临的挑战之一就是对这些效益进行适当的评估，尤其是在储能技术同时给电网提供多种服务的情况下。例如，一些储能技术可以提供负载均衡、调节、应急储备和固定容量服务，如果没有复杂的建模和模拟方法，很难去精确地衡量这些储能技术所提供服务带来的真正价值。批发电力的出现为公用事业和独立发电商提供了更透明的数据，使得他们开始关注储能技术所带来的切实经济效益，根据市场的不同，这些数据可用于评估电力储存装置的经济产量和最佳位置，如能源套利、固定容量等辅助服务。

储能系统的建设成本存在很大的不确定性，商用的大容量电力储存装置的成本难以控制在1 000美元/kW以下。图2.3总结了几种电网储能装置的生命周期价值估计。在特定的储能装置应用情况下，电力储存价值是很可能超过电力储存成本的。例如，在大多数调研地区，能源套利在不考虑其他储能效益时，所需成本低于1 000美元/kW。然而，当储能系统利用其他功能获得收益来源或是提供综合服务时，电力存储价值会增加，一个具有足够容量进行能源套利的装置可能会同时提供固定容量服务，并且能够提高电网系统的稳定性，为电力公司创造经济效益。这样的储能装置受到市场的广泛欢迎。

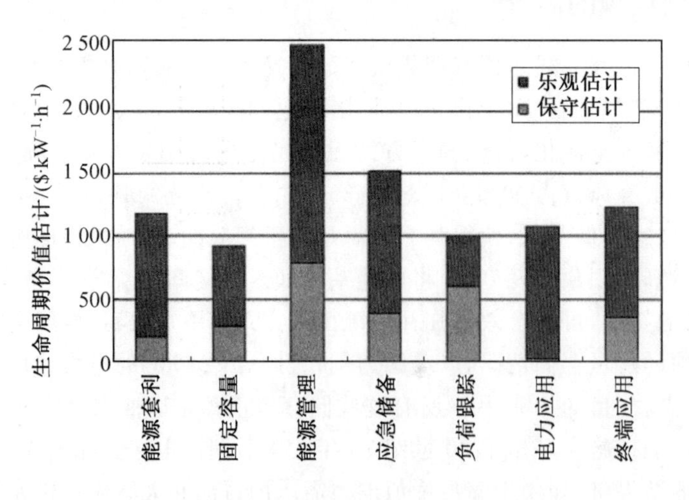

图2.3　几种电网储能装置的生命周期价值估计

2.3　用户侧及居民侧储能技术需求

用户侧、居民侧的储能系统配置是储能系统推广发展的重要途径之一。

2019年初国家电网有限公司发布的《关于进一步严格控制电网投资的通知》对于国家电网有限公司及其附属公司的电网侧储能投资给出了明确的限制。同年5月国家发展改革委正式印发《输配电定价成本监审办法》，明确电储能设施不得计入输配电价，这显然影响了电网企业投资储能的积极性。

电网侧储能现状的萧条，使得储能相关企业将目光投向电源侧及用户侧储能。其中，发展模式多样、发展现状迟缓的用户侧储能受到了储能相关企业的特别关注。

用户侧、居民侧储能系统的配置是一个相当多样化、烦琐的过程。用户侧、居民侧用电模式多样化、零散化，各行业配备储能系统的经济性差异大。储能系统的多样性及储能需求的复杂性是造成用户侧、居民侧储能系统配置发展缓慢的重要原因。下面就用户侧、居民侧储能所面临的阻碍及机遇进行分析。

用户侧、居民侧储能应用的阻碍包含以下几点。

(1)居民用户用电量小，用电习惯固定化，总体用电曲线弹性小。结合现在推行的自选峰谷电价及阶梯电价服务，居民可根据自己的用电情况选择用电时段，形成适应电价模式且可以节省电费的用电习惯。因此，居民用电大规模配备储能装置暂时不具备推广条件。

(2)发达城市及地区往往存在大量的商业用户，这部分用户用电量大且用电峰谷明显，就这些特点来说，对于商业用户来说是具有推广配置储能系统来实现峰谷价差套利这一经济模式的条件的。但是，以珠三角地区为例，除了深圳以外其他城市均执行商业综合电价，这直接抹除了利用储能实现峰谷价差套利模式的可行性。

(3)小工业用户数量多，种类繁杂，且用电量大，就这部分用户的用电特点而言，配备储能装置具有良好的应用前景。但是就个体而言，小工业用户的规模及性质决定了其经营稳定性的问题无法解决，结合储能系统的投资回报年限大概要5～10年左右，给小工业用户配置储能系统往往会导致其还未得到储能带来的经济收益，公司、企业就面临经营危机或者直接转型、销户。

(4)大工业用户作为用电大户，往往是配备储能系统的重点发展对象，但是其中一部分倒班制工厂用电曲线平滑，储能系统峰谷价差套利的模式无法实现，还有一部分大工业用户虽然用电峰谷明显，用电曲线波动大，但是却无法与电价峰谷时间相匹配，除非政策上对其进行针对性定价，否则储能系统峰谷价差套利模式也无法实现。

那么，储能系统在用户侧就没有发展潜力了吗？答案当然是有，储能相关企业不能以传统思维方式来寻找商机，应该多方面、多角度、客观辩证地去寻求新的需求点及盈利点。下面就用户侧、居民侧储能系统的发展提出几个方向。

(1)满足用户个性化需求。优良的储能系统具有毫秒级的响应速度和近乎完美的输出曲线，对于一些对供电可靠性和电能质量有着高要求的用户而言，配备储能设备的回报远高于投资，加之储能系统的多样性能够完美地满足这类用户需求，因此加大对于此类用户的需求调查，给他们提供适合的储能装置是用户侧储能发展的一个重要方向。

(2)微网储能配置。电源、电网及用户侧一体化的微网对于系统的储能能力有着极高的要求，为了保证微网并网及孤岛两种运行方式的稳定运行，微网各部分均需要配备性能良好的储能装置。为了保证大电网发生意外时微网区域运行良好，微网用户侧需要配备相应的储能装置来对微网退网时可能发生的供电意外进行应对。

(3)售电公司电力质量改善。售电公司可以利用储能提高自身供电质量，为用户提供优质服务，获得市场效应，短期可以平定电价波动，长期可以获得可观利益。

(4)降低储能成本。储能企业可以通过降低储能成本，为用户提供低价的储能装置服务，减少用户安装储能系统的投资、缩短回报时间，人为地在经济上为一些用户创造储能需求。这是目前储能发展的一个重要方向，例如：目前用户侧储能系统成本约为1.5元/(W·h)，预计投资回收期为8年，如果将投资成本控制在1.2元/(W·h)左右，投资回收期将缩短至5年，这样就能吸引一部分用户配备储能系统。

总体来说，目前我国用户侧储能的发展困难与机遇并存，储能相关企业需要做好打长期战的准备，积极寻求新的收益点与需求点，同时加大对储能系统研发的投资。

2.4 社会化功能性服务设施储能技术需求

社会化功能性服务设施是指一些便民利民，推动社会发展的设施。随着科技水平及人民生活水平的不断提升，人们对于社会化功能性服务设施提出了新的需求，更加便利、更加普及的社会化功能性服务设施在国家和市场的双重推动下被不断建设完善。社会化功能性服务设施规模的不断扩大以及功能的不断多样化对储能提出了许多新的需求。储能系统应用于社会化功能性服务设施中的方式主要有以下几种。

2.4.1 智慧路灯(灯杆)

智慧路灯是指将照明、交通、充电及路况监控等功能结合为一体的社会化功能性服务设施，如图2.4所示，由于其功能的多样化、细致化特点，智慧路灯往往配置有储能系统。智慧路灯配置的储能系统一般会在晴天储存光伏发电电能，在夜晚照明负荷大时释放电能供给路灯使用。储能系统的配置可以在一定程度上使得智慧路灯完全脱离电网供电，起到节能环保的作用，同时智慧路灯搭载的充电设备可以将储能系统储存的多余电能供给电动车作为应急能源，减轻电网的压力。

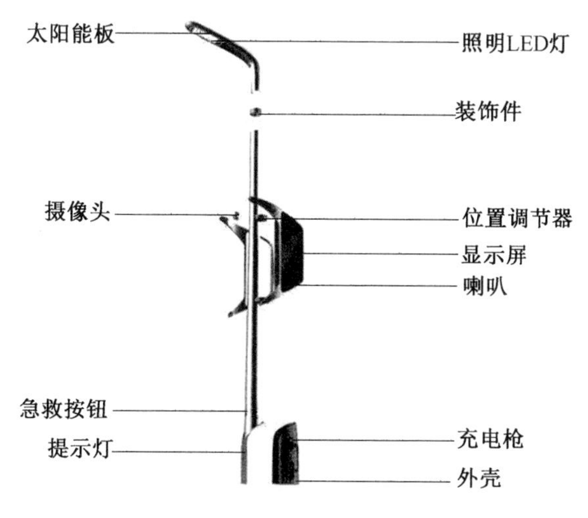

图 2.4　智慧路灯(灯杆)

2.4.2　充电桩(换电模式)

随着新能源汽车的兴起,全国各地涌现出大量的充电桩,为新能源汽车的充电提供了便利。目前,以北京为首的各大城市开始采取“换电模式”来满足新能源汽车的充电需求。充电桩“换电模式”,即将大量电池集中存放于新型充电桩电池配送处,在新能源汽车需要充电时为其提供更换电池服务,更换下来的电池在充电桩处充电后供给之后的充电车辆。这种新型的充电桩极大地缩短了新能源汽车的充电时间,据统计,传统充电方式一辆新能源汽车充满电所消耗时间为 4～6 h,即使是快充方式也不低于 2 h,而使用“换电模式”仅需 3 min 即可为新能源汽车完成电池更换。同时“换电模式”的推出也为新能源汽车用户避免了更换、维修电池的支出。为了更广泛地将“换电模式”在全国普及,在储能方面还有以下问题需要解决:新旧电池性能的差异需要缩小以减轻新能源汽车用户的心理负担;电池标准需要进行统一以提高新型充电桩兼容性;新型充电桩前期建设与运营成本高,需要政府大力扶持的同时降低成本投入等。

2.4.3　5G 基站建设

5G 基站作为 5G 网络的核心设备,受到政府及社会的重点关注。2020 年的政府工作报告重点提及发展新一代信息网络,拓展 5G 应用。据统计,截至 2020 年 5 月,5G 基站开通数量已达到 20 万个,数量如此庞大的 5G 基站的建设开通需要更大规模、更高效储能系统的支撑。5G 基站的站点功耗要远远大于 4G 基站的站点功耗,传统 4G 基站单站功耗为 780～930 W,而 5G 基站的单站功耗高达 2 700 W,高功耗对储能提出了更高的要求。中国铁塔从 2018 年开始停止了对于铅酸电池的采购,新建或改造的 5G 基站全部改用磷酸铁锂电池。2020 年 5G 基站对于磷酸铁锂电池的需求量高达 7.8 GW · h。除了 5G 基站以外,5G 市场包括的便捷数码、远程探索、驱动装备、智能家居、无人驾驶等细分市场对于储能提出了许多新的需求,5G 产业所蕴含的储能市场相当广阔。

除了上述的应用之外，传统社会化功能性服务设施为符合绿色节能理念，装载风、光储能成为发展的必然，越来越多的社会化功能性服务设施的建造与改造给储能行业带来了机遇与挑战。

2.5 储能技术的市场需求

目前，我国储能行业及储能技术的总体发展是不够成熟的，那么，储能行业的发展是否满足市场需求，储能行业的市场需求量是否足以支撑储能行业的继续蓬勃发展呢？本节将会对此进行分析阐述。

首先，从电化学储能的角度来看，目前因为储能技术及电网系统的不成熟导致了我国储能行业的发展主要依靠政策导向。从 2020 年开始，受《输配电定价成本监审办法》等政策和市场因素影响，电化学储能的市场投放速度开始减缓。截至 2020 年 6 月，我国已投运电化学储能累计装机规模为 1 189.6 MW，上半年新增规模为 116.9 MW，同比下降 4.2%。从这方面来看，储能行业的发展已开始减速，隐约能看到储能行业的市场需求量开始减少。

但是，目前更多相关行业从业者认为，储能行业的市场需求并不会一直以政策为导向，从长远全面的角度分析，储能行业的市场需求受新能源行业发展、电网系统规模及应用范围增加、储能技术的发展、储能装置构建成本及储能成本降低、客户需求改变及增加等因素的影响。业内人士认为储能行业蓬勃发展的趋势并未改变，储能行业快速发展的趋势并未改变，储能行业的发展韧性并未改变，引导储能市场需求增长的积极因素也并未消失。回顾 2017 年及 2018 年储能行业的发展历程，一方面，2018 年我国电化学储能装机实现了一个陡增，累计年增长率为 175.2%，新增装机年增长率为 464.4%，是一个很罕见的增长数据；另一方面，虽然 2019 年上半年电化学储能装机规模较 2018 年下降4.2%，但和 2017 年以前相比，仍然是比较高的数据。

储能行业目前发展的主要动力依旧是可再生能源的发展及电网韧性提升的需求。储能技术是解决可再生能源消纳问题的主要手段以及提高电网供电质量的主要技术。储能行业的市场需求随着可再生能源的发展以及电力系统的逐渐完善和更新换代而不断加大，因此从这个角度出发，从长远来说，储能行业蓬勃发展的根本动力并未消失，储能行业市场需求继续加大的积极因素依然存在。

现阶段而言，我国储能技术发展的水平相较于国外一些发达国家依旧相对落后，储能方式的种类及研究深度依旧有待推进。储能技术市场需求的重要影响因素是储能技术的发展程度及储能类型的适应性。以经济为导向的电力市场需要考虑的是储能系统的配置是否可以带来足够的经济效益，目前我国的储能行业的发展之所以依靠政策作为导向，是因为电力公司在电力系统各处安置储能装置所需要花费的成本与所获得的收益相比不足以吸引电力公司进行投资，而在相关政策的引导下获得政府扶持的项目则可以获得足够的经济效益，从而吸引电力公司及相关企业对电力系统储能装置进行投资。而让储能行业的市场需求从长远、根本的角度不断扩大，从根本上解决储能技术市场需求缩减，摆脱对政策依赖性的唯一方法就是不断深化对于储能技术的研究，降低储能系统建设成本及持续性应用成本，不断研发新的储能装置以适应不同的储能环境，吸引投资者的资金投入，从而从根本上扩大储能行业的市场需求。

中国化学与物理电源行业协会储能应用分会统计数据显示，当前我国电化学储能电站度电成本为 0.6～0.8 元/(kW · h)，而抽水蓄能电站度电成本仅为 0.21～0.25 元/(kW · h)。成本是决定储能技术应用和产业发展规模的重要参数，开发新型储能电池结构降低系统制造成本、开发运维再生技术大幅提升系统循环寿命，是储能降本的两大方向。0.3～0.4 元/(kW · h)是储能规模应用的目标成本，可分"四步走"：当前目标是开发非调峰功能(调频或紧急支撑)的储能电池技术和市场，短期(5 年)目标是让储能成本低于峰谷电价差的度电成本，中期(10 年)目标是让储能成本低于火电调峰(和调度)的成本，长期(20 年)目标是让储能成本低于同时期风、光发电的度电成本。

安全性方面，目前储能电站发生事故后，主要依靠外围的消防措施来应对，无法从根本上消除隐患。大型储能电池的安全性能要想有实质性进步，必须实现电池内部可控，不能等到电池冒烟起火再解决储能系统的安全问题。因此，开发颠覆性的储能本体内部安全可控技术，彻底解决电池短路造成的热失控问题，提升储能系统安全性至完全可控等级，是储能电池的重点攻关方向。

根据时长要求不同，储能应用场景大致可分为容量型(≥4 h)、能量型(1～2 h)、功率型(≤30 min)和备用型(≥15 min)4 类。不同应用场景对储能技术的性能要求不尽相同，要开发各类储能专用电池，以满足不同场景需求，支撑储能产业的创新突破发展。

我国新能源行业不断发展，其中可再生能源的发展尤为明显，放眼我国各风、光、潮汐能等丰富的地带，各种类型的可再生能源电站不断建成，我国的可再生能源利用占比远高于世界平均水准，能源架构也在不断地发生变化，可以预见在未来的某个时刻，可再生能源将会取代化学能源成为新的能源支柱。但是，可再生能源的高速发展导致了许多相关问题的产生。可再生能源发电具有波动性和不确定性，电能质量起伏较大，严重加大了可再生能源并入大电网的难度，而在可再生能源电站中应用储能技术则可以在很大程度上避免这种情况的发生。储能装置可以在可再生能源电站发电量过多的时间点将"多余"的电能进行储存，在夜晚、阴天或者其他情况导致的可再生能源电站发电量减少的时间点将储存的电量进行释放，从而起到平抑可再生能源电站发电波动的作用，同时，储能装置还可以对可再生能源电站发电质量进行改善，起到调频的作用，降低可再生能源并网的难度。大量可再生能源电站的搭建也导致了可再生能源的浪费现象，据相关统计，2020 年，我国弃风弃光率达到 20%，原因是多样化的：可再生能源并网难度的增加是导致弃光弃风现象的重要原因，无法并网或者并网程度不高的电站弃风弃光的现象是无法避免的；可再生能源丰富的地区往往存在于偏远山区或者海边、高原等地区，往往人迹罕至，与大电网距离远，往往一个可再生能源电站的搭建同时需要配备一整套远距离的输电线网络，但是事实上由于规划的不具体以及经济性的问题，大量的可再生能源电站的消纳问题没得到解决，输电线网络未搭建或者搭建得不够完善。因此，为了解决可再生能源的消纳问题，在可再生能源电站中搭建相应的储能设备是目前来说最好的解决方案，一方面降低了输电线网络的搭建难度，另一方面也解决了可再生能源电站发电高峰电力浪费的问题，同时还可以改善供电质量，降低其并网难度。为了响应我国改变能源结构的政策号召，新能源行业的发展将会一直处于高速发展阶段，同时自然界中各种储量丰富、清洁环保的可再生能源也吸引了大量相关行业从业者的目光，因此，可再生能源发展的速度是会不断提升的。可再生能源的高速发展同时也带来了可再生能源的大量浪费，为了解决可再生能源的消纳问题，储能技术的应用必不可少，因此，可再生能源的高速发展将会对储能技术的市场进行不断扩充，可以说只要可再生能源在能源构架中的比例不断增加，储能技术的市场需求就不会减少。

储能技术的重点应用场景包括储能电站、电网储能系统、各类电池、电动汽车、家用电器等。储能技术的市场需求重点在于用户以及顾客的需求，只要有需求，就会有市场，储能行业就能继续发展。各类发电站在整个能源系统中属于供给侧，而对于储能相关企业来说，发电站则是它们可以发展的顾客。电网系统不断发展，系统的广度不断增加，系统的复杂程度不断提升，要想为电网提供优质的电能，就需要储能技术的加入，提高电站供电质量。电网系统存在的目的是给客户提供优质的电能。在电力系统网络的不同位置部署相应的储能系统，一方面可以起到“削峰填谷”的作用，使得电力系统有更好的经济效益，另一方面则可以改善电网的供电质量，为客户提供优质电能。储能电池作为一个发展较为成熟的行业，因其产品繁多的种类及优良的特性已经涉及各个行业各个角落，因此，对各类电池的市场需求是不需要担忧的。电动汽车、新能源汽车是目前非常火爆的行业，各种汽车公司（以比亚迪、特斯拉为主）都在不断地进行新能源汽车的研发，大量投资涌入其中，新能源汽车性能的不断提高以及续航能力的提升验证了其取代传统汽车作为主流交通工具的可能性。新能源汽车相对于传统的燃油汽车根本区别在哪？在于其动力系统，在于其使用的储能电池系统。目前使用磷酸铁锂电池作为动力系统的比亚迪新能源汽车的续航能力约为 450 km，使用三元锂电池作为动力系统的特斯拉新能源汽车的续航能力约为 750 km。相比较而言，磷酸铁锂电池的容量较小，导致其续航能力较弱，电池的安全性则相对较高；三元锂电池具有更高的续航能力，但是安全性较低，易老化导致爆炸等情况发生。因此特斯拉的新能源汽车需要为电池动力系统增设许多安全保障配置，对其散热降温系统加以改善。新能源汽车行业的蓬勃发展促进了储能电池技术的市场需求扩充，同时也对储能电池技术提出了更高的要求，新型电池的开发以及现有电池系统的性能优化都迫在眉睫，这又间接促进了储能电池研究资金投入的增加。

市场对于储能装置的需求并不局限于电网系统及新能源汽车，小型储能装置例如充电宝、家用电器电池、手机电池等的市场需求随着人们对于更加便利生活方式的追求而不断扩充。除此之外，充电桩等社会性储能装置的市场需求量也随着人们日常用电需求及新能源汽车的不断发展而逐渐增加。各种工商业用电环境，由于其对用电质量的高要求，或者是大量用电而产生的高用电量，促使其搭建储能装置的需求不断增加。搭建储能装置可以帮助这些用电单位避免因停电、电压降低、电能质量下降等意外而产生经济损失。"绿色建筑"的不断研究及普及也会在一定程度上增加储能技术的市场需求，在"绿色建筑"上往往会搭建一定程度的光电及其他产能设施从而减少对于电力的需求，起到节约能源的作用，而储能装置的搭建可以帮助"绿色建筑"更好地对这些电能进行管理利用。

电力市场经济的发展也是促使储能技术市场需求不断增加的重要因素之一，无论是用电量大的工厂、商城，还是用电量小的个体户或住宅，抑或是新能源汽车及小型用电设施，都可以通过储能装置进行电力的购买及贩卖，从而减少自身的投资，提高电能利用效率。

第3章　间歇性能源储能技术

3.1　光伏发电系统

无须通过热过程直接将光能转变为电能的发电方式有光伏发电、光化学发电、光感应发电和光生物发电。

时下人们通常所说的太阳光发电就是太阳能光伏发电，亦称太阳能电池发电。图3.1所示为光伏发电系统。

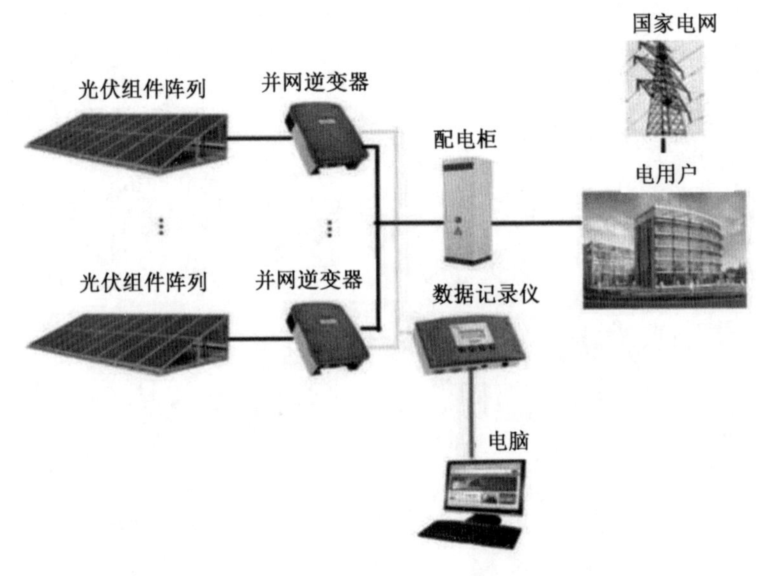

图3.1　光伏发电系统

3.1.1　工作原理

一套基本的太阳能光伏发电系统由太阳电池板、控制器、逆变器和蓄电池构成，如图3.2所示。

阳光照在半导体PN结上，形成新的空穴一电子对，在PN结电场的作用下，空穴由N区流向P区，电子由P区流向N区，接通电路后就形成电流。这就是光电效应太阳能电池的工作原理。太阳能发电有两种方式，一种是光—热—电转换方式，另一种是光—电直接转换方式。光—热—电转换方式利用太阳辐射产生的热能发电，一般是由太阳能集热器将所吸收的热能转换成工质蒸气，再驱动汽轮机发电。前一个过程是光—热转换过程，后一个过程是热—电转换过程。与普通的火力发电一样，太阳能光—热—电转换方式

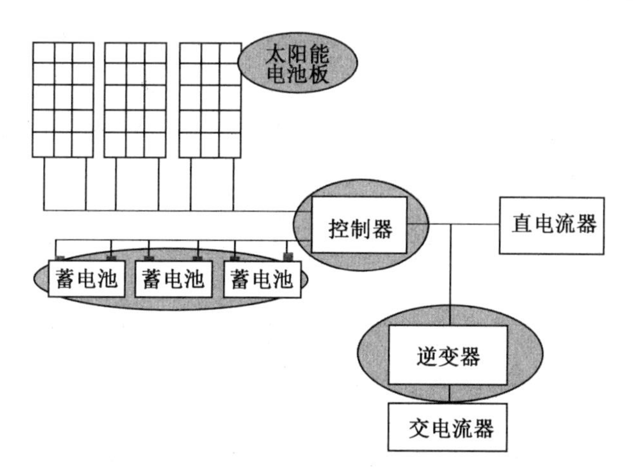

图 3.2　太阳能发电系统

发电的缺点是效率很低而成本很高,它的投资估计至少要比普通火电站贵 5～10 倍。光一电直接转换方式是利用光电效应,将太阳辐射能直接转换成电能,光一电转换的基本装置就是太阳能电池。太阳能电池是一种基于光生伏特效应将太阳光能直接转化为电能的器件,是一个半导体光电二极管,当太阳光照到光电二极管上时,光电二极管就会把光能转换成电能,产生电流。许多个太阳能电池串联或并联起来就可以成为有比较大的输出功率的太阳能电池阵列了。太阳能电池是一种大有前途的新型电源,具有永久性、清洁性和灵活性三大优点。太阳能电池寿命长,只要太阳存在,太阳能电池就可以一次投资而长期使用;与火力发电、核能发电相比,太阳能电池不会引起环境污染。

太阳能光伏发电系统的设计需要考虑的因素如下。

(1)系统安装的环境条件以及当地的日光辐射情况。

(2)系统需要承受的负载总功率的大小。

(3)系统输出电压的大小以及使用直流还是交流电。

(4)系统每天需要工作的小时数。

(5)如遇到没有日光照射的阴雨天气,系统需连续工作的天数。

(6)系统负载的情况,电器是纯电阻性、电容性还是电感性,以及瞬间启动的最大电流。

1. 太阳能电池阵列的结构

太阳能是一种低密度的平面能源,需要用大面积的太阳能电池阵列来采集。太阳能电池组件的输出电压不高,通常会将一定数量的太阳能电池组件通过串并联构成阵列。有时甚至需要数十个乃至数千个阵列才能满足大功率太阳能光伏发电站的要求。阵列的结构依用户的需要而定。独立光伏发电系统电压往往被设计成与蓄电池的标称电压相对应,或是其整数倍,而且与用电器的电压等级一致,如 220 V、110 V、48 V、36 V、24 V、12 V 等。交流光伏发电系统和并网发电系统,阵列的电压等级往往为 110 V 或 220 V。电压等级更高的光伏发电系统,则常用多个阵列进行串并联,组合成与电网等级相同的电压等级,如组合成 600 V,10 kV 等,再与电网连接。

控制器的主要功能是使太阳能光伏发电系统始终处于发电的最大功率点附近,以获得最高效率。充电控制通常采用脉冲宽度调制(PWM)控制方式,使整个系统始终运行于最大功率点 P_m 附近。放电控制主要是指当电池缺电、系统故障,如电池开路或接反时,切断开关。目前日立公司研制出了既能跟踪调控点 P_m,又能跟踪太阳移动参数的“向日葵”式控制器,将固定电池组件的效率提高了50%左右。

控制器控制整个系统的工作状态,并对蓄电池起到过充电保护、过放电保护的作用。在不同时段温差较大的地方,合格的控制器还应具备温度补偿的功能。其他附加功能如光控开关、时控开关都应当是控制器的可选功能。

将交流电(AC)变换成直流电(DC)称为整流,完成整流功能的电路称为整流电路;而将直流电变换成交流电称为逆变,完成逆变功能的电路称为逆变电路。实现逆变过程的装置称为逆变器。

按输出能量的去向分类,逆变器分为有源逆变器和无源逆变器。对太阳能光伏发电系统来说,并网型太阳能光伏发电系统需要有源逆变器,而离网型太阳能光伏发电系统需要无源逆变器。

按相数分类,逆变器分为单相逆变器和三相逆变器。

按输出交流电的频率分类,逆变器分为工频逆变器(50～60 Hz)、中频逆变器(几百赫兹到10 kHz)和高频逆变器(10 kHz到几兆赫兹)。

按主电路形式分类,逆变器分为推挽式逆变器、半桥式逆变器和全桥式逆变器。

按主开关器件类型分类,逆变器分为晶闸管[可控硅(SCR)]逆变器,电力晶体管(GTR)逆变器、门极关断晶闸管(GTO)逆变器、绝缘栅双极型晶体管(IGBT)逆变器和MOS门控晶闸管(MCT)逆变器等。

对太阳能光伏发电系统而言,逆变器的DC/AC转换效率十分重要。通常逆变器的DC/AC转换效率为70%～90%,优质逆变器可以达到90%～96%。

逆变器功率组件的工作温度直接影响逆变器的输出电压、波形、频率、相位等许多重要特性。而工作温度又与环境温度、工作所在地的海拔、潮湿度以及工作状态有关。

太阳能充足时,多余的电能被存储在蓄电池中,太阳能短缺时则完全由蓄电池单独供电,即蓄电池在太阳能供电系统中起着储能与供电的双重作用。铅蓄电池具有性能可靠、廉价的优点,目前主要选择铅蓄电池作为太阳能供电系统的储能设备。

控制器的特点如下。

(1)使用了单片机和专用软件,实现了智能控制。

(2)利用蓄电池放电率特性修正的准确放电控制。放电终了电压是由放电率曲线修正的控制点,消除了单纯的电压控制过放的不准确性,符合蓄电池固有的特性,即不同的放电率具有不同的终了电压。

(3)具有过充、过放、电子短路、过载保护以及独特的防反接保护等全自动控制,这些保护均不损坏任何部件。

(4)采用串联式PWM充电主电路,使充电回路的电压损失较使用二极管的充电电路降低近一半,充电效率较不采用PWM控制方式高3%～6%,增加了用电时间;相较于直接充电,采用了串联式PWM充电主电路的充电系统可以实现自动控制,因此增加了系统的使用寿命,并具备高精度温度补偿功能。

(5)直观的 LED 发光管指示当前蓄电池状态,让用户了解使用状况。

(6)所有控制全部采用工业级芯片(仅对工业级控制器),能在寒冷、高温、潮湿环境中运行自如。同时使用了晶振定时控制,定时控制精确。取消了电位器调整控制设定点,而利用了 EEPROM 记录各工作控制点,使设置数字化,消除了因温漂等使控制点出现误差降低准确性、可靠性的因素。

2. 太阳能光伏发电系统的分类

(1)大型光伏发电系统。

这种光伏发电系统适用于直流电源系统,通常负荷较大,为了保证其可以可靠地给负荷提供稳定的电力供应,相应的系统规模也较大,需要配备较大的光伏组件阵列以及较大的蓄电池组。其常见的应用形式有通信、遥测、监测设备电源,农村的集中供电,航标灯塔供电,路灯供电等。

(2)交流、直流光伏发电系统。

这种系统能够同时为交流和直流负荷提供电力,在系统结构上相较于大型光伏发电系统多了逆变器,用于将直流电转为交流电以满足交流负荷的要求。通常这种系统的负荷耗电量较大,因而系统的规模也较大。

(3)独立光伏发电系统。

这种系统仅仅依靠太阳能电池供电,必要时可以由燃油发电机发电、风力发电、电网电源或其他电源作为补充。千瓦级以上的独立光伏发电系统也称离网型光伏发电系统。

(4)并网光伏发电系统。

太阳辐射最好的时候,也是电网用电量最大的时候。并网光伏发电是指太阳能光伏发电系统连接到国家电网的发电方式,成为电网的补充,典型特征为不需要蓄电池。

并网光伏发电系统由太阳能电池阵列、汇流箱等组成,如图 3.3 所示。

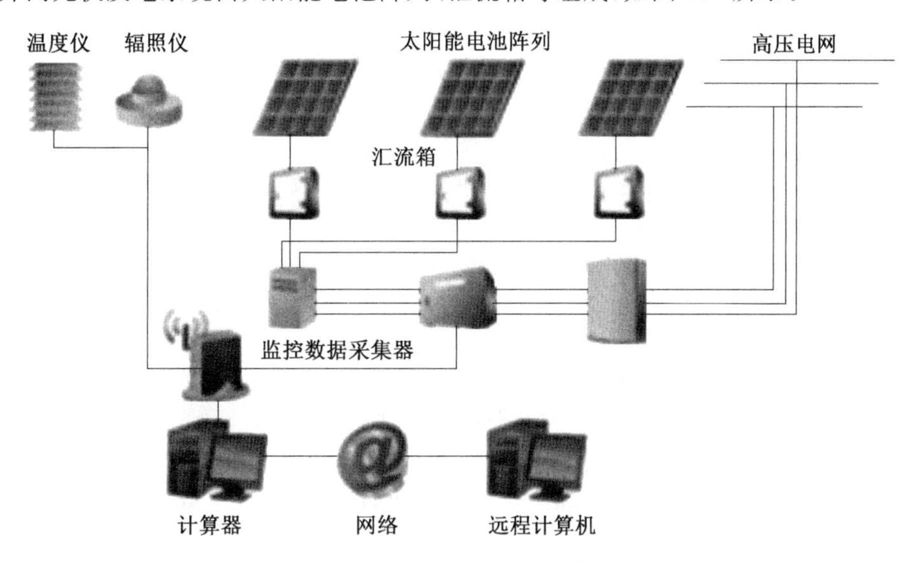

图 3.3　并网光伏发电系统

并网光伏发电系统的光伏阵列产生的直流电,经过并网逆变器转换成符合市电电网要求的交流电之后直接接入市电电网。并网系统中光伏组件阵列所产生的电力除供给交流负荷外，多余的电力反馈给电网，并且对公用电网起到调峰的作用。

3.1.2 储能应用

光伏储能与光伏并网发电不一样，需要增加蓄电池以及蓄电池充放电装置。根据应用场合的不同，光伏储能系统分为离网储能系统、并离网储能系统、并网储能系统和混合储能系统。

1. 离网储能系统

离网储能系统不依赖电网而独立运行，应用于偏僻山区、无电区、海岛、通信基站和路灯等。系统由光伏阵列、控制器、逆变器、蓄电池组、负载等构成。光伏阵列在有光照的情况下将太阳能转换为电能，通过控制逆变一体机给负载供电，同时为蓄电池组充电；无光照时，由蓄电池组通过逆变器给交流负载供电。离网储能系统是专门针对无电网地区或经常停电的地区、场所设计的。该系统不依赖于电网，采用边储能边放电或先储后用的工作模式，实用性极强。离网储能系统典型结构如图 3.4 所示。

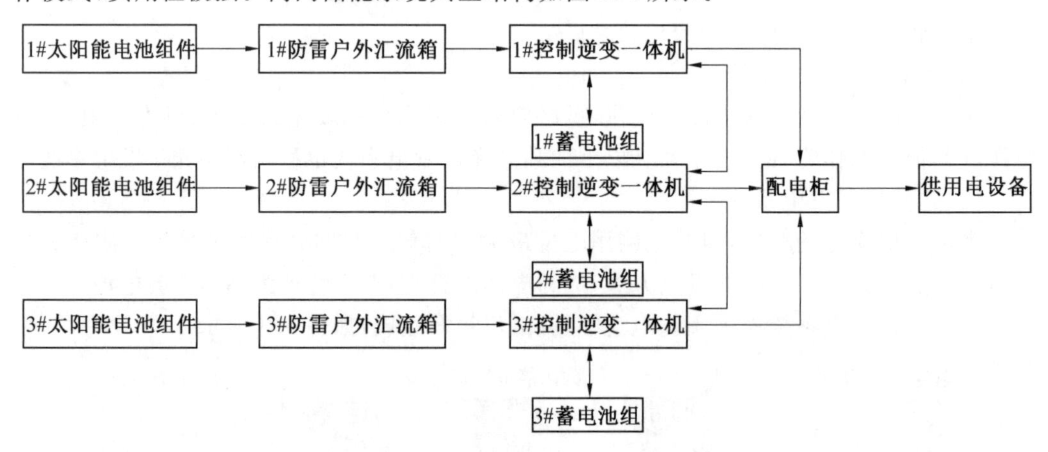

图 3.4 离网储能系统典型结构

2. 并离网储能系统

并离网储能系统能够判断光伏阵列、本地负载和蓄电池等的状态，实现包括并网在内的多种工作模式，它能够实现光伏阵列、电网和蓄电池之间的能量交换。

3. 并网储能系统

并网储能系统的典型结构包括：光伏阵列、储能系统、逆变器、最大功率点跟踪装置等。光伏阵列是光伏并网发电系统的基本组成部分，由光伏组件根据系统电压、电流的需要，经过串并联安装在支架上构成。光伏阵列是将太阳能转换为电能的能量转换单元。光伏阵列具有很强的非线性特性，输出直接受到光照、温度以及负载等因素的影响，最大功率点跟踪控制装置可以保证在不同自然条件下获得对应的最大功率输出，从而充分利用光能。储能系统起着控制、调节的作用，光照充足时，将多余的电能存储起来；光照不足时，将存储的电能释放出来，起到稳定光伏电源输出和调节供用电平衡的作用。逆变器将光伏阵列发出的直流电转换为交流电，从而为光伏发电并网提供必备条件。并网系统结构如图3.5所示。

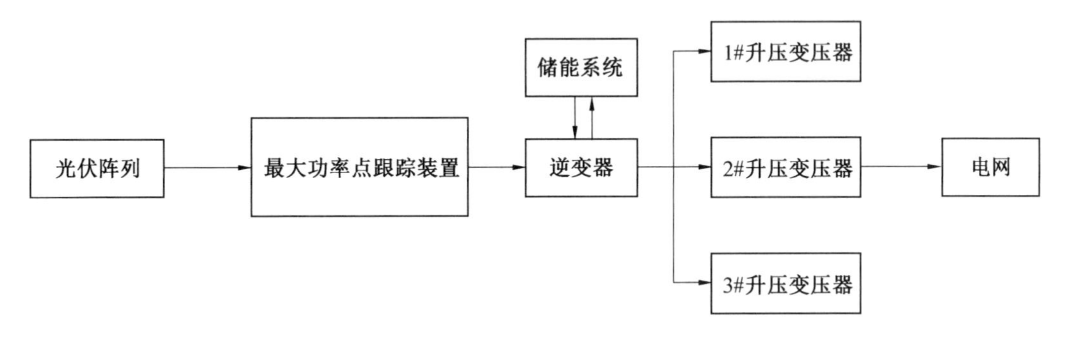

图3.5　并网系统结构

4. 混合储能系统

通常在很多情况下单一的储能设备很难满足微电网运行功率和能量密度的要求，因此必须结合两种或更多种储能方法组成混合储能系统，混合储能系统不仅兼具能量密度和功率密度方面的优势，同时具备较强的互补性。超级电容器采用活性炭多孔化电极和电解质组成的双电层结构来获取超大的电容量，它的充放电过程始终是物理过程，具有充电时间短、使用寿命长、温度特性好、节能环保的优点，属于功率型储能设备，主要应用于快速补充能量或负荷突变的情况，其与光伏发电系统相混合发电，解决了单一储能设备供电不足的缺点。其以蓄电池作为主要储能元件，以超级电容器作为辅助储能元件。当电网出现波动时，其反应速度较快，有助于缓解蓄电池快速释放电能的压力，降低蓄电池的快速充放电次数，延长蓄电池的使用寿命。蓄电池组电路如图3.6所示，超级电容器电路如图3.7所示，均压控制逻辑如图3.8所示。图3.6至图3.8中，U_{B1}，U_{B2}分别为均压电路中单体储能元件的电压；K_1，K_2为均压控制比例。

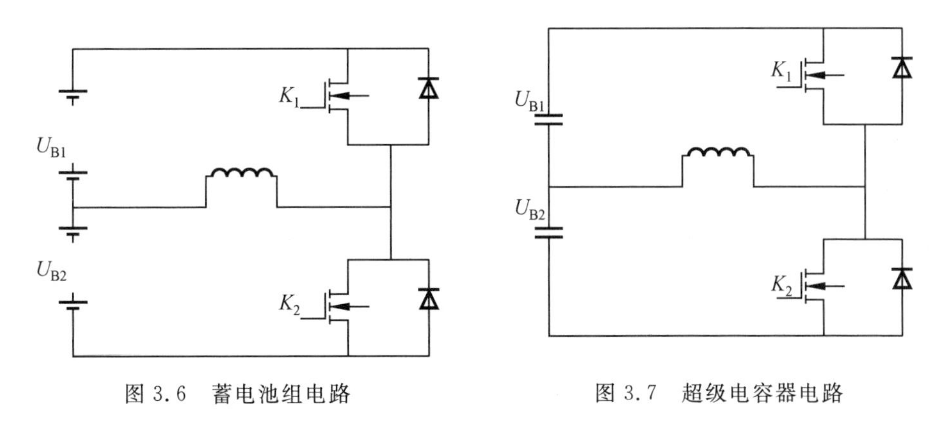

图3.6　蓄电池组电路　　图3.7　超级电容器电路

均压控制策略：蓄电池采用固定脉冲模式控制均压系统，其控制逻辑如图3.8所示，图中δU_1为进行工作的门限电压。与主动式均压控制策略相比，固定脉冲控制成本较低，稳定性好，工程中易于实现。

均压控制有两种情况，下面分别进行讨论。

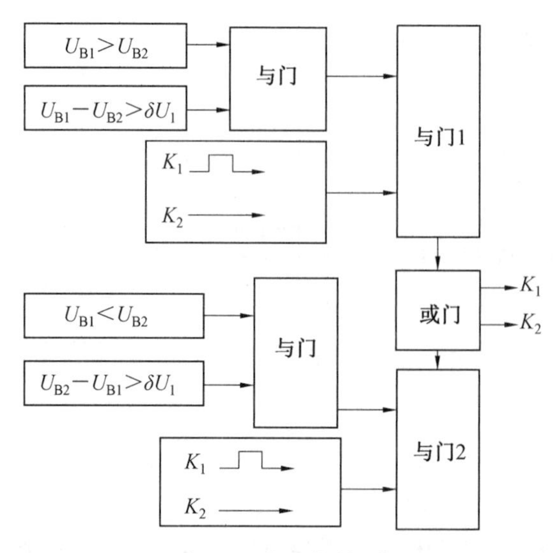

图 3.8　均压控制逻辑

(1)$U_{B1}>U_{B2}$时，若$U_{B1}-U_{B2}>\delta U_1$，图 3.8 中与门 1 输出高电位，与门 2 输出低电位，取或逻辑后K_1、K_2驱动脉冲，均压电路开始工作；若$U_{B1}-U_{B2}\leqslant\delta U_1$，两个与门输出与上述情况相反，取或逻辑后，输出仍为零，均压电路不动作。

(2)$U_{B2}>U_{B1}$时，若$U_{B2}-U_{B1}>\delta U_1$，图 3.8 中与门 1 输出低电位，与门 2 输出高电位，取或逻辑后K_1、K_2驱动脉冲，均压电路开始工作；若$U_{B2}-U_{B1}\leqslant\delta U_1$，两个与门输出与上述情况相反，取或逻辑后，输出仍为零，均压电路不工作。

3.1.3　储能容量配置

分布式光伏发电系统运行状态分为离网运行和并网运行，其中并网运行居多。现阶段，对分布式电源的容量优化主要围绕离网运行进行。离网运行的分布式发电系统必须有更大的容量才能使整个系统安全稳定。

采用月统计电量的概念，建立以混合储能全寿命周期的经济成本最低为目标，并满足多种约束条件的混合储能系统容量配置模型。

1. 混合储能系统的约束条件

当光伏发电系统并网发电量满足负荷需求且有盈余时，储能单元将储存多余的电量。为了避免储能配置的浪费，储能单元的容量应小于最大盈余量。设第 a 月的电量盈余最大为 $E(a)$，n 为当月的天数，m_1为储能系统恢复时间。发电盈余时混合储能系统的约束条件为

$$E_b+E_c\leqslant\frac{m_1E(a)}{n} \tag{3.1}$$

式中，E_b为蓄电池组的额定容量；E_c为超级电容器的额定容量。

当光伏发电系统并网发电量不满足负荷需求时，首先向主网购电，若仍旧不满足，储能单元释放电量，储能单元的容量应大于向主网购电后的差额电量。由于分布式光伏电网与交流电网的交换功率受联络线物理容量或购售电合同限制，设定最小可交换功率为

10 kW。发电不足时混合储能系统的约束条件为

$$E_b+E_c \geqslant \frac{m_2 E(b)}{n}-P_{gridmin} \tag{3.2}$$

式中，$E(b)$为第 b 月的电量不足最大值；n 为当月的天数；m_2为储能系统恢复时间；$P_{gridmin}$为电网最小容量。

在混合储能系统中，各储能单元互补，蓄电池组将承担主要的电量存储和供应工作，超级电容器则作为辅助储能单元。即当负荷波动较大时，超级电容器利用充放电时间短的特点负责平抑波动。在没有光伏发电的极限条件下，混合储能系统的输出功率应大于负荷峰值，约束条件为

$$P_b+P_c>P_{1-max} \tag{3.3}$$

$$\int_0^t P_b \mathrm{d}t+\int_0^t P_c \geqslant P_{1-max}t \tag{3.4}$$

式中，P_{1-max}为峰值负荷功率；t 为负荷峰值持续时间；P_b为蓄电池组的额定功率，P_c为超级电容器的额定功率。

目前，用于求解带有约束条件的最优目标函数的智能算法层出不穷，如遗传算法、粒子群算法，尽管它们已经被越来越广泛地应用于实际生活的各个方面，但其存在的局部最优的问题不可小觑，尤其早熟、收敛速度慢等问题凸显。为了避免出现上述问题，本节采用权重线性递减的粒子群算法与基于人群搜索的粒子群算法这两种优化算法对混合储能系统进行容量优化配置。

2. 权重线性递减的粒子群算法实现过程

在基本的粒子群优化算法(PSO)的基础上，Shi 等在 1998 年的进化计算国际会议上发表了题为“A modified particle swarm optimizer”的论文，对粒子群算法的更新速度公式进行了修正，引入了惯性权重因子 ω。原公式为

$$\boldsymbol{v}_{i,j}(t+1)=\boldsymbol{v}_{i,j}(t)+c_1 r_1[\boldsymbol{p}_{i,j}-\boldsymbol{x}_{i,j}(t)]+c_2 r_2[\boldsymbol{p}_{g,j}-\boldsymbol{x}_{i,j}(t)] \tag{3.5}$$

式中，$\boldsymbol{v}_{i,j}$为第 i 个粒子第 j 次迭代的速度矢量；c_1为粒子的个体学习因子；c_2为粒子的社会学习因子；$\boldsymbol{p}_{i,j}$为第 i 个粒子第 j 次迭代的最优历史位置；$\boldsymbol{p}_{g,j}$为粒子群第 j 次迭代的最优历史位置；r_1、r_2 为区间[0,1]内的随机数，增加搜索的随机性。

更新后的公式为

$$\boldsymbol{v}_{i,j}(t+1)=\omega\boldsymbol{v}_{i,j}(t)+c_1 r_1[\boldsymbol{p}_{i,j}-\boldsymbol{x}_{i,j}(t)]+c_2 r_2[\boldsymbol{p}_{g,j}-\boldsymbol{x}_{i,j}(t)] \tag{3.6}$$

ω 值较大可使粒子群算法的全局搜索(寻找最优值)能力大幅提高，较小则可使局部搜索能力提升。针对粒子群算法容易早熟以及算法后期易在全局最优解附近产生振荡现象，采用线性变化的惯性权重因子，让惯性权重因子从最大值线性减小到最小值，随算法迭代次数变化。其计算公式为

$$\omega=\omega_{max}-\frac{t(\omega_{max}-\omega_{min})}{t_{max}} \tag{3.7}$$

式中，ω_{max}为 ω 最大值，通常取 0.9；ω_{min}为 ω 最小值，通常取 0.4；t 为当前迭代步数；t_{max}为最大迭代步数。

粒子群优化算法流程图如图 3.9 所示。

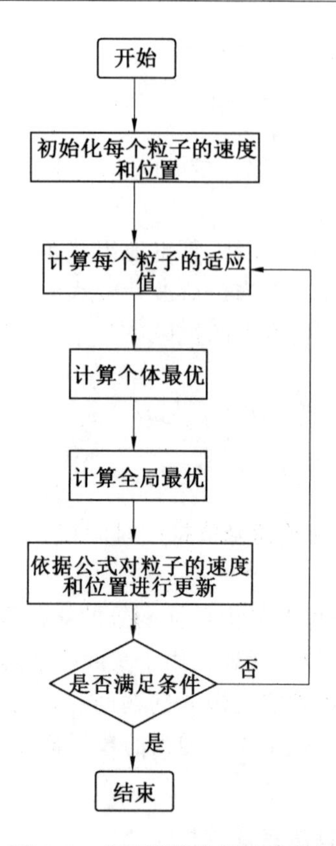

图 3.9　粒子群优化算法流程图

3. 基于人群搜索的粒子群算法简介及实现过程

人群搜索算法(SOA)是人们从人类社会经验以及搜索等行为中总结经验，在以种群为前提的条件下，提出的一种启发式随机搜索算法。SOA 通过研究人类在随机搜索时将语言、合作、思维、推理等相互关联在一起的模式，将搜索队伍类比为种群，以搜索者位置为适应值的候选解，通过模拟人类搜索的“经验梯度”和不确定性推理，分别确定搜索方向和步长，完成位置更新，实现对所求问题的优化。

SOA 的实现步骤如下。

步骤 1：使 $t \to 0$ 。

步骤 2：初始化并产生随机的若干个初始位置即

$$\{\boldsymbol{x}_i(t) \mid \boldsymbol{x}_i(t) = (x_{i1,}, x_{i2}, \cdots, x_{iM})\}$$

式中，$i=1,2,3,\cdots,s$；$t=0$。

步骤 3：计算每个粒子的适应值。

步骤 4：开始搜寻，计算个体 i 在 j 维的搜索方向 $\boldsymbol{d}_{ij}(t)$和步长 $\boldsymbol{a}_{ij}(t)$。

步骤 5：根据公式将每个适应值与经历过的最好位置的个体所对应的适应值对比，更新每个搜寻者位置。

步骤 6：$t \to t+1$。

步骤 7：如果满足条件则不再搜索，否则转到步骤 3 继续搜索。

其中，每步(t)分别计算每个搜寻者(i)在每一维(j)的搜索方向 $\boldsymbol{d}_{ij}(t)$和步长 $\boldsymbol{a}_{ij}(t)$，且 $\boldsymbol{a}_{ij}(t)\geqslant 0$，$\boldsymbol{d}_{ij}(t)\in\{-1,1,0\}$，$i=1,2,3,\cdots,s$，$j=1,2,3,\cdots,M$。$\boldsymbol{d}_{ij}(t)=1$ 表示搜寻者 i 沿着 j 维坐标的正方向前进；$\boldsymbol{d}_{ij}(t)=-1$ 表示搜寻者 i 沿着 j 维坐标的负方向前进；$\boldsymbol{d}_{ij}(t)=0$表示搜寻者 i 在第 j 维坐标下保持静止。确定搜索步长和方向后，按照式(3.8)和式(3.9)进行位置更新，通过不断更新搜寻者的位置得到更好的搜寻者，直到得到较好的结果。

$$\Delta\boldsymbol{x}_{ij}(t+1)=\boldsymbol{a}_{ij}(t)\boldsymbol{d}_{ij}(t) \tag{3.8}$$

$$\boldsymbol{x}_{ij}(t+1)=\boldsymbol{x}_{ij}(t)+\Delta\boldsymbol{x}_{ij}(t+1) \tag{3.9}$$

4. 基于人群搜索的粒子群算法的混合储能系统容量配置流程

在通过算法对各储能单元容量进行优化前，先要对发、用电量的匹配度进行验证。验证满足平衡条件后，再结合约束条件和目标函数，采用基于人群搜索的粒子群优化算法，得出使混合储能系统全生命周期成本最小的容量配置。

基于人群搜索的粒子群算法的容量配置流程图如图 3.10 所示。

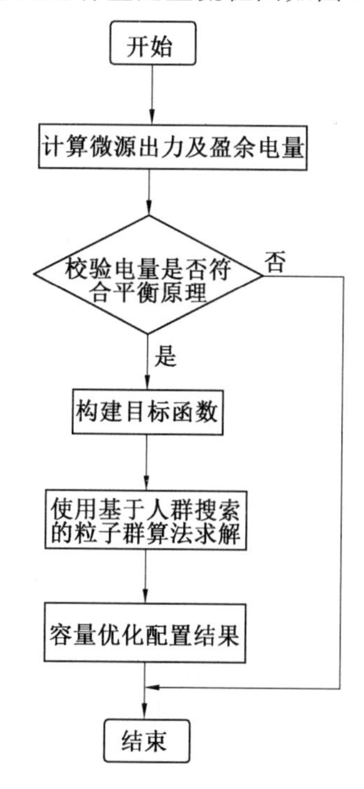

图 3.10　基于人群搜索的粒子群算法的容量配置流程图

3.1.4　太阳能发电的优点

太阳能发电具有以下优点。

(1)太阳能取之不尽，用之不竭，地球表面接收的太阳辐射能，是全球能源需求的 1 万倍。只要在全球 4%的沙漠上安装太阳能光伏发电系统，所发电力就可以满足全球的需要。太阳能发电安全可靠，不会遭受能源危机或燃料市场不稳定的冲击。

(2)太阳能随处可取，可就近供电，不必长距离输送，避免了长距离输电线路的损失。

(3)太阳能发电不用燃料,运行成本很低。

(4)太阳能发电没有运动部件,不易损坏,维护简单,特别适合在无人值守情况下使用。

(5)太阳能发电不会产生任何废弃物,没有污染、噪声等公害,对环境无不良影响,是理想的清洁能源。

(6)太阳能发电系统建设周期短,方便灵活,而且可以根据负荷的增减任意添加或减少光伏阵列容量,避免浪费。

3.2 新能源并网发电系统

随着当今人们环保意识的加强以及能源的急剧消耗,风能、太阳能、生物质能等可再生能源必然成为今后能源供给的主角,并将取代传统煤炭等化石能源。当多种能源涌入电力市场时,发电并网环节是其融入电力供应市场的必经之路。新型能源融入电力供应市场,可持续提升其能源利用的经济收益、生态价值、社会价值。

3.2.1 电网系统发展

目前,北欧、美国等国外电力市场建设相对成熟,但仍面临可再生能源占比不断扩大的挑战,通过对国外电力市场的研究分析可总结出以下发展趋势。

(1)在时间上,建立贴近实际运行状况的市场体系及交易机制,交易周期不断缩短。

(2)在空间上,加速构建跨区域、跨国大范围电力市场,充分利用区域间电源结构互济、负荷特性互补的优势。

(3)市场主体不断丰富,储能等需求侧资源逐步参与市场。

(4)市场价格信号进一步精确化,从而适应可再生能源带来的波动性。

(5)容量机制及电力辅助服务不断探索和优化,以保证发电充裕度和系统运行安全,并进一步促进可再生能源消纳。

我国目前尚处于电力市场建设初期,市场的运营模式、交易机制和实施路径尚不清晰。因此,在我国电力市场改革全面深化的背景下,借鉴国外成熟电力市场的经验及发展趋势,并基于我国电力市场现状及实际需求研究适应未来电力科技发展的重大方向及关键技术,对于推动我国电力市场建设具有重要意义。本书首先梳理总结当前我国电力市场建设实践的现状,并分析全国统一电力市场建设的实施路径,具体分为试点和推广两个阶段,从市场空间、市场范围、市场体系、市场主体等多个角度分析未来我国电力市场的发展趋势。然后,针对我国电力市场建设实践的现状及发展趋势,提出未来电力市场领域相关的重大研究方向及关键技术,主要包括具有中国特色的电力市场理论和机制创新研究,以及适应能源转型和电力市场化改革大背景下的电力市场商业模式研究。最后,针对未来电力市场领域的重大研究方向,总结并提出相关的政策建议,作为政府推动电力市场建设的有益参考。

据统计,我国是世界能源消耗第二大国,有全球最庞大的电网系统。为满足社会生产及人民生活对电网的要求,2005 年至 2009 年电网建设持续升温,电力设备行业尤其是中低端产品的产能扩张迅速，电力市场出现了一个繁荣的春天。目前我国电力的现状是，一方面，沿海及经济发达地区以往是夏天缺电，现在缺电时间已经提前，原因不是缺煤，而是新增装机难以满足新增用电需求；另一方面，一些地方的发电因为无法并入电网而被浪费了。我国能源资源主要分布在西北部，如2/3的煤炭资源、风能、太阳能分布在北部和西北部，4/5的水电资源分布在西南部，而2/3的用电负荷集中在东部地区。据此可以认为，我国电网系统还存在诸多问题有待解决。

我国电网的工业化进程可以追溯到20世纪60年代，当时计算机的发展还处于起步阶段；到了20世纪80年代以后，由于信息技术和计算机工程在电力系统中的广泛应用，电网调度逐渐实现了自动化控制与管理，计算机仿真系统的发展为电力工业发展提供了充分的技术支持；此后，电力信息化建设被纳入国家电网公司总体发展战略“SG186工程”。信息化的实施更是加快了电力企业建设步伐，信息化进一步与电力企业的生产、管理与经营融合。2000年，国内首次提出了“数字电力系统”的概念，强调电力系统状态、企业管理等信息的数字表达与电力系统信息化建设有机结合，积极开发了多个数字仿真高级系统，加快了我国电网建设的数字化进程，同时也拉近了我国与英美等国电力系统管理的差距。在电网系统的工业化、数字化发展过程中，电力系统自动化也得到了长足的发展。传统电力系统自动化按照领域可划分为电网调度自动化、电厂电站自动化和配电自动化。电网调度系统的发展起源于20世纪70年代，最早的调度采用专用的系统完成，效率相对低下；随着经济建设的发展和相关研究的进展，当前调度系统是采用Internet技术、Java技术、多代理技术、厂站自动化技术等多技术的全自动化管理系统，效率和安全保证系数明显提高。配电自动化系统的发展是从20世纪90年代中后期开始的，大量的配电自动化试点工作及馈线自动化、营业自动化、负荷控制的试点工作广泛开展，结合计算机及网络技术的发展，配电自动化系统在管理、输配电及综合自动化方面得到较大的进步。

1. 智能电网系统

进入2000年后，美国及欧盟等纷纷提出各自对未来智能电网的设想和框架；国际电工委员会(IEC)、国际大电网会议(CIGRE)等国际组织也给予智能电网高度关注，如IEC成立了智能电网国际战略工作组SG3，电气和电子工程师协会(IEEE)启动了关于智能电网制定标准与互操作性的项目P2030。所谓智能电网是对电网未来发展方向的精辟总结，即在发电、输电、配电、用电等环节应用大量的新技术，最终实现电网的优化配置以及节能减排。但是，目前智能电网还处于初期研究阶段，国际上尚无统一而明确的定义。由于发展环境和驱动因素不同，不同国家的电网企业和组织都在以自己的方式对智能电网进行理解、研究和实践。我国电网智能化的建设其实早就在进行，只不过不冠以“智能电网”的时髦名称而已。近年来，我国学者在借鉴欧美智能电网研究的基础上，对我国发展智能电网的特点、技术组成以及实现顺序等进行了研究。在2009年5月召开的“2009特高压输电技术国际会议”上，国家电网公司公布了对智能电网内涵的定义，即统一坚强智能电网是以坚强网架为基础，以通信信息平台为支撑，以智能控制为手段，包含发电、输电、变电、配电、用电和调度六大环节，覆盖所有电压等级，实现“电力流、信息流、业务流”的高度一体化融合，是坚强可靠、经济高效、清洁环保、透明开放、友好互动的现代电网。

我国建设“坚强智能电网”可以初步分为以下三个阶段。

(1)2009年至2010年为规划试点阶段，重点开展坚强智能电网发展规划工作，制定技术和管理标准，开展关键技术研发、设备研制及各环节的试点工作。

(2)2011年至2015年为全面建设阶段，加快建设华北、华东、华中特高压同步电网，初步形成智能电网运行控制和互动服务体系，关键技术和装备实现重大突破和广泛应用。

(3)2016年至2020年为引领提升阶段，全面建成统一的坚强智能电网，技术和装备全面达到国际先进水平。

构建智能电网体系，即要实现我国电网的信息化、数字化、自动化、互动化的一体化，笔者建议从以下几方面采取相应的对策。

(1)对于电网系统的信息化，应加快制定电力行业信息化标准，建设统一的电力信息平台，加强已有数据的深层研究和技术开发，制定科学的软件结构体系和标准，发挥信息时代的资源优势和潜能，努力向着数据一体化、集成化的方向发展。

(2)对于电网系统的数字化，应加快电厂和输配电站数字化进程，尤其是一些传统难点(如负荷模型)或新兴元件(如风电机组设备等)的数学模型分析，积极与公共服务系统相配合，开发具有决策分析能力的稳定系统。

(3)对于电网系统的自动化，应加快智能控制方法的工程化进程，降低人工参与程度，实现实时的分析和自动化控制；深入研究各种安全稳定问题的机理和控制措施，以达到优化控制和协调关系；注意吸收国外的先进理论和实践经验，加快低效率输配电系统的改造，加快电网系统自动化进程。

(4)对于电网系统的互动化，应加快建立公开、透明的统一电力市场信息平台并将其逐步纳入电网统一信息平台之中。另外，应开展对双向互动营销技术、高级量测技术等的研究，开展智能电器和智能电表研发。随着特高压全国联网的实现，有必要加快全国电力市场的建设进程。随着人类对自然环境保护意识的提高，对电力行业温室气体排放的限制也越加严格，因此今后电网系统的建设，应该加快符合低碳潮流的“核电、风电、水电”的开发，完善智能电网的配套功能，加快我国“坚强智能电网”的建设进程。

在智能电网中，设置智能调度方案以及控制系统功能等，能够有效强化数据信息的采集与分析，增强决策与控制的能力，提高安全性、准确性以及实用性，能够给工作人员的决策提供相应的支持，使得工作人员决策管理能力与调控能力获得有效提高。一般而言，智能电网调度控制系统的功能主要包括以下两个。

(1)拉路自动控制功能。实现自动选择拉路负荷的对象，实现切除目标负荷的最小化。自动搜索出负荷对象的出线开关。形成一个能够遥控的开关，并且可以通过自动并列进行操作，能够有效确保操作的精确。

(2)序列操作功能。按照相关的要求，对一些特殊类型的操作应该进行顺序控制，这样就可以有效实现各种顺序操作的有关要求，在实施过程中如果有一个步骤失败，能够自动停止序列操作并进行报警。

2. 我国智能电网调度控制系统的发展

和其他行业的发展一样，我国的电网调度事业从开始学习到自主创新，经历了一段很长的历程，在改革开放以后，尤其是在最近几年发展神速，越来越趋向智能化发展。其发展简要介绍如下。

(1)国家电力调度中心开启智能电网关于调度支持系统的开发研究。

国家电力调度中心于2008年2月正式开启了智能电网关于调度支持系统的开发研究,推出了智能化技术支持系统基础平台及高级应用功能。系统结构由中心调度、商用数据、系统管理和服务、消息总线及SCADA、实时数据库、数据的交换与采集、安全防护、人机界面等组成,而高级应用功能由调度管理及计划、实时监控与预警、安全调校等模块组成。

(2)中国电力科学研究院的大停电防御框架。

为了预防电网的大面积停电,中国电力科学研究院开发了"时空协调"的大规模停电防御性系统,此系统将EMS和SCADA集成到动态运行的DSCADA/DEMS中,以集中处理大量的动、静态信息,利用EEAC算法实现量化分析和预决策的在线稳定,利用在线准确预算、实时精确匹配的手段达到稳定控制电网调度。

(3)南方电网的综合防御架构。

南方电网为了解决电网中交流电、直流电混合输电的复杂性,提出综合协调防御系统架构,通过七个功能子系统和一个广域综合信息平台实现对电网调度的智能控制。这七个功能子系统分别是在线预防控制与辅助决策子系统、安全稳定预警和实时监测子系统、电力交易计划安全校核子系统、实测数据离线综合应用研究子系统、超短期安全稳定态势预测与辅助决策子系统、基于在线数据的电网运行离线研究与辅助决策子系统、安全稳定控制在线协调与优化子系统。

(4)清华大学的三维协调电网EMS。

清华大学研发了一种基于三维的电网EMS,此系统是实时闭环控制系统,可以对时间、空间、目标进行广泛的协调,达到全局智能调度控制的目的。该系统的核心技术有:综合分析、预警、决策;有功优化闭环控制;无功电压优化闭环控制;电网模型重建;基于多智能代理和计算机集群的支撑平台;基于三维分解协调的体系设计等。

3. 国外智能电网控制开发

国外的智能电网调度控制系统的发展经历了很长的一段时间,取得了很多先进的经验和成果。目前,国外科研人员提出了AO(调度机器人)的概念,即让机器人通过学习,掌握电力系统的运行规则。如美国华盛顿大学研发的基于Logic-based System和Knowledge-based System原理的智能系统,就是通过AO实施故障排查和安全性能评估,对电力系统进行维护。

(1)美国PJM公司的AC2系统。

Advanced Control Center(AC2)是美国PJM公司开发的一种先进智能电网调度控制系统,它集成了资产和资源,可以实现同步、模块化、可延伸的功能,可保证业务的连贯性和可后续操作,大大地提升系统的安全性能。

(2)美国电力科学研究院智能控制中心的智能电网。

该中心研发的智能电网包括了智能化的控制中心、变电站和一次输电网。该电网的智能控制中心基于GIS(地理信息系统)实现可视化、交互能力加强的优势,可以进行实时分析评估。

4. 智能电网调度控制系统技术的发展展望

(1)可信计算与安全免疫技术。

电力二次系统的安全防护体系主要由结构安全、物理安全、本体安全、安全管理等几方面共同构成。在整个安全防护体系中技术固然重要,但是单纯依靠技术是远远不够的,还要有管理的加入,这主要是考虑到现有技术不能完成部分操作,需要用安全管理弥补这些缺失。此外,随着网络技术的发展,网络攻击能力也在增强,这就要求应不断提升安全防护技术,以使安全防护技术体系能够长久保护智能电网控制体系不受侵害。

(2)短期电力市场的多级多时段优化技术。

我国电力市场的发展经历了几次大起大落,还未达到欧美电力市场水平。尽管我国智能电网调度控制系统已经加入了能够支持现阶段电力市场需要的先进模块,省级以上的调度控制系统也可以满足电力市场运行需求,但这项技术并没有得到实际应用,又由于缺乏一定的市场规则,这项技术在实际电力市场中的运行受到了一定阻碍。

(3)运行方式自描述及动态解析技术。

电网运行方式通常是指导调度运行控制技术的重要依据。现阶段,电网运行方式主要有年度、月度以及特殊运行方式,这些运行方式的相同特点就是都要遵守运行控制管理规定,负责电网调度计划的工作人员要根据此规定合理组织发电、交易及检修等计划,负责电网调度运行的工作人员要根据此规定及时进行调度指挥及操作控制。目前的运行方式基本都是给人看并由人执行操作的,但随着电网规模的逐渐扩大,运行方式的约束条件也随之变得复杂,大量可再生能源的随机性也在变强,使得纸质运行方式难以适应电网调度需求,这就需要使用电子运行方式,在确保人可读的同时还要实现机器可读。之所以有这样的要求,主要是为实现电网动态识别能力,准确解析运行方式动态效果,保证电网调度安全运行。

3.2.2 储能系统多样性

随着人类社会的发展,人们对能源的依赖日益增强,但由于能源在时间和空间上的交错性,往往很难有效利用资源,为了合理利用资源,在需要的时段进行能量的释放,就需要使用一种装置,把多余的能量暂时存储起来,待到需要时再进行释放。这种方法就是能量存储。能量存储系统解决了能量供应和需求之间在时间和空间上的交错性导致的问题,大大提高了能源的利用率。

在对储能过程进行分析时,为了确定研究对象而划出的部分物体或空间范围,称为储能系统,它不仅包括能量或物质的输入输出设备,还包括能量转换和存储设备。储能系统往往涉及多种能量、多种设备、多种物质和多个过程,是随时间变化的复杂能量系统,往往需要多项指标来描述它的性能,常见的有储能密度、储能效率、储能价格、储能功率以及对环境的影响等。

储能系统类型众多,按照储存介质分类,可以分为机械类储能系统、电气类储能系统、电化学类储能系统、热储能系统和化学类储能系统。

目前光伏储能系统越来越受到大家的广泛关注。

根据 BNEF(彭博新能源财经)完成的全球储能系统成本调研,2019 年一个完成安装的 4 小时电站级储能系统的成本为 300～446 美元/(kW·h)。成本范围之大凸显了储能项目设计和安装过程的复杂性和多样性。

国家能源局 2018 年 5 月 31 日发布政策，分布式光伏只安排 10 GW 左右的补贴规模，而在 6 月 1 日之前，全国分布式光伏的安装规模已经突破了 10 GW。随着分布式光伏的发展，国家可能会停止对相关项目的补贴，如果没有补贴，全额上网的项目、自用比例较少的项目和电价较低地区的项目收益将大幅下降，没有投资价值。纯光伏项目投资收益下降，于是人们将目光投向光伏加储能，希望在这个领域有所突破，增加新收益。光伏储能和并网发电不一样，要增加蓄电池以及蓄电池充放电装置，虽然前期成本要增加 20%～40%，但是应用范围要宽广很多。

1. 太阳能光伏储能发电系统的分类

根据不同的应用场合，太阳能光伏储能发电系统分为离网储能系统、并离网储能系统、并网储能系统和微网储能系统四种。

(1)离网储能系统。

直流、交流负载离网储能系统如图 3.11 所示。

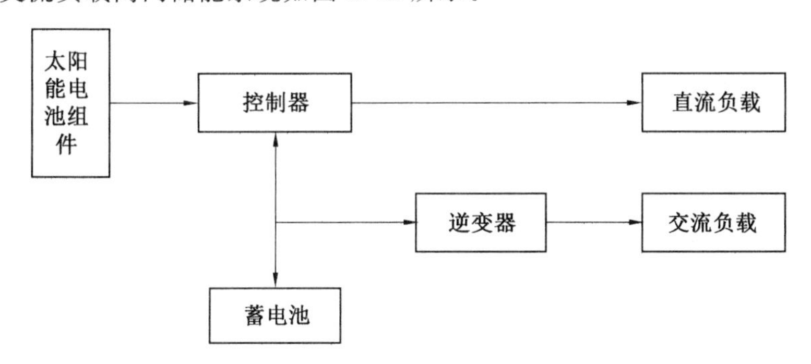

图 3.11　直流、交流负载离网储能系统

离网储能系统不依赖于电网，采用的是“边储边用”或者“先储后用”的工作模式，干的是“雪中送炭”的事情。对于无电网地区或经常停电地区家庭来说，离网储能系统具有很强的实用性。目前离网储能系统每度电成本为 1.0～1.5 元，与并网储能系统相比要高很多，但与燃油发电机的度电成本 1.5～2.0 元相比仍更经济环保。

(2)并离网储能系统。

并离网储能系统广泛应用于经常停电、光伏自发自用不能余量上网、自用电价比上网电价贵很多或波峰电价比波谷电价贵很多的应用场所等。该系统由太阳电池组件组成的光伏阵列、太阳能并离网一体机、蓄电池组、负载等构成，如图 3.12 所示。光伏阵列在有光照的情况下将太阳能转换为电能，通过太阳能控制一体机给负载供电，同时给蓄电池组充电；在无光照时，由蓄电池给太阳能控制一体机供电，再给交流负载供电。相较于并网储能系统，并离网储能系统增加了充放电控制器和蓄电池，系统成本增加了 30%左右，但是应用范围更宽。一是可以设定在电价峰值时以额定功率输出，减少电费开支；二是可以在电价谷段充电，峰段放电，利用峰谷差价赚钱；三是当电网停电时，系统可作为备用电源继续工作，一体机可以切换为离网工作模式，光伏阵列和蓄电池可以通过一体机给负载供电。

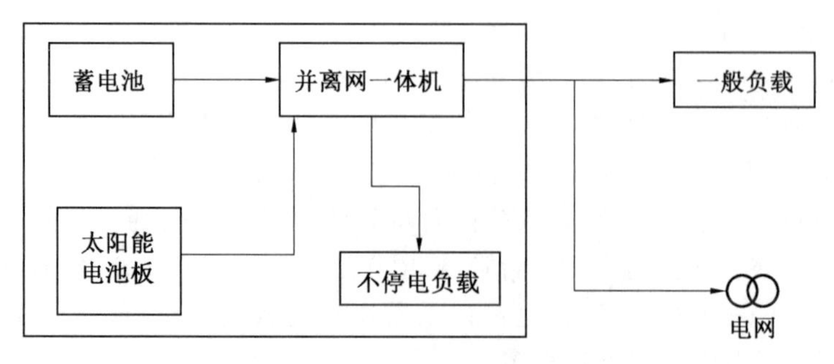

图 3.12 光伏离网发电系统

(3)并网储能系统。

并网储能系统能够存储多余的发电量,提高自发自用比例,可应用于光伏自发自用不能余量上网、自用电价比上网电价贵很多、波峰电价比波平电价贵很多的应用场所等。该系统由太阳电池组件组成的光伏阵列、太阳能控制器、电池组、并网逆变器、电流检测装置、负载等构成。当光伏发电功率小于负载功率时,系统由光伏发电和电网一起供电;当光伏发电功率大于负载功率时,光伏发电一部分给负载供电,一部分通过控制器储存。

在一些国家和地区,若装了一套光伏发电系统后政府取消了光伏补贴,就可以安装一套并网储能系统,让光伏发电系统完全自发自用。并网储能机可以兼容各个厂家的逆变器,原来的系统可以不做任何改动。当电流传感器检测到有电流流向电网时,并网储能机开始工作,把多余的电能储存到蓄电池中,如果蓄电池也充满了,还可以打开电热水器。晚上家庭负载增加时,可以控制蓄电池通过并网逆变器向负载送电。

并网储能系统如图 3.13 所示。

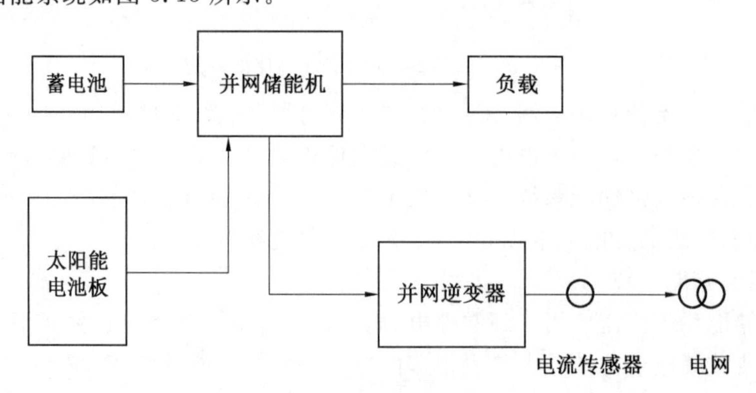

图 3.13 并网储能系统

(4)微网储能系统。

微网储能系统由太阳能电池阵列、并网逆变器、变流器、智能切换开关、蓄电池组、发电机、负载等构成。光伏阵列在有光照的情况下将太阳能转换为电能,通过并网逆变器给负载供电,同时通过 PCS 双向变流器给蓄电池组充电;在无光照时,由蓄电池组通过 PCS 双向变流器给负载供电。

微电网可充分有效地发挥分布式清洁能源潜力,减少容量小、发电功率不稳定、独立供电可靠性低等不利因素，确保电网安全运行，是大电网的有益补充。微电网可以促进传统产业的升级换代，从经济环保的角度可以发挥巨大作用。专家表示，微电网应用灵活，规模可以从数千瓦直至几十兆瓦，大到厂矿企业、医院学校，小到一座建筑，都可以发展微电网。

2. 微网储能系统和离网储能系统相比的主要优势

(1)应用范围更宽。离网储能系统只能脱离大电网使用，而微网储能系统则包括离网储能系统和并网储能系统所有的应用，有多种工作模式。

(2)系统配置灵活。并网逆变器可以根据客户的实际情况选择单台或者多台自由组合，可以选择组串式逆变器或者集中式逆变器，甚至可以选择不同厂家的逆变器。并网逆变器和 PCS 双向变流器功率可以相等，也可以不一样。

(3)系统效率高。微网储能系统光伏发电经过并网逆变器，可以就近直接给负荷使用，实际效率高达 96%，PCS 双向变流器主要起稳压作用。

(4)带载能力强。微网储能系统并网逆变器和 PCS 双向变流器可以同时给负载供电，当光照条件好时，带载能力可以增强很多。

3. 如何选择储能系统

(1)当地没有电网，功率在 10 kW 以下的户用系统，建议选择离网储能系统。

(2)当地有电网，对光伏系统取消了补贴，只能自发自用，或者用电价格与卖电价格相差很大，建议选择并网储能系统，让光伏发电完全自发自用。

(3)没有电网的偏远山区、海岛等地方，人口较多，功率 20 kW 以上、150 kW 以下的系统，建议选择离网储能系统。

(4)在经常停电，或者峰谷价差很大，光伏不能上网的工商业项目，功率 30 kW 以上、150 kW 以下的系统，建议选择并离网储能系统。

(5)在没有电网、人口较多的偏远山区、海岛等地方，功率在 250 kW 以上，或者中大型工商业项目，功率在 250 kW 以上，建议选择微网储能系统。

储能系统成本逐年下降，背后有一系列驱动因素，最关键的有以下几个：技术进步、生产规模扩大、制造商之间的竞争加剧、产品的一体化程度提高，以及行业整体专业知识水平提高。图 3.14 为已安装、初始投入运行的 20 MW/80 (MW · h)储能项目总成本。

储能项目成本差异较大，主要受功率能量比、项目规模、项目复杂程度、冗余度及当地法规的影响。放电时间为 4 h 的储能系统平均成本为 370 美元/(kW · h)，而放电时间为 0.5 h 的储能系统平均成本为 633 美元/(kW · h)。

在 2019 年度调研中，BNEF 首次对约 30 家电池和逆变器供应商的产品的可融资性进行了市场调研。在电池制造商中，LG 化学、松下和三星 SDI 的可融资性受到所有受访者的一致认可。

更多的储能设备需求方正在与我国电池制造商建立联系。采用磷酸铁锂电池的储能项目成本比采用镍锰钴电池的项目成本平均低 16%，磷酸铁锂电池技术路线主要由中国制造商供应。

BNEF 对 2019 年户用储能系统成本的最新调研数据为 721 美元/(kW · h)，高于先

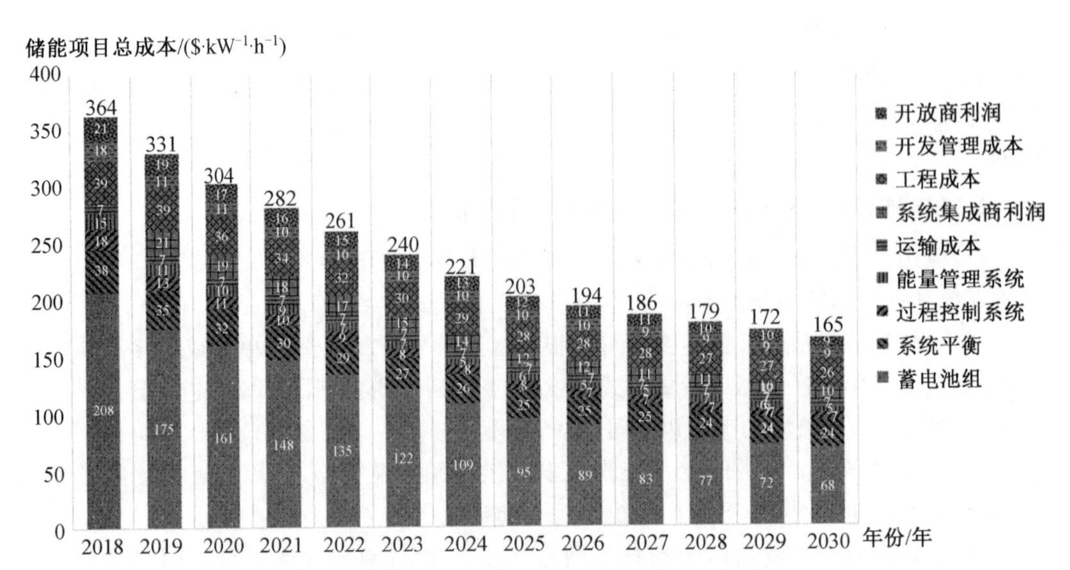

图 3.14 已安装、初始投入运行的 20 MW/80 MW·h 储能项目总成本[29]

前的 670 美元/(kW·h),主要是因为将安装成本的估算值从约 1 000 美元提高到了 2 500美元。美国的户用储能系统安装成本甚至会高于硬件总成本。

安全法规日趋严格等因素,将成为储能成本进一步降低的挑战因素。

3.2.3 储能接入并网

1. 新能源接入电网问题

(1)风电、光伏电压波动问题。风电和光伏发电项目部署的分布性非常广,且自然资源变化引起的发电电压波动会对发电系统造成较大影响,成为其并入电网的一大问题。对于风力发电系统来讲,必然存在风力大小及方向经常变化的情况,通过风力发电叶轮驱动发电机运转时,就会使得发电机转动时快时慢,这样发出的电能电压时高时低,表现非常不稳定。电压不稳定就不可以接入电网,否则会影响整个电网的电能质量。光伏发电同样存在着类似的问题,因受到光照强弱程度变化影响,其电能转化后电压强弱也会出现不同程度的变化。

(2)干扰问题。在利用新能源进行发电过程中,必然存在的问题还有干扰问题,自然环境中不稳定因素的影响,如沙尘、雨雪、小型动物等对风电、光伏设备的干扰,必然会对发电后的电能质量产生或多或少的影响。这些干扰产生的杂波,同样是不能送到电网中的,否则会对整个电网产生很大影响。故其在接入电网前,必须经过有效的滤波整流处理。

(3)电能输出过量或不足问题。电能输出的多少与实际使用情况密不可分,按需供电是整个发电系统综合调配的结果。所以,当前所发电量已经可以满足使用,而自然环境仍可驱动风电、光伏设备进行工作时,就会造成浪费,或出现烧毁后级设备的情况。同样,在急需用电时,遭遇无风天气或阴雨天气造成风电、光伏系统无法有效提供电能的情况,也会对后级设备的使用造成影响。如何综合调配整个供需之间的矛盾,是新能源发电接入网中的一个关键问题,只有有效调配才能使得新能源发电发挥它的作用。

(4)频率调节和相位调节问题。并不是所有发出的电能均可以立即接入电网中的,这之中必定存在频率调节和相位调节的问题。新能源发电也是如此。利用风力发电和光伏发电技术将自然清洁能源转化为电能后,该电能的频率和相位与电网必然是不匹配的。发电频率和相位的调节对于将这些电能接入电网来讲,是必然要进行的前期处理的一步。且基于发电特点,新能源发电频率和相位的调节相较于传统能源发电更为棘手。

2. 储能系统辅助新能源发电入网能力

储能系统作为协调新能源发电系统和电网系统的一个关键环节,可以解决大量电网接入问题。在新能源发电领域,依靠配备储能系统提高各系统的工作效率,可使电能得到有效利用。

(1)电压波动补偿能力。针对前面提到的电压波动问题,可以在风能、光伏发电系统后端先接入储能系统,通过储能系统将电能临时存储,通过其中的一种稳压系统令电能保持稳定的电压后进行输出。将不稳定电能进行稳定的存储,本身就是一个稳定电压的很好的技术思路,实施难度也不会很大。大量的实践应用已经证明了这种布局方式的可行性,其稳压效果相当显著,使得电能的转化和有效利用能力得到了极大的提升。

(2)干扰滤波能力。储能系统的介入,使得风电、光伏等新能源设备转化来的干扰极大的电能得到了先期存储。所存储的电能或稳定于电池中,或稳定于超导线圈和电容器中。此时的电能通过存储已经可以消除大量的杂波和干扰,待这些电能再次释放时,就可以通过直流与交流转化技术稳定输出电能。目前运用较多的还是电池储能系统,该系统无论是在造价方面还是在储能效果方面都有着很大的优势。在此基础上嵌入一些智能控制单元到储能系统中,根据后级负荷变化的具体情况进行智能化的匹配动作,能够为匹配电网、提升电能利用率提供更加有力的支持。

(3)优化能源利用能力。储能系统不仅可以通过对新能源发电系统的后期电能进行处理达到正常接入电网的效果,还可以直接影响前级发电系统,使得其可以更加稳定地工作,一定程度上在前期保证所发电能的初步质量。其原理是将发电系统多余的电能存储在储能系统中,当后级电能需求增大时,通过储能系统输出电能辅助前级发电系统运转,保证输出更多电能。或者当自然条件不能够驱使发电系统达到一定的转速进行工作时,储能系统通过输出电能辅助其稳定在一定转速上,有效保证所发电能可以接近电网并网时的电能质量。通过这种方式,可以很大程度上优化能源的转化利用程度,对提升新能源发电系统并网效率起到积极作用。

(4)调控能力。储能系统在新能源发电并网系统中更重要的作用是调控。作为逐渐独立于新能源发电系统和电网系统的一个单元,其更重要的任务是处理好两个系统之间的衔接问题。电网系统因其基于统一的电能标准,对于频率、相位等参数均有着严格的规定。然而,新能源发电系统所产生的电能是不能立即满足这些要求的,故储能系统作为两者之间的一个媒介,主要功能就是将所发电能存储后进行调控优化,送入电网系统中。目前通用的技术还是先存储再转化,利用储能系统来优化所发电能的质量,这样再进行调控就更加容易,且能够进一步提高整个系统接入电网的能力。

3. 各种储能装置接入系统介绍

我们可以将储能系统端口和与其接入的电网公共连接点之间的所有装置所组成的系统称为储能装置的接入系统。对超级电容储能、超导磁储能以及其他电池类储能形式来说，接入系统为储能单元阵列的直流母线进线开关的上端口到电网公共接入点之间的所有系统装置，包括双向流变系统(或单向的整流＋逆变系统)、升压系统、监控系统、计量计费系统四个部分。机械形式的储能则需要通过电机实现电能与动能的转换，其接入系统可分为两种形式：一种是以电动机＋发电机形式接入电网，如抽水储能电站；另一种是以流变系统＋电机(电动机/发电机)的形式接入电网，如飞轮储能。

(1)电池类储能接入系统。

电池类储能接入系统类似太阳能光伏发电系统的接入系统，不同的是太阳能光伏发电系统是能量单向流动，而电池储能的接入系统需要能量双向流动。能量双向流动可以通过整流＋逆变两套装置来实现，也可以通过可实现能量双向流动的一套变流器来实现。电池储能系统接入方案如图 3.15 所示。

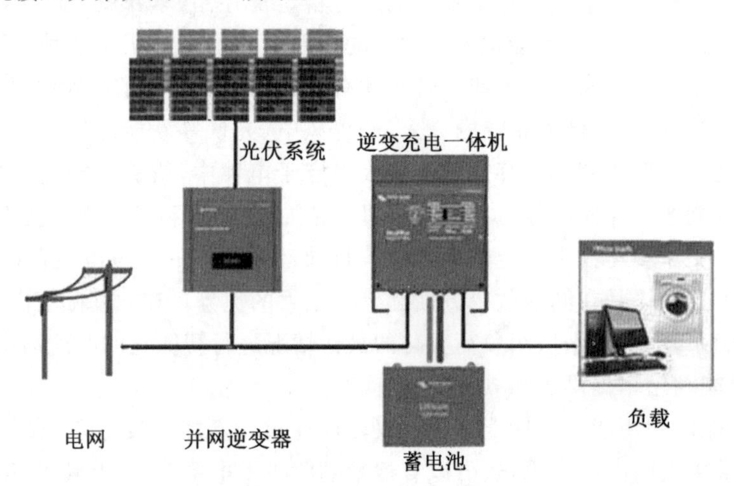

图 3.15　电池储能系统接入方案

现阶段的示范工程大都采用整流＋逆变两套装置来实现。可控硅整流器负责给电池按照既定的充电曲线充电，逆变器负责向电网馈能。采用这种方案的优点是技术成熟，可控硅整流器产品成本较低、选择余地大，逆变器可以直接选用太阳能光伏发电用逆变器，充电、放电两套系统独立运行、控制简单；缺点是整流单元会产生谐波电流，系统集成度较差。

变流器接入系统负担着储能系统充电回网功能，是储能系统的关键设备之一。传统变流器采用集中式控制，有可靠性差、设计难度大、系统的灵活性及可配置性差等缺点，将电力电子模块技术应用到变流器中，构造基于 PEBB(电力电子模块)的变流器，可以克服上述缺点，使接入系统的可靠性得到提高。

随着电力电子应用技术的发展，采用一体式的充放电变流器将是接入系统发展的趋势。图 3.16 是比较典型的基于电力电子模块的电力储能系统结构，储能接入系统由两个电力电子模块组成。1 个 PEBB 模块实现双向的 AC/DC 逆变及整流功能，另外一个

PEBB 模块实现双向 DC/DC 变流器功能，其控制系统由本地控制器和上层控制器两部分实现。本地控制器用于控制电力电子模块完成具体流变功能，上层控制器可通过参数选择 Buck 降压变流模式或者 Boost 升压变流模式。

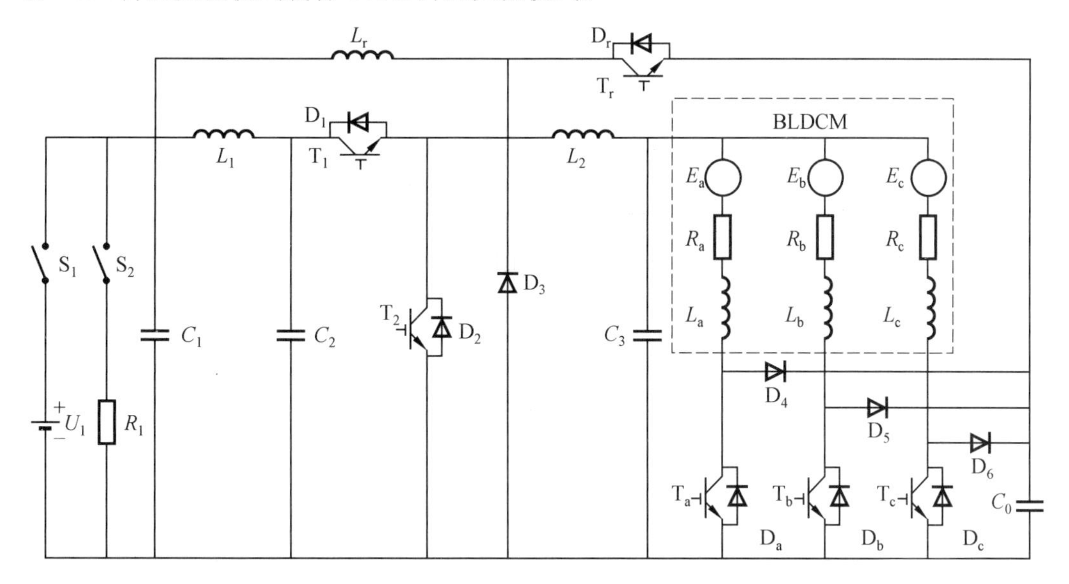

图 3.16　基于电力电子模块的电力储能系统结构

由于电池阵列的直流电压较低，因此一般通过 DC/DC 变换器提升直流电压给网侧三相 PWM 逆变器。提升直流电压的目的是增大单个模块的并网容量，简化级联结构，同时也方便器件选型。

网侧逆变器采用 PWM 控制，可以使网侧谐波和功率因数得到较好的控制。充电时 DC/DC 变换器负责按照充电曲线给电池组充电，网侧逆变器给变流器直流母线充电并维持电压稳定，向电网馈电时 DC/DC 变换器提升直流电压到变流器直流母线并维持电压稳定，网侧逆变器向电网逆变器馈电。网侧逆变器可以采用合适的控制策略对电网的谐波和功率因数进行综合补偿，起到调节电能质量作用。

(2)飞轮储能接入系统。

飞轮储能系统是将机械能转换为电能的储能装置，用物理方法实现储能。飞轮储能系统通过电机来实现电能和机械能相互转换，电机通过变流器接入电网。用于飞轮储能系统的电机一般选用能运行于电动和发电两种状态的高速、高效、调速性能好、空载损耗小、寿命长的电机。并网变流器具有双向能量流动功能，通过变压器接入电网。

飞轮储能接入系统如图 3.17 所示。变流器采用 AC/DC/AC 拓扑结构，双侧 PWM 控制，实现能量双向流动。在储能时，网侧变流器控制输入功率，维持直流侧电压稳定，电机侧变流器控制电机转速，按照给定的功率曲线给飞轮储能。向电网馈电时，网侧变流器控制功率输出，机侧变流器控制电机转速，并维持直流侧电压恒定。变流器选择合适的控制策略，可以较好地控制谐波电流和无功电流的输出，这时系统可以同时作为有源电力滤波器(AF)和静止无功发生器(SVG/ STATCOM)来使用。

飞轮储能由于具有动态响应特性较好、功率流向灵活等特点，非常适合作为大容量的动态电压恢复器、不间断电源等电能质量控制装置的储能单元来使用。其拓扑结构如图 3.18 所示。

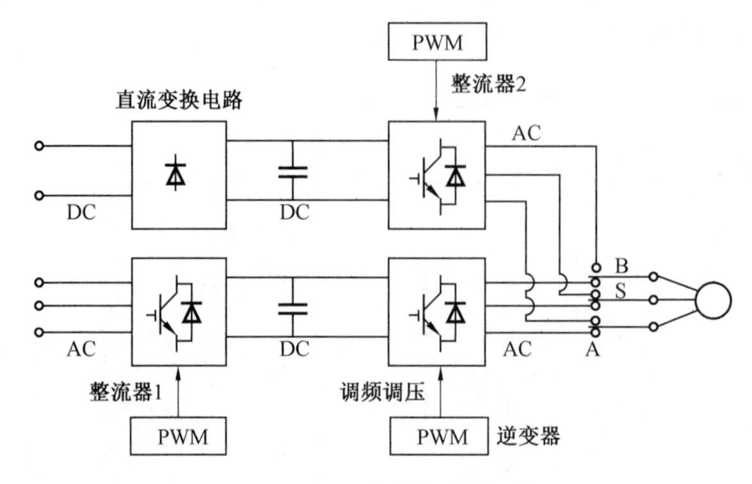

图 3.17 飞轮储能接入系统

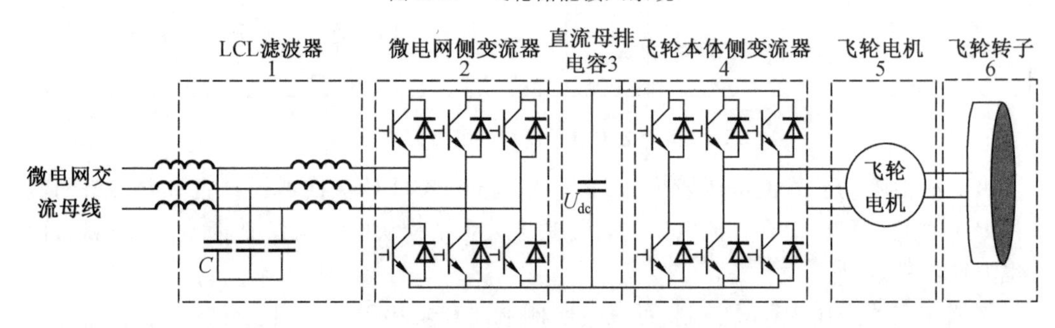

图 3.18 飞轮储能拓扑结构

在储能时，电能通过电力转换器变换后驱动电动机运行，电动机带动飞轮加速转动，飞轮以动能的形式将电能存储起来，完成电能到机械能转换的存储能量的过程，能量存储在高速旋转的飞轮体中；之后，电动机维持恒定的转速，等接收到能量释放控制信号后，高速旋转的飞轮带动发电机发电，经电力转换器输出适用于负载的电压、电流，完成机械能到电能的转换。整个飞轮储能系统实现了电能的输入、存储和输出的过程。飞轮储能设备寿命长，对环境无影响，充电时间短，功率密度高，广泛应用于电能质量保障、削峰调频和提高系统稳定性等方面。

间歇性能源发电将成为未来发展的一种趋势，大规模间歇式电源集群协调控制要从集群控制的有功功率、无功电压控制、安全稳定控制等方面考虑。间歇式电源集群控制的效果，除了与协调控制策略及平台功能架构有关外，还依赖于与其特性相关的其他技术支撑，如集群出力特性分析，储能、用户互动等。详情可以参考大规模间歇式能源发电并网集群协调控制框架。

(3)超级电容器储能接入系统。

超级电容器又称双电层电容器，是一种介于传统电容和电池之间的新型储能元件，储能形式为电场能，馈电时相当于电压源。极板为活性炭材料，充放电时不进行化学反应，只有电荷的吸附与解吸附，具有较大的有效表面积。超级电容器的充放电速度快，充放电效率高，其充电方式比其他储能系统简单，控制也相对容易。超级电容器的功率密度高，可达到18 W/g，可以在短时间内放出几百到几千安的电流，适用于快速充放电的场合。目前的电能质量控制装置等的直流侧几乎都适合使用超级电容器作为储能单元，因此这些装置的拓扑结构都可以用于超级电容器储能装置的接入系统，通过拓扑结构的变化，加上合适的控制策略就很容易实现如电能质量控制、潮流控制、不间断电源等附加功能。

超级电容器储能系统的接入方式采用并联的方式，即并联在配电网系统和负荷之间。一旦出现电压的异常变化，超级电容器可以通过迅速释放能量和存储能量的方式来消除电压异常变化对整个电网系统及负荷的影响。电网系统通过整流器和逆变器来实现与超级电容器储能系统的连接，大幅优化电能的暂态响应性能。

(4)超导磁储能接入系统。

超导磁储能系统(SMES)在电力系统中的应用包括动态稳定、电压稳定、负荷均衡、频率调整、暂态稳定、输电能力提高及电能质量改善等方面。SMES的优越性在于其能快速地与系统进行有功和无功交换，有功无功可以实现四象限独立运行，因此选择合适的控制策略可以在实现储能功能的同时轻松实现电网的电能质量控制，提高系统的整体运行性能。

SMES一般采用电流型变流器来实现与电网的系统连接。SMES接入系统如图3.19所示。

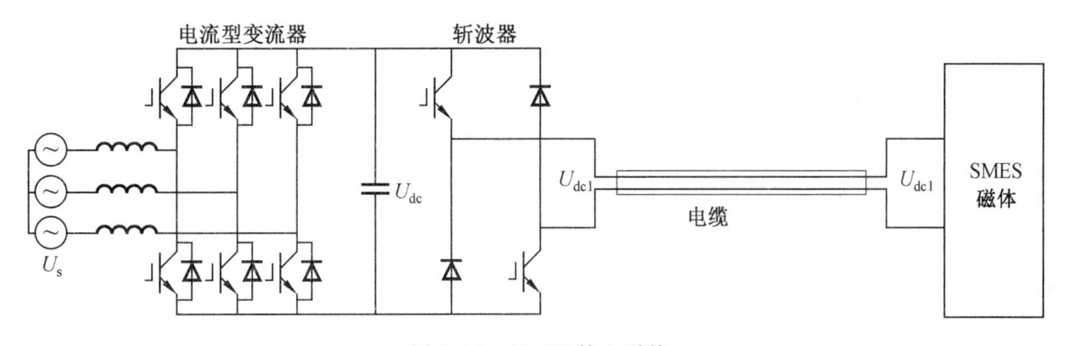

图3.19　SMES接入系统

通过系统拓扑结构的变化，SMES也可以实现电压恢复、不间断电源、负荷转移等功能，原理与飞轮储能、超级电容器储能接入系统类似，但不同的是SMES的接入系统一般采用电流型变流器，其工作原理控制策略与电压型变流器有很大不同。图3.19中的变流器采用多重化四模块直接并列的电流型主电路结构。为减少网侧谐波，变流器控制采用载波相移SPWM技术。变流器部分实施中也采用了电流型变流器直接并联，直流侧通过均流电感并联的多重化技术，省去了结构复杂的大容量移相变压器。该变流器的设计目标是：直流侧电流200 A，交流侧经变压器接380 V电源。有功控制范围±7.5 kW，无功控制范围±75 kW。有功、无功在四象限独立实时控制，响应时间小于5 ms。

4. 储能接入系统的关键部位

(1)变流系统的拓扑结构。变流器是实现电池储能、超导磁储能、飞轮储能电网接入的关键设备，选用什么样的变流器也就决定了储能装置具有什么样的功能。变流器分电流型和电压型两种，除超导磁储能适合使用电流型以外，其他基本都采用电压型。

(2)变流系统控制器。变流系统控制器的主要功能是驱动脉冲生成、调节及保护等，主要包括信号采样和调理电路、PWM生成集成电路、故障保护逻辑电路、闭环控制调节电路和并联运行均流电路等部分。驱动脉冲生成、调节及保护系统直接控制变换器完成功率变换，并且提供完善的保护功能，属于变流系统的底层控制功能。单片机(CPU)控制系统为变流器顶层控制系统，主要包括单片机及其基本外围电路、数字量处理电路、模拟量处理电路、RS－485通信接口、CAN通信接口、按键输入电路及显示电路等部分。

(3)控制策略。储能装置的控制策略取决于整个充电站的功能和运行方式。目前的储能装置采用的是在规定的时间充、放电的运行形式来进行电网负荷均衡，其针对电网需求的动态响应能力很差，根据智能电网实时互动的特点，储能装置必须有快速响应电网实时需求的能力，并能根据储能装置的特点对电网起到维持电价稳定和控制电能质量的作用。

(4)计量计费系统。储能装置接入系统通过计量仪表进行计量采样和计量，同时计量仪表将采样的数据传送到监控系统，通过软件实现计量和计费功能。从功能块划分上，计量计费系统可以作为监控系统的一个子系统来实现，借助监控系统完整的操作界面和通信功能可以非常方便地实现抄表、计费、查询报表等功能。

(5)监控系统。监控系统是整个储能装置运行的核心。其功能是直接或间接采集储能装置运行的所有信息，并根据获取信息的运算和判断结果自动协调、控制储能装置各个子系统的运行，按照预约的控制策略实现储能装置的各项功能，保证储能装置安全、可靠、稳定运行；同时，储能装置运行人员和上层工作站运行人员通过监控系统实时掌握储能装置的运行状态，并通过监控系统向储能装置发出指令，管理、干预储能装置的运行。对具有BMS的电池类储能系统，监控系统必须与BMS建立通信，执行上位机功能。

(6)安全保护系统。储能装置必须具备独立的安全保护系统，安全保护系统应具有冗余结构，保证单一故障下安全保护系统仍能正常运行。

5. 国内外储能并网接入系统发展状况

储能接入系统大都采用变流器的形式接入，器件以IGBT为主，也有采用IGCT和GTO的。与IGBT器件相比，IGCT单管容量容易做大，缺点是开关频率较低。GTO电压等级和容量容易做大，但需要控制电流来控制开通关断，控制方式远不及IGBT和IGCT灵活。国外ABB、西门子等公司已经有针对电池储能的不同型号并网变流器产品和完整的系统解决方案，如ABB的PCS6000，采用IGCT器件，单套容量为6～32 MW，接变压器后的并网电压达到10～132 kV。

国际上电储能接入系统比较成熟的有ABB、GE、西门子、AEP等公司的产品。其中ABB由于其掌握IGCT技术，在接入变流器单体功率和电压等级方面具有较强的竞争优势，其变流器单体功率达到32 MW，通过变压器并网的电压等级达到132 kV。其他企业多数采用IGBT器件，部分采用GTO器件和IPM模块。

相比之下，国内电储能接入系统的应用还处在少量小范围工程阶段，在接入系统的变流器容量、电压等级及系统集成等方面跟国际公司有较大差距。目前真正提供过完整电储能接入系统的只有思源清能(原清华四方)、比亚迪、阳光电源等。但从技术能力来讲,具备电储能接入系统研发能力的企业、院所却很多,如上海电气、许继电气、阳光电源、中国科学院电工研究所、清华大学、浙江大学、上海交通大学等都有着较强的变流器方面的研发能力,其中大部分企业院所都已经着手电储能接入系统的研究。思源清能完成了100 kW 钠硫电池充电站的接入系统示范工程。比亚迪的接入系统为其锂铁电池产业化提供保障,目前已生产出 100 kW、200 kW 双向换流器,800 kW、1 MW 双向换流器正在研发中。在比亚迪现有示范工程中,大功率电池接入系统采用 200 kW 变流器并联的形式,直流侧电压超过 600 V,交流侧通过隔离变压器与 380 V 电网相连。

储能技术尚处在发展阶段,电气指标存在不确定性,且不同的方式有着不同的电气特性,这使得制造通用的并网变流系统存在一定的难度。目前,国家能源部已组织有关部门和企业开始电储能接入系统变流装置标准的制定,虽然标准主要针对变流器制造领域,但对整个电储能电池以及接入系统的技术发展方向将起到指导作用。

3.2.4　微电网中储能应用关键技术

尽管微电网已经从理论研究阶段逐步走向试用阶段,但是目前仍有许多关键技术尚未解决或者正处于研究发展阶段,主要有以下几个方面。

1. 微电网的控制

微电网主要以分布式电源为主,分布式电源的容量一般不大,但是却数目众多,使微电网的控制不能像传统电网那样由电网调度中心统一控制以及处理故障,这就对微电网的运行和控制提出了新的要求。如:能够根据电网需求或者电网故障情况,实现自主与主电网并列、解列或者两种运行方式的过渡转换运行,同时实现电网有功和无功的控制,频率、电压的控制,实现微电网与主电网的协调优化运行以及对主电网的安全支撑等。微电网相对于主电网可作为可控的模块化单元,其可对内部负荷提供电能,满足负荷用户的需求,这就需要良好的微电网控制和管理能力。微电网的运行控制应该能够做到基于本地信息对电网中的事故做出快速、独立的响应,而不用接受传统电网的统一调度。

微电网控制的主要目标如下。

①可对微电源出口电压进行调节,保证电压稳定性。

②孤网运行时,可确保微电源能够快速响应,满足用户的电力需求。

③根据故障情况或系统需求,可实现平滑自主地与主电网并网、解列或者两种运行方式的过渡转化。

④可调节微电网的馈线潮流,对有功和无功进行独立解耦控制。

目前,微电网的控制方式主要有以下几种。

(1)主从控制。即对各微电源采取不同的控制方式,从而使 DG(分布式发电)装置实现不同的职能,让其中一个(或几个)微电源作为主控电源,支撑系统的频率,保证电压的稳定,而其他微电源作为从属电源,不负责电压的控制和频率的调节。主从控制的实现:并网运行时各 DG 装置均采用 PQ 控制,孤岛运行时,一个或几个 DG 装置主控电源转换成 V/f 控制,保持电压不变,电流随负荷的变化而变化。但是主从控制存在以下缺点:孤岛运行时对主控电源依赖性高,对通信可靠性要求高,负荷波动时需要较高的旋转备用容量。

(2)对等控制。即基于电力电子的“即插即用(Plug and Plug)”和“对等(Point to Point)”的控制。系统中各个 DG 装置是“平等”的关系,不存在从属关系。根据微电网的控制目标,灵活地设定下垂系数,调节受控微电源,保证整个微电网的电压稳定、频率稳定以及电能的供需平衡,具有简单可靠的优点。但是对等控制只考虑了一次调频,而忽略了传统电网的二次调频问题,即没有考虑微电网系统电压和频率的恢复问题,因此,在微电网受到大扰动时,很难保证系统的频率质量,不能保证负荷的正常运行。另外,此方法是针对有电力电子技术的微电源的控制,没有考虑传统发电机如微型燃气轮机与微电网之间的协调控制。

(3)基于功率管理系统的控制。该控制方式采用不同的控制模块,分别对有功和无功进行解耦控制,较好地满足了微电网 PQ、V/f 等多种控制方式的要求,尤其是对于功率平衡的调节,应用了频率恢复算法,可以很好地满足系统对频率质量的要求。针对微电网中各用户对无功的不同需求,功率管理系统采用了多种控制方法并加入了无功补偿装置,提高了系统的控制能力,同时也提高了控制的灵活性。但是该方法没有考虑含有调速和励磁系统的常规发电机,特别是没有考虑含电力电子接口的微电源间的协调控制。

(4)基于多代理技术的控制。该方法将传统电网的多代理技术应用到微电网控制系统中。该控制策略综合了多种控制方式,能够随时插入某种控制,实现了微电网的经济优化调度,可保证微电网系统安全稳定运行。多代理技术具有自愈能力好、响应能力强等特点,可很好地满足微电网的分散控制的需要。但目前多代理技术在微电网中的应用还处于起步阶段,还只是集中在对微电网的系统频率、电压等进行控制的层面,因此要使多代理技术在微电网的控制中发挥更大的作用还需要大量的研究工作。

微电网中的 DG 装置的控制方法主要有:PQ 控制、V/f 控制和 Droop 控制。

(1)PQ 控制。PQ 控制也就是恒功率控制。通常在并网运行状态下采用 PQ 控制,控制的目的是不考虑其对微电网频率和电压的调节作用,使分布式电源输出的有功和无功功率能够实时跟踪参考信号,而频率和电压支撑由大电网提供。对于光伏发电和风力发电等分布式电源,出力受环境影响较大,输出功率具有间歇性,采用 PQ 控制策略可以保证可再生能源的充分利用。PQ 控制有以下两种方法。

第一种方法是分别控制有功功率和无功功率,通过给定微电源原动机的有功功率参考值来控制微电源发出的有功功率,直接给定微电源的无功功率参考值来控制其发出的无功功率。PQ 控制示意图如图 3.20 所示。

由图 3.20 可知,控制原动机发出的有功功率参考值为 P_{m},在原动机自身功率调节器的作用下跟踪输出的有功功率,通过在逆变器直流侧的电压 PI1 控制器来保持母线电压恒定,从而实现微电源的有功输出调节。

第二种方法是直接通过逆变器控制有功功率和无功功率。逆变器的输出功率就是微电源输出的功率,实现该种控制的具体方法是:通过锁相环得到交流侧的三相电压和电流,经过由 Park 变换得到 dq 轴分量,根据式(3.10)得到微电源输出的有功和无功功率。

$$\begin{cases}P_{\mathrm{ref}}=u_d i_d+u_q i_q=u_d i_d\\ Q_{\mathrm{ref}}=-u_d i_d+u_q i_q=-u_d i_d\end{cases}\tag{3.10}$$

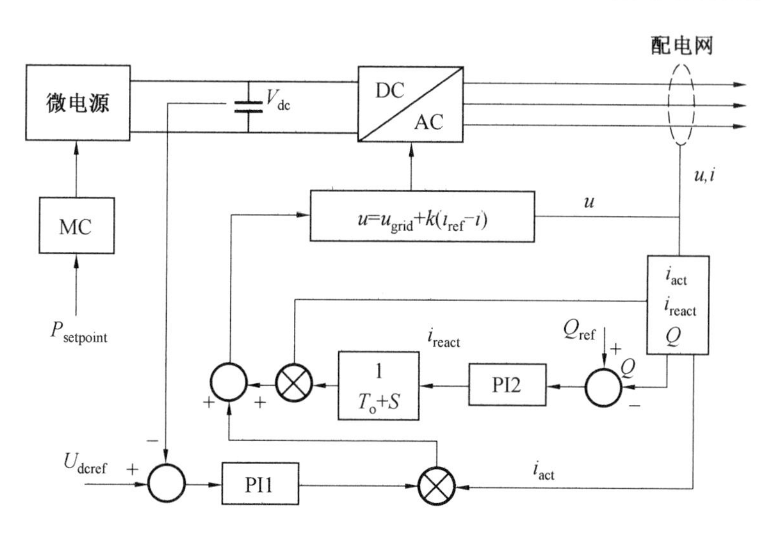

图 3.20　PQ 控制示意图

通过式(3.10)计算得到 dq 轴的电流值,把它作为电流参考值,与实际的电流值做差,然后通过 PI 控制器得到滤波电感参数后,设置 dq 轴电压参考分量,通过 Park 反变换得到三相交流分量,通过 PWM 输出给逆变器。

(2)V/f 控制。V/f 控制通过控制微电源逆变器的输出量,使逆变器输出的电压和频率为参考量,以保证微电网在孤岛运行时的电压和频率的稳定,使负荷功率能够很好地跟踪变化特性。设定电压和频率的参考值,通过 PI 调节器对电压和频率进行跟踪,作为恒压、恒频电源使用。V/f 控制示意图如图 3.21 所示。

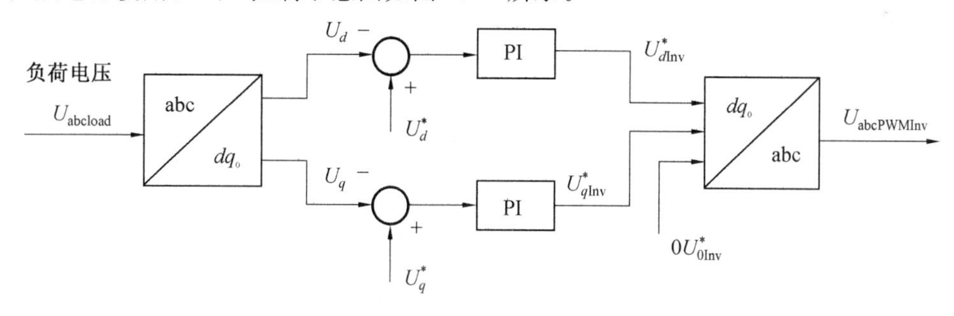

图 3.21　V/f 控制示意图

从图 3.21 中可以看出,电源在进行 V/f 控制时只采集逆变器端口的电压信息,可通过调节逆变器来调节电压值,频率采用恒定值 50 Hz。

(3)Droop 控制。Droop 控制主要是指电力电子逆变器的控制方式,其与传统电力系统的一次调频类似,利用有功频率和无功电压呈线性关系的特性对系统的电压和频率进行调节。目前主要有两种 Droop 控制方法,一种是传统的对有功一频率($P-f$)和无功一电压($Q-U$)进行 Droop 控制,另一种是对有功电压($P-U$)和无功频率($Q-f$)进行反 Droop 控制。

如图 3.22 所示,Droop 控制有功频率($P-f$)和无功电压($Q-U$)呈线性关系,当微电源输出的有功、无功功率增加时,运行点由 A 点移动到 B 点,达到一个新的稳定运行状态。该控制方法不需要各微电源之间通信联系就可以实施控制，所以一般通过逆变器对微电源接口进行控制。

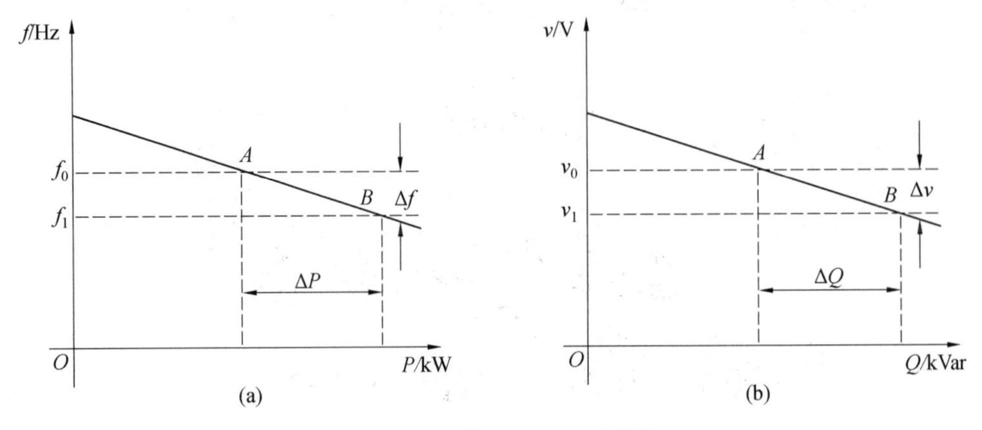

图 3.22 频率、电压 Droop 特性

2. 微电网的继电保护

传统电网的结构呈辐射状，由单电源供电，其继电保护是在此基础上进行设置的。但当接入分布式电源后，配电网的结构就发生了变化。微电网对配电网继电保护的影响有以下几点。

（1）当系统发生故障时，在故障点，除原来的配电网向故障点提供短路电流外，分布式电源也将向该故障点提供故障电流，改变了故障点的短路水平，且接入微电网后，系统潮流将具有双向流通性，改变了传统配电网单向潮流的结构，因此以单向潮流计算而得到的继电保护整定也就无法满足系统安全可靠运行的要求。

（2）微电网有并网和孤网两种运行模式，保护设计需考虑故障后微电网是否离网运行。由于馈线上分布有多个分布式电源，故障电流大小有很大的不同，且微电网在孤网运行时，微电源的故障电流往往较小，传统的电流保护装置很难做出正确及时的反应，需要采用更加先进的故障诊断方式，因此对微电网继电保护提出了更多的要求。

针对微电网接入大电网存在的上述问题，目前的研究主要侧重于在微电网的两种运行状态下，对微电网的内部故障做出响应以及在并网运行时快速感知主网故障。如果微电网处于并网运行状态则对其进行孤岛处理，根据负荷以及故障类型的不同，将微电网以不同的孤岛运行方式划分，保证主电网故障时微电网的正常运行。

微电网的研究趋势包括：①在传统保护方法的基础上融入人工智能技术和新型暂态保护原理，从而提高对潮流方向敏感性的保护；②基于分层分区或多代理技术的多级保护策略；③直流微电网保护设计。发电机和负荷类型、容量以及安装数量都对保护有较大的影响，各类型的微电源、储能装置对保护的影响，以及微电网的两种运行方式的切换和不同的网架拓扑结构下对保护的影响等问题都是未来微电网保护研究中值得深入研究的问题。

3. 微电网的经济性

微电网得以大力推广和发展的关键因素就是其具有较好的经济性，微电网与传统电网的经济运行本质是一致的，都是在保证安全可靠的供电、满足用户需求的前提下合理安排各机组发电出力，来实现综合效益最大化或成本最小化。

在经济运行方面，微电网可以在经济优化调度原则、电能交易以及资源的优化配置等方面参考传统电网运行的知识和经验，进行优化设计。微电网又有其独特的优势，如针对网内各用户的不同需求提供不同水平的电能质量和供电可靠性服务，甚至提供黑启动等辅助服务等，使其在经济运行方面与传统电网又存在一些差异。微电网的经济运行主要体现在以下几个方面。

(1)微电网本身的投资及优化运行。微电网的优化可以从微电网的能量管理系统来实现。能量管理系统能满足用户的冷、热、电的需求以及完成需求侧管理等，从而决定微电网中各微源的优化配置，实现经济运行。

(2)微电网的经济效益评估和量化。微电网的经济效益评估和量化是微电网投资和运行的重要衡量依据，但目前还没有有效可行的方法将微电网对用户、电力部门以及社会等方面的经济效益进行全面量化。随着对微电网的研究不断深入，微电网经济性量化的不确定性将成为研究的重点。

(3)微电网新的经济特性。微电网中有多个微电源、电力电子控制设备以及储能装置，使传统的配电网架构和潮流都发生了很大的变化，致使微电网的规划需要考虑更多自身的因素，使得微电网的经济优化问题与传统电网有着很大的区别。

4. 其他技术

微电网的研究和发展除了上述的问题外，还需要很多其他方面的技术支撑。

(1)电力电子接口。

微电源可显著增强发电能力。电力电子接口用于诸如微热电联供、风力发电机、光伏阵列和燃料电池等微电源。电力电子接口不仅可输出主电网等级的交流电，还可促进微电源在微电网中的整体接入。然而，由于这些接口的技术和系统封装相当复杂，所以它们的成本很高。

为获得经济的性能，电力电子变换器通常可以定制设计。通过适当的设计可以增强电力电子变换器的适用性，并使其耐用、价廉、可靠而且可以互换。电力电子变换器最近的设计趋势包括类似于计算机体系结构的几个组件和数字电子技术的集成。

为了提高电力电子变换器在分布式发电和微电网中的适用性和经济可行性，研究的重点是开发模块化体系结构。这就使得系统的电力电子解决方案在大规模生产中可以使用预制的组件。

这种模块化方法已经应用到模块总线软件(Brick Bus Software，BBs)框架的设计中，这种框架是由威斯康星州电力系统工程研究中心(Power System Engineering Research Center－Wisconsin，PSERC)和威斯康星州电力电子研究中心(Wisconsin Power Electronic Research Center，WisPERC)提出的。从命名可明显看出，这一框架包括三部分：①模块化变换器组件，即模块；②连接单元，即总线；③接口单元，即软件。这个框架的技术和实施的问题，以及其优点和局限性将在下面几节中讨论。

电力电子变换器的设计和开发已经滞后于超大规模集成电路(Very Large Scale Integration，VSI)微处理器的设计和微机系统的发展。但是，数字电子技术和计算机体系架构在工程、制造和系统设计中的发展可与电力电子技术领域的发展相媲美。标准化的计算机体系架构总线接口为计算机行业的快速发展提供了框架，这启发了电力电子行业：在电力电子变换器设计中，设计者可以制定一个标准构架，就如超大规模集成电路和计算机体系架构的设计。尽管背景介绍和其中提到的两部分内容（标准计算机体系架构和超大规模集成电路）超出了本书的范围，但接下来我们还是简要地介绍一下这两部分内容。从中我们可以看出计算机体系架构的快速发展与电力电子行业的进步缓慢形成了鲜明的对比。

(2)标准计算机体系架构。

标准计算机体系架构由一组总线和系统组件组成，总线连接主处理器和其他外围设备，系统组件包括内存和输入、输出设备等。这种结构提高了灵活性，降低了成本。总线是一组使中央处理器和外围设备直接互联的专用低阻抗线，它能传输控制信号、数据信息和地址信息。总线集中的方式非常简洁而且高效，它将所有的子系统直接连接到中央处理器。不同品牌的系统组件具有兼容性，因此，计算机可以从一定范围的制造商中选择新安装的组件或者更换的组件，计算机系统的灵活性变得很高。但这种方法的主要缺点是：通过总线的数据通信是一个瓶颈，对此通常用数据多路传输技术来解决。此外，这种方法迫使定制产品独立于市场之外，这导致在适应特定的应用需求时产生另外一个瓶颈，这显然不能满足现有的行业标准总线体系结构的要求。

用于计算机系统的总线集中方法和用于电力电子变换器的总线集中方法完全不同。在电力电子变换器中它是由功率吞吐量（Power Throughput）和功率密度决定的。因为要求变换器的功率额定值逐步增大，总线的可扩展性也非常重要。因此，不像计算机行业，电力电子技术行业必须考虑上述所有因素，认真防范这一新风险。

(3)超大规模集成电路。

在微处理器的设计中，超大规模集成电路技术已经使制造流程向垂直方向发展，同样的技术也可以用于电力电子变换器的生产中。在超大规模集成电路的技术中设计者可以在一个较高的水平上描述系统。基于软件的自动化工艺流程可以输出板图生成文件和晶片制造布局信息，从而生产出专用的集成电路。在这个自上而下的设计过程中，设计者可以在功能层面上设计系统，并未有任何指定的流程技术，同理，也可以用类似的方式定制生产电力电子变换器。这需要在功能水平上规定设计参数，从而在体系结构框架规则内生产一系列标准化的组件。此流程的实现需要在设计和制造环境中定义标准化组件和连接框架。

(4)电力电子变换器。

电力电子变换器制造工艺的发展滞后于计算机和微处理器的发展。电力电子变换器发展的一个主要挑战是其高的额定功率。尽管电力电子变换器的类型繁多，额定功率的要求也不尽相同，但是生产流程却是类似的。在电力电子变换器的制造中，行业的需求导致产生了自定义设计和功率模块的集成。

①自定义设计和制造。电力电子变换器的自定义设计和制造是面向应用和特定需求的，因此，对不同的应用，需要做相应的改变。为了提高变换器的精确度，设计产品时要求采用合适的软件包进行电路仿真和印制电路板（PCB）布局。此外，还需要对其进行封装

和装配的热特性、电磁特性及实体建模的有限元分析。在用户自定义设计的过程中，大多数生产层面通常都是手动进行，这导致成本很高。只有当变换器的尺寸相对较小、产量很大时，自定义设计和制造才经济可行。这是因为当产量非常高时，生产装配抵消了生产成本。在自定义设计和制造过程中，非功能性故障组件的更换成本很高。因此，对于小尺寸的变换器，在发生元器件或子系统故障时，实际上对变换器整台更换较为经济。

大的电力电子变换器用于分布式发电系统和大功率电驱动设备中，在分布式发电系统中作为备用电源和功率调节使用。由于这些设备尺寸大，产量很小，使得自定义的设计和制造成本非常高。此外，整台变换器的更换和变换器元器件或子系统故障的维修成本也十分高。因此，较大的变换器的自定义设计和制造并非经济可行。

②功率模块的集成和组件封装。功率转换装置的封装是一种有效提高电力电子变换器的性能、可靠性和功率密度的方法。如同IGBT和反并联二极管的集成一样，集成功率模块(IPM)内有电力电子组件。这些集成功率模块将一些或所有的辅助电力电子功能，如门驱动、保护、辅助阻尼、逻辑、电源隔离、传感器和数字/模拟控制等集成在一个软件包中。为了避免装配成本过高，电感、电容、滤波器、风机、散热器和连接器等系统组件不能集成到IPM中。功率模块的集成和组件封装主要受应用市场的影响。制造厂标准组件虽易于得到，但实际上不兼容且不实用。因此，实现电、热、体积方面设计紧凑的集成组件是非常困难的。人们已意识到有必要努力实现对IPM的配合封装，对部分低/中等规模的电力电子变换器也如此。

③电力电子积木。电力电子积木(Power Electronic Building Block，PEBB)被用于通用功率处理器的多功能即插即用模块中，以实现更大的功率密度，该方式提出将电力电子变换器模块化组件作为IPM发展的一个延伸。组件集成的PEBB也仅限于在选择灵活性差的电力电子变换器中使用，但它的集成配合方式和虚拟实验台(TB)软件工程环境对模块－总线－软件(BBS)框架有好的指导作用。

④封装框架设计。封装框架设计主要专注电力电子技术方面的封装、设计和开发，未去探究系统标准化的前景，形成了对BBS框架方式很有用的构想。这是一种结合用户需求、封装水平、接口和通路，以及四种能量形式的四维设计方法。这个框架具有广泛的适用性，因为它解决了高度抽象的问题，解决了变换器大小和层次不同的问题，解决了变换器元器件和连接路径及不同形式能量和能量流的问题。一种面向对象的电力电子设备设计自动化软件，可能是一个更综合的集成模块化BBS框架自动化设计软件工具的基础。

⑤模块－总线－软件框架。起初，与辅助设计方面相比，发展电力电子变换器主要考虑设备自身完善的问题，而设备自身完善主要是实现尺寸更准、切换频率更高等。辅助设计方面主要是完善连接通路、接口机制、封装和热管理等。但是，由于辅助设计在设计低成本高性能变换器时具有深远的影响，所以最近受到更多的关注。

三个部件被从工程过程中抽象提升形成BBS框架，这三个部件为：①模块化组件，即模块，电力电子变换器的组成模块；②一系列模块之间直接互联的连接总线结构；③综合的软件环境，用于抽象地定义电力电子变换器，并且把这些信息按照预定义的模块和总线转化成工程文件和制造文件。可以称BBS框架为电力电子变换器的设计编译器。变换器组件的电、热、机械的相互连接主要取决于模块总线规范以及公共面对准(Common

Face Alignment)中的几何相容性。它需要确保每个模块适当的功能运行,防止任何跨模块(Cros-brick)干扰、电气加载、电磁干扰、数据丢失、过度加热和机械错位等问题。上述的工程过程把拓扑结构层面的变换器设计自动转化成硬件规范,这可以方便地用于生产基于标准化模块和总线的电力电子变换器。BBS 框架有助于降低成本,提高使用过程中的可靠性和耐用性,带来性能的改善、更简洁的设计和更短的制造周期。

(5)集成模块的模块化组件。

电力电子变换器系统组件逐步向模块块、集成化方向发展,系统组件可以被再设计和再封装成模块,其目的是使尺寸紧凑,实现系统的小型化。这种设计促进了对大功率密度和电容密度的大量有效利用,也通过公共面对准促进了直通总线的连接。已设计的模块型组件可以很容易地容纳一些典型的变换器元器件,如印制电路板中的电力半导体模块、辅助门驱动电路和集成了矩形风冷散热器的门驱动电源等。然而,一些元器件必须再设计转换成模块的组件。

①功率开关模块。功率开关模块是电力电子变换器的主要元器件。它包含功率流控制半导体设备,即晶闸管、GTO、IGBT 和金属氧化物半导体场效应晶体管(Metal-Oxide Semiconductor Field Effect Transistor, MOSFET)等。功率开关模块的形状和封装取决于半导体技术。一个电力电子变换器部件对整流、逆变和直流电压转换等可能要求有不同的功率切换模块。为获得所需的额定功率,模块也可以串联起来使用。此外,它们还可能包含一些辅助组件,如门驱动、电源设备保护、隔离电源、信号隔离设备、散热器、传感器、电压去耦电容和阻尼器网络等。为避免散热时不必要的麻烦,IPM 或 PEBB 对于功率开关模块来说将是一个很好的基础。电源通过电源母线连接到功率开关模块,而传热总线的连接则依赖于热产生的程度。热产生的特性又决定于功率等级和吸收热的介质的特性。功率开关模块的设计和封装应通过合并局部电压去耦电容及合适的阻尼电路来避免任何交叉耦合与电磁感应,同时通过对热的控制避免任何相邻模块的发热。功率开关模块被设计为按照来自控制模块且经过控制总线的信号工作,并通过内部的传感器为控制模块提供反馈信息。传感器通常被设计用来检测设备的电压、电流、温度、风扇速度、外壳温度等。辅助功率模块通过控制总线的辅助电源线为功率开关模块提供所需的电力。

②电压增强(Voltage Stiffening)模块。电压增强模块由用于直流去耦的电解电容、其他适宜交流去耦的电容和高频滤波器组成。这个模块可能包含一个限制电容纹波电流的 PI 滤波器的无源元件和用于反馈控制的电压及电流传感器。由于电解电容器主要是圆柱形的,因此在立方体的模块中加入这些电容器不能有效利用空间。但是,把电容器再设计和封装成高密度且模块兼容的形状是不可能的。电源的连接通过电源总线而不是通过任何的传热总线,因为自然的空气冷却已足以进行温度控制。可以对传热总线进行显式连接以控制温度。

③变压器模块。变压器模块由多个电感组成,用于增强电流。为了置入模块组件中,大多数电感和变压器必须重新设计和封装,但是,E 形铁芯变压器可以最为有效地置入模块组件中。变压器模块通过电源总线连接电源。一般情况下,对温度控制不需要连接传热总线,但对于特殊的热需求,可以通过传热总线用显式热连接来实现。

④控制模块。控制模块是电力电子变换器 BBS 框架基于软件的大脑,由数字计算机

和带有辅助组件的微处理器组成。辅助组件如内存、现场可编程序门阵列(Field Programmable Gate Array,FPGA)、逻辑隔离电路、TCP/IP的外部通信端口和无线通信等。控制模块通过控制总线按照CAN总线通信规约和其他合适的通信规约进行实时数据通信。它从控制总线的辅助电源线获得电力,需要屏蔽高频开关产生的电磁干扰,对于任何温度控制的需求,都能以显式连接到传热总线。分布式控制体系结构可以用于多BBS变换器的控制中,也能与外部控制总线连接进行实时网络控制。

⑤传感器模块。如果在其他模块中未嵌入足够的电压传感器和电流传感器,就可能需要有一个传感器模块把探测点收集到的数据即刻转化为数字格式。传感器模块与控制模块通过控制总线通信,提高了抗噪声干扰的能力。电源通过控制总线的专用电源线为传感器模块供电。出于必要的测量目的,它也可以连接到电力总线和传热总线上。

⑥辅助实用模块。辅助实用模块由辅助变换器的硬件,如电磁干扰滤波器、涌流限制器、拨动式开关、继电器和断路器组成。为了通过专用控制总线的电源线给各种变换器子系统,如控制模块、门驱动、嵌入式传感器、传感器模块、功率开关模块、电压加强模块和变压器模块等供电,也可以包含辅助电源。通过电源总线也可以连接用于温度控制的传热总线和用于传送控制指令的控制线路。

⑦输入/输出模块。输入/输出模块用于输入/输出功率连接和外部变换器连接,也可以用于控制模块的外部控制信号连接和传热总线工作流体的外部供应渠道连接,即冷却剂输入/输出端口。

(6)连接总线。

BBS框架方法需要高速连接环节或总线来进行高效的通信,从而使数个变换器模块实现高性能的运行。总线的性能水平取决于变换器连通性在功能基础上的划分以及模块总线再集成的程度。就如传统的计算机体系结构,总线的连接架构在功能基础上提供电力电子变换器模块化构建的基础。电力电子变换器总线架构允许多条总线来处理电功率、散热、控制和传感器信息及结构支持等问题。总线根据模块沿变换器一般表面的几何排列来设计。

功率总线是不同类型模块之间的主要连接环节,其设计取决于功率额定值。其平面设计因为具有较小的单位长度电感和电阻以及优良的高频电导率而更可取。在更高的功率额定值情况下,正如每个高级设计过程一样,蚀刻铜板、叠层铜母线堆可以和指定的连接一起使用。功率总线通过与压缩相关的结构总线连接,直接连接不同的模块。

传热总线通过冷却介质(空气或水)流从发热点吸热,并在外部的散热器散热。系统通过嵌入式控制或者控制模块控制流过模块的热表面冷却剂,以使热负载的影响最小化。在小的电力电子变换器中,模块可能有独立的散热器,这个散热器带有专的可控风扇。但是对于大的电力电子变换器,传热总线通过网络管道将冷却剂引接到对应模块,从而确保可靠和防漏放热。

控制总线在模块之间进行控制和传感器数据通信。控制总线的专用供电线从辅助实用模块中传送辅助电力。控制总线由带状电缆、印制电路板(PCB)或柔性印制电路形式的导体组成,并通过快速(Snap-in)连接器连接各个模块。控制总线传送5 V的数字逻辑信号,控制总线屏蔽基于功率总线电磁感应的dv/dt和di/dt。对于特殊的要求可采用光纤或无线连接。根据带有同步主时钟的控制模块来决定控制总线数据格式，CAN 或其他合适的规约都可以用于网络控制。

结构总线是包含几个总线连接和 BBS 变换器模块的镶嵌模块。结构总线的设计主要取决于变换器的物理尺寸。标准化铝或钢通道件的总线和模块用环梁(Central Beam)结构或矩形结构来封装。

①高级软件设计环境。BBS 框架的设计通常是在一种高级计算机辅助设计(CAD)环境下进行。为变换器的自动化生产提供足够的信息之后，制造商将基本变换器拓扑结构的图形布局和关键设计参数转化为电力电子变换器的生产文件。主要设计规范包括变换器拓扑结构、基本的控制框图和设计参数，如最大功率、电压和电流值、开关频率、滤波器的带宽、电压纹波和电流纹波的范围、可靠性指标和控制目标等。

②CAD 编译器。按基本的变换器定义生成变换器生产数据(Converter Manufacturing Data，CMD)文件，CMD 文件详细描述了超大规模集成数字系统或 PCB 的各个层次。它不以图形方式描述光刻或曝光工具坐标定义的布局；相反，它包含一系列用于变换器的模块清单及其通过不同总线连接的重要信息。通过总线制造和变换器封装装配的方式，制造商根据使用标准化 BBS 元件的 CMD 文件装配变换器。为了在设计过程中集成任何自定义组件，模块定义文件被引入设计库中。从这个设计库中，自定义组件可以被手动插入布局文件中。然后，布局编译器自动地把手动选择的自定义组件集成到生成的变换器设计中。

多数情况下，设计流程要求在制造之前进行变换器性能分析。借助电路浏览器、热电路浏览器、控制拓扑浏览器和实体模型浏览器等，带有变换器元器件定义的 CMD 文件可以在一个较低水平上验证变换器的设计。如果有必要，可以提取低级变换器的设计数据来进行仿真或有限元分析，数据的提取可以借助 PSPICE SABER、EMTP、MATLAB-Simulink、Solid Works、ProEngineer 和 I-DEAS 等软件工具，为了变换器设计的优化调整，设计者可以通过迭代法在图形布局中进行任何修改。

③BBS 框架问题。BBS 框架的实现需要解决一些问题。连接总线体系结构的封装元器件方法在模块化、尺寸比、寄生电感和包括电磁感应干扰和热干扰的交叉合和负载等方面有若干优缺点。这些将在以下几节中讨论。

模块化 BBS 框架方法的模块化为高级设计环境奠定了基础。它可以让变换器元器件的集成直接以电力、热力和体积测量的方法进行简洁紧凑的设计。元器件封装的标准化使元器件的更换和子系统的升级更为简单。元器件封装的灵活性也适应多种变换器应用的需求，还可以降低单位成本。然而，与自定义设计不同，模块化方法对任何具体的应用并非最佳。这导致高的成本。中、大功率的变换器通过大量的生产可以承受这种成本，但是小功率的变换器就无法承受。由于变换器元器件和各种制造技术的不同，BS 技术规范不像微处理器设计的过程那样在性质上是连续的，这个方面同样也会增加无效的成本。

尺寸比是变换器元器件模块的两个特征长度之间的关系，它与给定体积内的有效封装相关。因为电容的大小取决于额定电压和纹波电流，而与尺寸比没有太大关系，所以电容元件的高效封装存在问题。不同模块之间的高度要求是相互矛盾的，这导致尺寸比不匹配，也导致变换器的容积利用率低。因此，在 BS 框架中，为了变换器的高效容积封装，尺寸比的问题必须解决。

④寄生电感。寄生电感是在总线结构和模块化组件之间不希望发生的相互作用的产物,它能引起 BBS 框架变换器的性能障碍。最常见的是半导体开关器件和直流总线上的去耦电容之间的寄生电感对电压峰值、谐振和较高开关频率下开关损失的影响。由于电压增强模块和功率切换模块之间的传导路径较小,总线集中变换器的布局优于自定义变换器,而且,这种布局也可以降低寄生电感。然而,在 BBS 框架变换器中,最小化尺寸比和寄生电感的影响是相互矛盾的,所以为使上述影响降到最低,需要做出一个折中的选择。

BBS 框架中的总线连接架构的目的是最小化任何模型和总线组合之间的意外耦合及负载。由于模块与模块之间相邻,所以必须使电磁干扰和热干扰的影响最小化。

⑤电磁干扰。由于电磁能量从功率开关模块和电力总线中向外辐射,所以会产生电磁干扰现象。通过控制模块和传感器模块之间的控制总线数字信号流会受到电磁干扰的影响,可能的补救措施是通过尽量缩短功率总线、功率开关模块和控制总线之间的连接路径长度对敏感的模块和总线进行电磁屏蔽。

⑥热干扰。热干扰可能发生在 BBS 框架变换器的功率开关模块、电压增强模块和其他热敏元件之间。冷却系统应该在多个模块系统的闭环传热总线中有效地减少热负荷。闭环传热总线中的反馈控制回路对所有热敏元件的有效冷却而言是一个可能的解决方案。

变换器设计的 BBS 框架方法基本包含三个主要元件:①模块,模块化组件,即组成实际变换器拓扑结构的元器件;②总线,连接体系结构,即模块之间相互连接的线路;③高级软件,抽象地描述变换器以生成自动化工程和设计文件的环境。

这种方法有着改进目前变换器设计的巨大可能性,优点是能降低成本、提高可维修性、加速性能改进、简化设计、优化制造和缩短装配周期。

为了这个领域的深入研究,必须平行规划一些流程:①新一代电力电子设计环境的开发;②基于设计环境的大规模自定义生产过程的开发;③在与功率转换过程兼容的适宜平台上即插即用控制方法的开发。值得一提的是,电力电子市场自身已趋于成熟,特别是电动机驱动器、UPS 和其他变换器的市场。但是,不像先进的计算机和微处理器体系结构那样,大多数现有的电力电子器件的设计和制造并不基于模块化方法。因为微电网的成功在很大程度上取决于高效的具有成本效益的电力电子接口的使用,所以电力电子设备模块化的生产方法在微电网的发展中将被广泛接受。

微电网和主动配电网的电力电子接口的功能与同一区域内的数据采集与监控(SCADA)系统及通信基础设施的发展直接相关。

微电网也被称为微网,是一种为了实现分布式能源的高效、灵活应用而诞生的小型发配电系统。微网主要解决的问题是分布式能源的消纳利用问题以及区域高要求用电质量的问题。

微网组成部分一般包括分布式发电站、储能装置、能量转换装置、负载、控制以及保护装置等,一部分微网组成还包括智能楼宇、绿色建筑等智慧能源建筑。储能技术作为微电网也被称为微网。

3.3 微电网中储能系统种类及作用

3.3.1 微电网中储能系统种类

微电网是一种集成性相当高的小型发配电系统，整个系统集发电侧、电网侧、用电侧于一体，当其采用孤网运行模式时，由于其发电源主要以发电功率具有波动性、随机性以及意外性的分布式发电为主，因此为了保证其供电稳定，提高用电质量，需要为系统配置储能装置。同时微网还常常参与到大电网的运行中去，解决并网及退网过程中的诸多困难也需要储能系统的参与。

储能系统种类繁多、特点各异，许多储能系统或是因为地理需求问题，或是因为储能能量密度问题，抑或是因为环境污染问题而无法应用于微电网中，目前微电网中常用的储能系统主要包括：飞轮储能系统、蓄电池储能系统、超级电容储能系统、磷酸铁锂电池储能系统以及液流电池储能系统等。

1. 飞轮储能系统

飞轮储能是一种机械储能方式，其工作原理及结构已经在上文提及，作为一种新型储能技术，其由于具有稳定可靠的特性，常常被应用于微电网中。相较于其他储能系统，飞轮储能系统具有以下优势。

(1)不存在充、放电问题。飞轮储能系统的充放电次数理论上是没有限制的，而且其放电深度同样没有限制，相较于蓄电池来说，即使是深度放电也不会影响飞轮储能系统的性能与使用寿命。

(2)飞轮储能充、放电时间短。飞轮储能充电时间极短，一般只需要几分钟就可以完成，同时飞轮也可在短至数分钟内将能量全部转换为电能进行释放。

(3)飞轮储能的能量密度较高，储能密度可达 100～200 W · h/kg，功率密度可达 5 000～10 000 W/kg，远高于抽水储能在内的其他机械储能方式。

(4)飞轮储能由于使用磁悬浮轴承以及真空运行环境的缘故，机械损耗极低，维护费用极低，同时维护间隔时间可达到 10 年。

(5)飞轮储能由于储能方式及使用材料原因，不易受温度、压力以及其他外界环境的变化而影响自身性能，同时也不会产生有害物质对环境造成影响。

2. 蓄电池储能系统

蓄电池储能系统从诞生至今已经发展了一个半世纪了，其技术发展已经相当成熟。虽然蓄电池种类繁多、作用场合不同、特点各异，但是无论是传统的富液式电池还是密封式的铅酸蓄电池，其基本原理及构造是基本上一致的。以铅酸蓄电池为例，其结构组成包括极板、隔板、电解液、外壳、极柱及汇流排等(图 3.23)，其成流反应放电过程如下。

正极反应：

$$PbO_2+3H^++HSO_4{}^-+2e=\!=\!=PbSO_4+2H_2O \tag{3.11}$$

负极反应：

$$Pb+HSO_4^- = PbSO_4+H^++2e \tag{3.12}$$

总反应：

$$PbO_2+Pb+2H^++2HSO_4^- = 2PbSO_4+2H_2O \tag{3.13}$$

与其他储能方式相比，铅酸蓄电池技术发展成熟、成本低、适用范围广，但同时也具有寿命短、污染环境、维护量大等缺点。

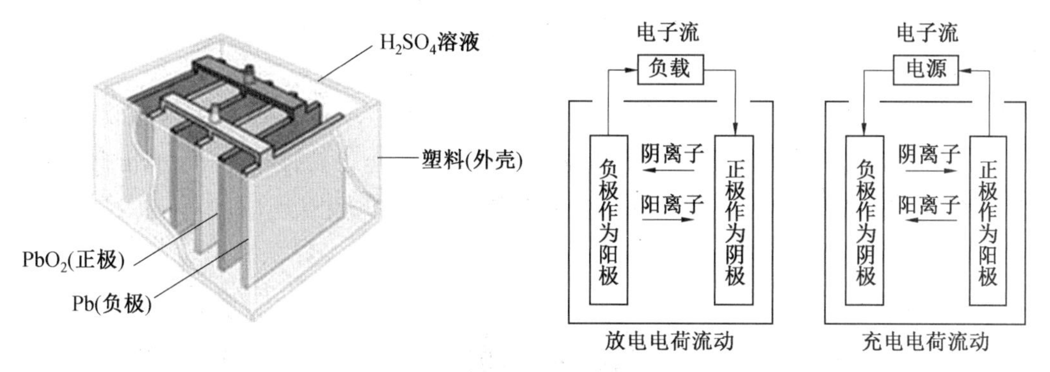

图 3.23　铅酸蓄电池结构及工作原理图

3. 超级电容储能

超级电容储能系统已经在前文中进行过介绍，其特点在于充放电迅速（充电几秒钟，放电几分钟）、可提高强大的脉冲功率、体积小易焊接、绿色节能等，因此超级电容储能系统应用场景大约有以下几种。

(1)利用其比功率高的特性，作为电动汽车的辅助能源系统，加强汽车的爬坡和加速的能力。

(2)利用其瞬间脉冲功率高的特性，对重要存储、记忆系统提供短时间的功率支持。

(3)作为系统两种动力源切换间隔的瞬时功率支持。

(4)在 UPS 系统中，超级电容器储能系统提供瞬时功率输出，作为发动机或其他不间断系统的备用电源的补充。

超级电容储能系统虽然具有突出的优越性能，但是其比能量低及成本高的特点使得其一直处于受市场冷落的状态，研究及推广受到阻碍。

4. 磷酸铁锂电池储能系统

磷酸铁锂电池又称为铁电池，是一种以磷酸铁锂（$LiFeO_4$）作为正极材料的锂电池。磷酸铁锂电池的充放电反应是在 $LiFePO_4$ 和 $FePO_4$ 两相之间进行的。在充电过程中，$LiFePO_4$ 逐渐脱离出锂离子形成 $FePO_4$；在放电过程中，锂离子嵌入 $FePO_4$ 形成 $LiFePO_4$。其反应过程如下。

充电过程：

$$LiFePO_4-x\,Li^++xe^- \longrightarrow x\,FePO_4+(1-x)LiFePO_4 \tag{3.14}$$

放电过程：

$$FePO_4+x\,Li^++xe^- \longrightarrow LiFePO_4+(1-x)FePO_4 \tag{3.15}$$

作为锂电池家族的成员之一，相较于其他锂电池，运行的稳定性及安全性让磷酸铁锂电池越来越受到储能行业的追捧。近年来在能量密度方面磷酸铁锂电池也获得了重大突破，磷酸铁锂电池单体电池能量密度已经达到 200 W·h/kg，结合其安全性及低成本的特性，其在市场所占份额及应用范围将不断增大。

5. 液流电池储能系统

电化学液流电池一般称为氧化还原液流电池，是一种新型的大型电化学储能装置，负极全使用钒盐溶液的称为全钒液流电池，简称钒电池。液流电池的结构组成包括电堆单元、电解质溶液（简称电解液）及电解质溶液储供单元、控制管理单元等部分（图 3.24），电解质溶液存放于电池之外的电解液存储罐（简称储液罐）中，电池的正负极由离子交换隔膜隔开，电池工作时，电解液通过送液泵循环流过反应室，充电时将电池与电源连接，将电能以化学能方式存储起来，放电时电池连接负载，将化学能转化为电能，供给用户。

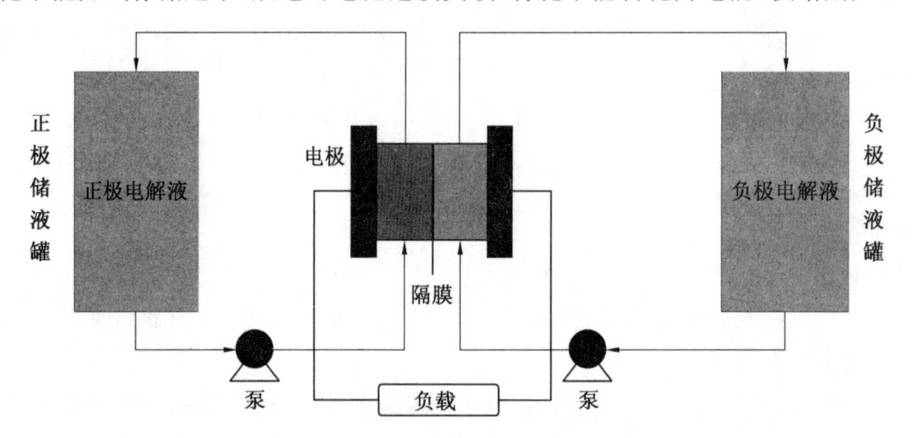

图 3.24 液流电池结构及工作原理图

液流电池作为电力系统常用储能方式，具备以下特点。

(1)设计灵活。通过增加电堆面积和电堆数量，可以提高输出功率；通过增加电解液的容量，可以提高储能容量。

(2)性价比高。电池材料来源广，价格低，同时能量效率高。

(3)对环境友好。液流电池对环境要求低，可以做到全自动封闭运行，同时其回收过程不会产生污染，基本能做到无污染。

(4)充、放电性能好。能够做到深度放电而不损坏电池，系统处于关闭模式时毫无自放电现象。

(5)电解质溶液为水溶液，电池系统无潜在的爆炸或着火危险，安全性高。

(6)启动速度快，如果电堆里充满电解液可在 2 min 内启动，在运行过程中充放电状态切换只需要 0.02 s。

3.3.2 微电网中储能系统作用

微网对储能系统具有很高的需求度，在整个微网的各个环节，基本上都需要储能系统的支撑以保证其安全高效运行。储能系统在电网中满足的需求及作用方式总结如下。

1. 提高分布式能源稳定性

分布式能源作为取代传统化石能源的新型能源，其发电技术及建设已经到达一定的规模程度，我们的微电网系统中电源侧就是以新能源发电为主的分布式能源电站。微网的建立在一定程度上解决了分布式能源（包括风能、光能、潮汐能等）的消纳问题，让难以并网运行以及地理位置偏远的新能源资源得以就地消纳利用，一定程度上也减轻了大电网的供电压力，但是分布式发电方式具有的不稳定性、随机性以及意外性等特点给微网的平稳运行带来了阻碍。将储能系统应用于微网的发电侧（即分布式能源）可以提高其发电的稳定性，对储能系统、分布式电源、主电网通过能源管理系统（EMS）进行协同控制，可以平滑分布式电源发电功率，提高分布式能源就地消纳能力，以及避免长距离电力运输给主电网造成传输压力以及电力损耗。在夜间、阴天、雨天等环境问题造成分布式能源发电能力低下或者分布式能源发电系统发生故障时，储能系统可以代替分布式能源持续为负载供电。

2. 改善用电质量

微电网在无储能系统的情况下，受其本身能源的特性影响，无法保证电能质量，尤其是电压稳定性。储能系统的运用，能够对微电网电能质量的提升发挥重要的作用，系统通过对储能系统中 PCS 进行控制，在稳定电能输出的同时，调节储能系统向微电网输出的有功、无功，同时解决电压骤降/跌落问题。此外储能系统也能为微电网提供部分谐波治理功能。

3. 提升微网设备稳定工作能力

微电网作为一种集成性高的小型配电系统，包含了大量的基础设备及智慧建筑，在微电网未安装储能系统的情况下，处于孤岛运行模式的微电网系统由于电源发电的不稳定或系统区域性发生故障，微网内的部分设备将无法稳定运行。为微网基础设备例如充电桩、路灯、监控等安装储能装置可以保证其在微网或分布式电站发生故障时，提供给设备足够的电能，维持微网均衡性。在微网智慧建筑中安装储能系统，可将平时发电量过足时的电能储存在里面，在供电紧张或微网故障的时候放电供给整个智慧建筑使用，让其运行模式等同微网的孤岛运行模式，保持整个建筑各部分稳定运行。

4. 调频和抑制谐波

微电网处于孤岛运行模式时，微网的电压和频率一般是通过在微网内部安装各种储能装置来进行 V/f 控制（电压/频率）来保障系统平稳运行的。当微网处于并网运行模式时，并网运行、大量电力电子系统运作以及非线性负载的接入不可避免地给电网带来大量的谐波。解决电网谐波问题，传统方法是在微网系统中加入大量的滤波装置来抑制谐波，但是无源滤波器只能过滤特定次数的谐波，有源滤波器容量可调但是容量和价格成正比。在微网内部配置储能系统，可以在维持系统功率平衡、调频调压的同时对负荷侧非线性负荷产生的谐波进行抑制，减少系统对于滤波装置的成本投入。

除了上述常见的微网储能技术以及作用方式之外，为了更好地完善微网系统各种运行模式保障微网系统平稳运行，更多适合微网的储能方式需要被研发运用，以便解决更多微电网存在的问题。

3.4 微电网储能应用关键技术

除了单纯的储能技术以外，一些微网储能应用的关键技术同样关乎储能系统在微网中的高效运行。本节将对包括微电网 EMS 系统、储能系统 BMS、微电网储能 PCS 以及微电网及微电网集群控制在内的微电网储能应用关键技术进行分析研究。

3.4.1 微电网 EMS 系统

微电网 EMS 系统即微电网能源管理系统，其研发目的为对微电网系统内的各种可控资源(集中供电机组、分布式能源、变压器、电容器等各种补偿设备以及可控储能设备等)进行统一、自动的科学监控，使得整个微电网系统能够成为多目标趋优控制的自动化电力系统。

微电网 EMS 系统的功能分为基础功能与应用功能，基础功能主要由操作系统、计算机及 EMS 支撑系统完成，应用功能主要由数据采集与监视控制(Supervisory Control and Data Acquisition，SCADA)系统、自动发电控制(AGC)系统及网络应用分析系统完成。微电网 EMS 系统对于微电网的优化作用主要体现在支持并/离网等多种运行场合、自动控制电压/频率、多种优化运行确保供电质量等。

微电网 EMS 系统主要包括交换机、前置服务器、历史数据服务器、用户工作站、显示器、不间断电源、数据库软件、EMS 系统软件等。其拓扑结构如图 3.25 所示。

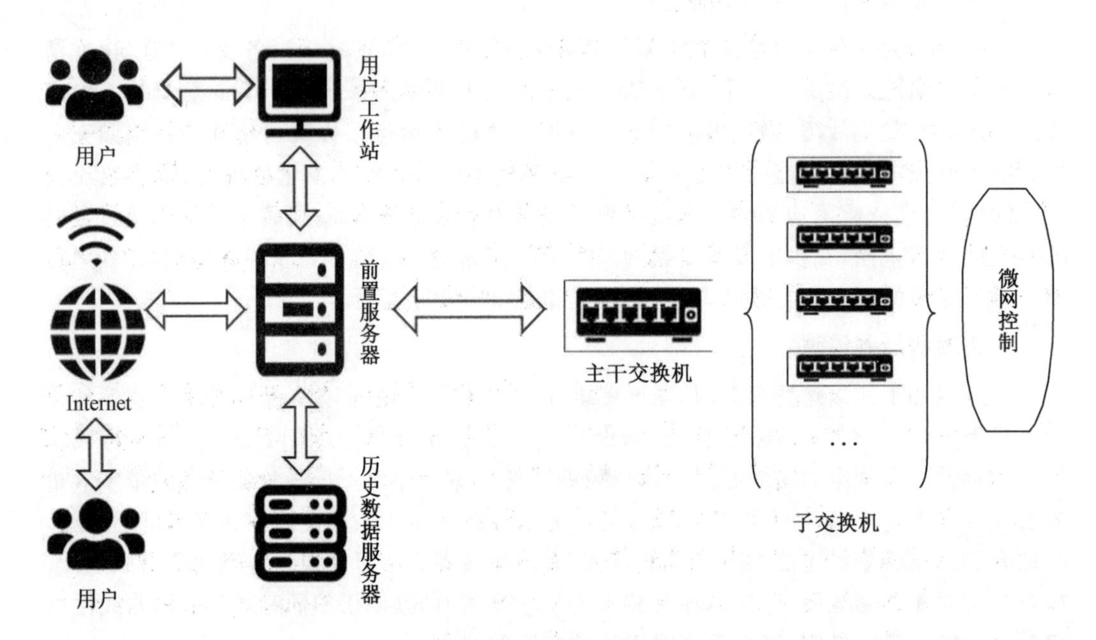

图 3.25　微电网 EMS 系统拓扑结构

下面就微网EMS系统重要子系统SCADA系统、AGC系统及EMS事件处理进行分析阐述。

1.数据采集与监视控制系统

SCADA系统是一种以远程计算机为基础的生产生活过程控制与调度自动化系统，目前主要应用于电力、给排水、轨道交通、化工、石油等领域。

SCADA系统具有以下特点。

①主站计算机与监控对象距离可调，分布范围广。

②通信系统复杂多变，可适用于各种场景。

③系统兼容性强，系统灵活，可配置可编程。

④监控终端工作环境要求苛刻。

⑤反应迅速，调控精确度高。

SCADA系统的发展主要分为以下四个阶段。

第一阶段为SCADA系统诞生起至20世纪70年代，这个阶段的SCADA系统被称为第一代SCADA系统，其运行基于专用计算机和专用操作系统，典型案例有电力自动化研究院为华北电网开发的sd176系统以及日本日立公司为我国铁道电气化远动系统所设计的h－80m系统。

第二阶段的SCADA系统为20世纪80年代发展的基于通用计算机的第二代SCADA系统。第二代SCADA系统广泛使用包括VAX在内的多种通用计算机以及工作站，其操作系统以UNIX系统为主。第二代SCADA系统常被运用于电力系统自动化调度中，与自动发电控制(AGC)系统、经济运行分析以及网络分析等相结合形成能源管理系统(EMS)。与第一代SCADA系统相同，其主要基于封闭式的集中性计算机系统，因此故障难以维修，同时系统难以进行相应升级，与其他系统兼容性差。

第三阶段的SCADA系统为我国研发出的第三代基于分布式计算机网络以及关系数据库技术的能够实现大范围联网的EMS/SCADA系统。这一阶段是SCADA系统发展最迅速的阶段，各种最新的计算机技术被汇集应用于EMS/SCADA系统中，同时这一阶段也是我国对电力系统自动化以及电网建设投资最大的时期，EMS/SCADA系统被大量投运于电力系统中。

第四阶段为21世纪开始至今，这一阶段的SCADA系统采用Internet技术、面向对象技术、神经网络技术以及java技术等技术，提高SCADA系统与各种系统的兼容性的同时兼顾安全经济运行以及商业化运营的需要。第四代EMS/SCADA系统将被广泛运用于电力系统，并成为智慧电网系统的重要组成部分。图3.26为SCADA系统结构简图。

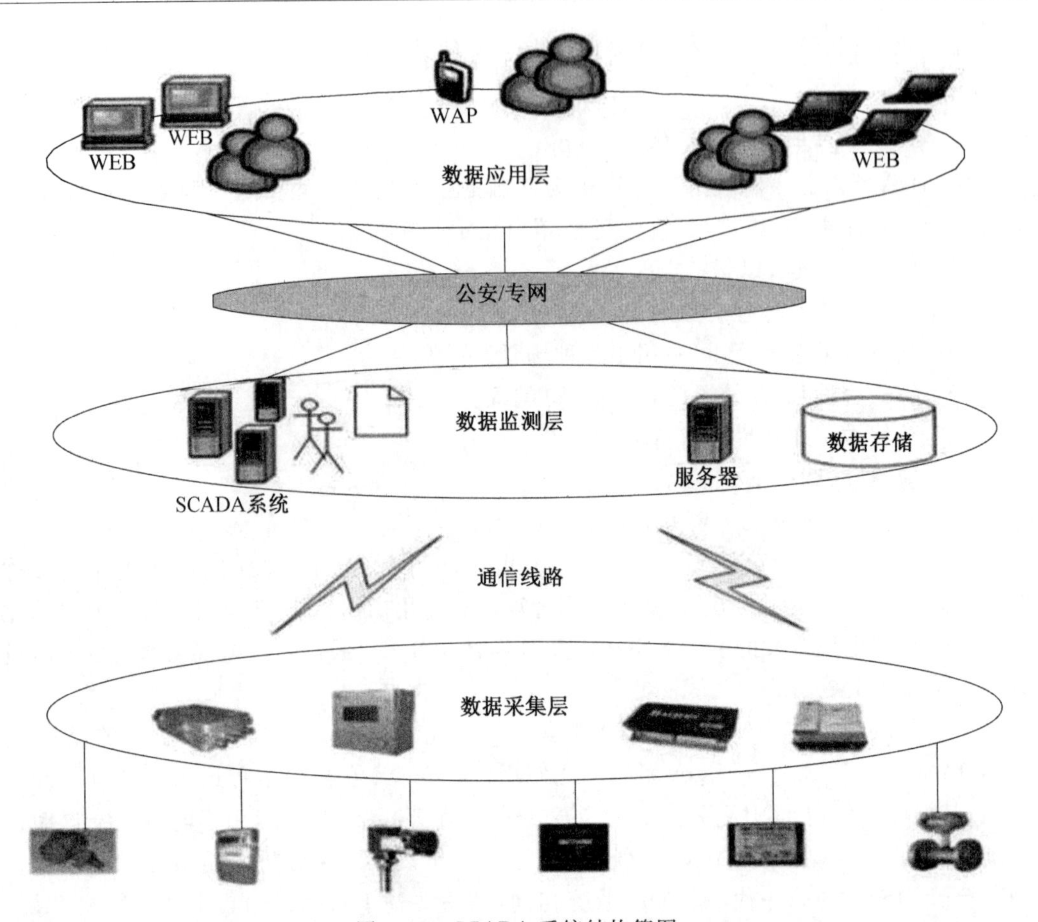

图 3.26 SCADA 系统结构简图

SCADA 系统主要由三个部分构成：主站端、通信系统以及远程终端系统。

(1)主站端。

主站端主要采用具有良好图形支持性能的先进计算机，目前以 PC 机与 Windows 系统为主，历史上也曾使用 UNIX 操作系统和 XWINDOW 图形界面。

一个完整的主站端一般由以下几部分构成。

①实时数据库系统。该系统可完成数据的有效存取，并对各种数据执行识别、查询、处理、分析、存取、完整性检查等操作。该系统也可对相关的事务进行分析、调度、并发控制、存取控制、执行管理及安全性检验。

②历史数据库。其是系统保存历史数据的服务器，可向实时数据控制提供历史数据对比，更好地保障系统监控能力。

③工程师工作站。其又称为操作员工作站，本质为分散控制系统中的人机接口，给工程师/操作员提供对系统进行监控、调度的工作平台。一个完整的工程师工作站一般包括显示器、主机、键盘、鼠标、光笔以及绘图仪等部分。

④生产调度工作站。其是监控系统的主要用户，用于显示画面，实现各种报警等。

⑤监控工作站。在大型系统中常设立多种监控工作站以满足系统监控需求，这种类型的监控工作站一般会以一个工作站配一位工作人员的方式运行。

⑥通信前置系统。通信前置系统一般由几台计算机、路由器以及调制解调器等设备组成，是整个系统中数据采集、数据通信及数据处理的中心，同时也是主站端系统与外界进行实时数据、信息交换的桥梁。

⑦上层应用工作站。上层应用工作站对实时数据和历史数据进行深度挖掘，完成电网系统中的潮流分析、负荷预测、事故追忆、电网稳定性分析、能量管理等工作。

(2)通信系统。

SCADA 通信系统一般由多种通信方式组成，通信方式可分为有线通信方式、无线通信方式以及网络通信方式。

有线通信方式包括：音频电缆、空架明线、载波电缆线、同轴线、光纤线、电力载波。有限通信方式还可划分为基带传输和调制传输，基带传输是在物质上传送模拟信号，可能还要历经数据信号转变，调制传输则是经过模拟数字传送信号。

无线通信方式主要包括电台、微波、卫星、光线、声波等。

网络通信方式是指将通信系统架构在一个计算机网络上，常见的有 IP 网、ATM、帧中继等，网络通信方式中往往夹杂着有线及无线通信方式，更多情况下是两种方式混合存在。其特征在于无须考虑误码，无须考虑系统的拓扑结构，同时网络延迟会较高。

(3)远程终端系统。

SCADA 系统中的远程终端系统即远程终端站(RTU)，一个完整的 RTU 应当具备以下部分：可编程控制器(PLC)、断路器、交流电源保护器、GPRS 数据终端单元(DTU)、电源、防爆控制箱、通信处理单元、开关量采集单元、脉冲量采集单元、模拟量采集单元、模拟量输出单元，开关量输出单元和脉冲量输出单元等。

RTU 主要工作为完成系统的数据采集工作以及协议处理等，同时随着 RTU 的发展进步及 SCADA 系统的功能扩大化，RTU 现在更多地倾向于完成于各种 IED 设备的接口和协议转换工作，同时 RTU 的通信处理工作能力越来越突出，相应的通信采集能力则渐渐弱化，由各种 IED 设备取代。

一个良好的 SCADA 系统具有相当复杂的结构，其在各种大中型生产活动起到越来越重要的作用，随着智能微网与 EMS 系统的发展普及，对 SCADA 系统提出了更加全面的要求。当下的 SCADA 系统应该朝着更具有实时性、功能更全面、系统更具兼容性的方向更加深入发展。

2. 自动发电控制系统

自动发电控制 AGC(Automatic Generation Control)系统是智能电网 EMS(能源管理系统)的重要组成部分，AGC 系统在电力系统中的主要工作方式是通过调节电力系统中多个发电站中的不同发电机的有功输出来响应负荷的变化。

AGC 系统的工作重点在于：负荷频率控制(LFC)、经济调度控制(EDC)、备用容量监视(RM)、AGC 性能监视(AGC PM)、联络线偏差控制(TBC)等。其闭环控制结构如图 3.27 所示。

AGC 闭环控制系统分为两层：一层为负荷分配回路，AGC 系统通过 SCADA 系统及相应的远程终端站(RTU)以及各种通信装置等获得所需的实时监测数据由 AGC 程序形成以区域控制偏差(ACE)为反馈信号的系统调节功率，根据获得的各机组实时功率与系

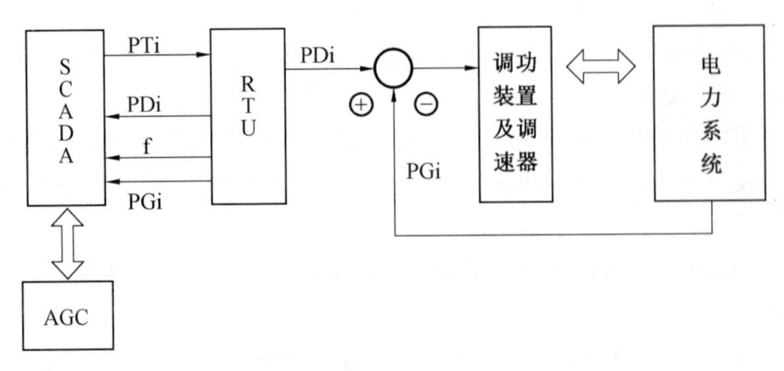

图 3.27　AGC 系统闭环控制结构

统的调节功率，按经济分配等原则分配给各机组，同时计算出不同机组的控制命令，通过包括 SCADA 系统在内的各通道将控制命令传送至各机组的调功装置；第二层为各机组的控制回路，通过对机组进行二次调节，使之能够跟踪系统的控制命令，从而达到 AGC 系统控制放电的目的。

AGC 系统的控制方式及计算公式如下。

AGC 系统的控制方式主要分为三种：定频率控制方式（CFC），定联络线净交换功率控制方式（CNIC），定联络线净交换功率与偏移频率控制方式（TBC）。控制方式不同，ACE 的计算公式也随之不同。

定频率控制方式：以维持系统频率在一定值为目标控制机组发力。ACE 中仅包含由频率偏移给定值产生的分量。计算公式为

$$\mathrm{ACE}=\beta(f-f_0) \tag{3.16}$$

式中，β 为系统的综合频率偏移特性，MW/Hz；f 为系统的频率实测值，Hz；f_0 为系统的频率计划值，Hz。

定联络线净交换功率控制方式：以将本系统与相邻系统的联络线净交换功率维持在计划数值范围内为控制目标，ACE 中仅包含净交换功率的偏移量。计算公式为

$$\mathrm{ACE}=\sum(P_{tj})-I_0 \tag{3.17}$$

式中，P_{tj} 为联络线的实际潮流值（第 j 条），MW；I_0 为本系统与相邻系统的净交换功率计划值，MW。

定联络线净交换功率与偏移频率控制方式：以维持系统的频率及联络线净交换功率在计划值范围内为控制目标，ACE 中包含频率偏移给定值的分量以及净交换功率偏移的分量。计算公式为

$$\mathrm{ACE}=\beta(f-f_0)+\sum(P_{tj})-I_0 \tag{3.18}$$

互联式 AGC 系统控制方式如下。

互联式 AGC 系统控制方式主要是指同一互联网内的不同控制区之间的资源可相互购买分配，当互联网中的某一控制区内的可控资源供给不足时，可向其他控制区购买资源，或者转移区域资源控制权。互联式 AGC 系统控制主要是基于“动态转移”技术。

动态转移：在同一互联网中，当某一控制区内可控资源不足，甚至机组停止供能时，利

用电子通信的方式，将另一控制区内关于发电与负荷的部分或所有实际电能服务职权交给互联网中这一控制区，且提供所需的实时监测、遥控、计算机软硬件、电能统计、数据库支持、通信装置以及其他装置服务。动态转移一般可分为两种方式："伪联络线""动态计划"。

"伪联络线"并不存在物理意义上的联络线以及电能计量值，以实时更新的远方读数的形式存在，在 AGC 系统的 ACE 计算中作为联络线潮流。

"动态计划"和"伪联络线"一样，以实时更新的而远方读数的形式存在，在 AGC 系统的 ACE 计算中被用作交换计划。

ACE 计算方式为

$$ACE=(NI_A - NI_s)-\beta(f-f_0) \tag{3.19}$$

式中，NI_A 为联络线的实际交换功率；NI_s 为联络线的计划交换功率。

当转移方法为"伪联络线"时，NI_A 转化为$NI_A - I_{PA}$，其中 I_{PA} 为伪联络线交换功率，输出为正、输入为负。

当转移方法为"动态计划"时，NI_s 转化为$NI_s - I_{DS}$，其中 I_{DS} 为动态交换计划功率，输出为正、输入为负。

互联式 AGC 系统控制方式主要有以下两种。

(1)对跨控制区的发电机组的控制。对于跨控制区的发电机组的控制按照情况不同应分为以下两种：①获得资源的控制区与另一控制区内的发电厂的机组之间拥有直接的通信通道，且 EMS 系统能够直接与机组所在发电厂 RTU 进行通信的条件下，可以直接获取实时信息并对机组进行 AGC 系统控制；②直接由发电机组所在控制区来对发电机组进行实时监测，并将 AGC 系统控制所需的相关信息传输至获得资源的控制区，再由获得资源的控制区向发电机组所在控制区发送 AGC 系统控制信号来对发电机组进行 AGC 系统控制。

(2)对互联控制区的控制。一些情况下，获得资源的控制区所购买的能源并非由指定的一批发电机组提供，一般采取以下的方式对资源进行 AGC 系统控制：①"等值机法"，即将提供资源的互联网控制区提供的 AGC 资源视为一个发电机组，由获得资源的控制区 AGC 系统将控制命令直接发送至提供 AGC 资源的控制区控制中心；②"协定补充调节服务法"，即获得资源的控制区将部分或者全部 ACE 通过动态转移技术完全交给提供资源的控制区。

自动发电控制系统 AGC 作为直接控制发电机有功功率的闭环控制系统，其信息传输的准确性、实时性以及合适的控制方式对于维护整个电力系统正常、安全、平稳运行极其重要。

根据北美某相关协会规定，部分 AGC 系统相关信息采集精度如下。

①数字频率变送器：0.001 Hz。

②RTU：满量程的 0.25%。

③功率变送器：满量程的 0.25%。

④电流互感器(PT)：满量程的 0.50%。

⑤电压互感器(PT)：满量程的 0.30%。

信息传输实时性未得到保障将对 AGC 系统及电力系统产生如下影响。

①信息延迟时间的提升将会导致系统频率震荡的谷峰值的提升以及系统频率趋于稳定状态所花的时间变长，而且，当信息传输延迟时间到达一定值时，系统频率将失去稳定。

②信息传输延迟将对 AGC 系统控制性能评价造成影响，而控制性能评价将会影响电力市场服务费用的结算，所以信息传输延迟将会对电力市场经济性运行造成一定影响。（此影响影响幅度小）

3. EMS 事件处理

EMS 事件处理主要由 EMS 系统中的事件分析系统、事件处理系统以及调度员决策系统完成，如图 3.28 所示。

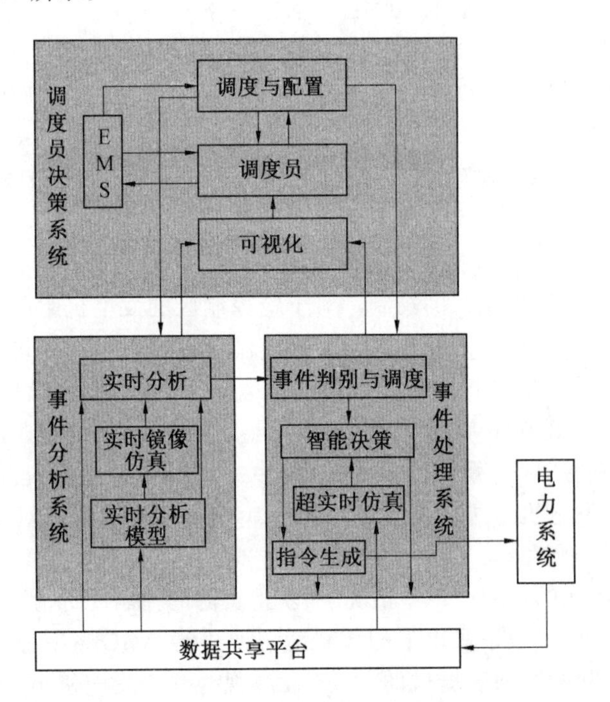

图 3.28 EMS 事件处理系统交互关系

（1）事件分析系统。

事件分析系统的主要职责是对从数据共享平台获得的实时信息进行分析处理，判断电力系统有无事件产生，从而决定下一步操作。根据事件分析的结果及事件影响进行分类，事件分析系统分析的事件主要分为以下三类：安全稳定类事件、电能质量类事件以及经济运行类事件。

①安全稳定类事件判断。

a. 有功安全性事件判断：当某一支路潮流超过该支路潮流限定值时，即为产生有功安全性事件。其可表示为

$$P_{ij} > P_{ij}^{\max} \tag{3.20}$$

式中，P_{ij} 为支路越限潮流；$P_{ij}^{\max}$ 为该支路潮流上限。

b. 电压安全性事件判断：将某一关键节点电压及有功功率用 V_r、Q_r 表示，将关键节

点处的电压稳定域用VS_r表示，当实测电压超过电压稳定域时即产生电压安全性事件。其可表示为

$$(V_r, Q_r) \notin VS_r \tag{3.21}$$

②电能质量类事件判断。

电能质量类事件判断可以表示为

$$V_r \notin [V_{rl}, V_{rh}] \tag{3.22}$$

式中，V_r为某一节点电压；V_{rl}为该节点电压下限；V_{rh}为该节点电压上限。

当节点电压不在该节点电压上下限范围内时，即判断产生电能质量类事件。

③经济运行类事件判断。

a. 发电费用经济性事件判断：发电费用经济性事件表达式为

$$F_{real} - F_{opt} > \varepsilon_f \tag{3.23}$$

式中，F_{real}为实际发电费用；F_{opt}为断面达到最优发电潮流值的最小发电费用；ε_f为阈值，由调度员根据经验设置。

当实际发电费用与断面最小发电费用差超过限定阈值时，即为产生发电费用经济性事件。

b. 网损经济性事件判断：网损经济性事件判断表达式为

$$\mathrm{Loss}_{real} - \mathrm{Loss}_{opt} > \varepsilon_{loss} \tag{3.24}$$

式中，Loss_{real}为实际网损；Loss_{opt}为断面以网损目标最小设定的理想网损；ε_{loss}为阈值，由调度员根据经验设置。

当实际网损与理想最小网损之间的差值大于阈值时，即为发生网损经济性事件。

(2)事件处理系统。

事件处理系统主要作用为在事件分析系统及调度员决策过后对已确定事件进行分级、分类以及生成指令和控制结果测试，其主要组成部分包括事件调度、智能决策、指令生成以及超实时仿真。其大致结构交互关系如图3.29所示。

①事件调度。事件调度作为事件处理系统的第一环，其作用在于将通过事件分析系统确认的事件进行统计、分类。首先，事件调度系统会将从事件分析系统处得到的事件按类别进行分类、分级，相同类别的事件分为一类(类别按系统要求进行提前设置)，同时根据事件发生对系统的影响程度对其进行优先级分级，筛选出需要优先处理的事件以及可延迟处理的事件，然后，对各事件相关度进行分析，合并可同时处理或具有连带关系的事件(即解决A事件的同时B事件也得到解决)，最后将处理过的事件交由智能决策进行分析。

②智能决策。智能决策的作用在于对经过事件调度的各类事件进行分析，通过合理的算法将事件集E_i转换为控制命令集C_i，这个转换过程一般被称为ε转换。控制命令集C_i将被传输至中间层子系统(指令生成)。

③指令生成。指令生成由一系列子模块组成，依次对应各种控制命令，并根据控制命令集C_i生成一系列指令O_i，根据控制命令集C_i生成指令集O_i的过程一般被称为ι转换，产生操作指令集O_i的过程一般极短的时间内完成，随后通过相应的接收和执行装置完成O_i，从而消除事件集E_i使其成为空集，完成对事件的处理过程。

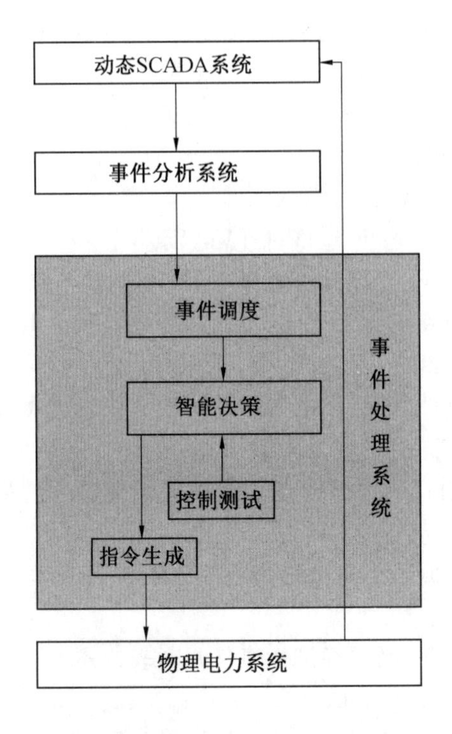

图 3.29　事件处理系统大致结构交互关系

④超实时仿真。超实时仿真技术作为控制测试平台的重要支撑技术，其作用在于通过对所有操作指令进行超实时仿真，来对操作指令所产生的效果进行模拟测试，在测试中能有效发挥作用的操作指令可以即时下达执行，而未通过测试的操作指令将重新返还至智能决策进行修正再测试直至通过超实时仿真测试，然后下达执行。

(3)调度员决策系统。

在电力系统中，EMS 系统经过发展已经能够实现高度智能化的自动运行，但是调度员决策系统依旧是整个 EMS 系统中的最高决策部分，在整个 EMS 系统中其主要职能为系统运行时的调度决策以及维护时的配置管理。

调度员决策主要是依靠可视化系统对 EMS 系统进行主动调度与配置。可视化系统可以将整个电力系统的运行过程完全透明地展示在调度员面前，包括系统运行状态以及事件处理系统中 E_i、C_i、O_i 等以及执行效果，可视化系统还可以在 EMS 系统正常运行时协助调度员发现系统运行潜在问题，主动对 EMS 系统进行调度与配置以及利用超实时仿真系统进行运行过程模拟来避免错误操作。

调度员对于系统的调度与配置主要是依据可视化系统提供的信息对于 EMS 系统的运行做出决策，其中调度行为分为主动调度与被动调度，主动调度是指调度员依据可视化系统，在事件未发生前洞察系统运行问题，从而主动对电力系统运行进行干涉避免事件形成；被动调度则是指调度员对于智能决策结果的判断。配置主要是指调度员对于 EMS 系统运行状态的一系列配置，具体的配置包括系统运行方式，事件种类及级别划分标准，智能决策的约束条件以及事件调度的策略等。

3.4.2　储能系统 BMS

储能系统 BMS(Battery Management System)即储能系统电池管理系统，其存在目的主要是智能化地对电池系统各个单元进行管理与维护，监测系统运行状态，防止电池系统出现过充过放现象，维持系统温度、SOC、压力等参数平衡，起到延长系统寿命的作用。按照行业标准规定 BMS 需要具有以下功能：电池数据采集与护理、剩余电量估算与显示、充放电能量管理与过程控制、安全预警与控制、信息处理与实时通信。

BMS 组成以主控模块与从控模块为主，主控模块主要包括继电器控制、电流测量、总电压与绝缘检测和通信接口等电路；从控模块主要包括电压测量、温度测量、均衡控制、热管理和通信等电路。BMS 各主要模块作用如下。

(1)电源模块为各种用电器件提供稳定电源。

(2)MCU(微控制)模块采集及分析数据，接收与发送控制信号。

(3)继电器控制模块控制电池组的对外放电，作用方式为控制继电器开关。

(4)电压监测模块对电池组各部分电压进行监测。

(5)电流监测模块对电池组充放电过程中的电流进行监测与数据采集。

(6)温度监测模块对电池组充放电过程中各部分温度进行监测。

(7)均衡控制模块控制电池均衡状态。

1. 集中式与分布式 BMS

BMS 按照其构型不同可分为集中式 BMS 与分布式 BMS。

集中式 BMS 是指将所有功能集中到一个控制器上的 BMS，一个 BMS 板上会包括所有采集单元。其硬件部分分为高压区域和低压区域，高压区域职能包括单个电池单元电压的采集、系统总压的采集、绝缘电阻的监测等；低压区域包括供电电路、CPU 电路、CAN 通信电路、控制电路等。

集中式 BMS 由于具有结构紧凑、成本低、可靠性高等优点，因此常被用于电池容量低、总压小、系统整体体积小的场景中，例如智能机器人、电动工具、智能家居以及包括电动自行车在内的低速电动交通工具等。

分布式 BMS(图 3.30)能够有效地完成系统化和模块化的分级管理，分布式 BMS 包括主控单元 BMU、从控单元 CSC 以及高压管理单元 HVU。BMU 负责对 CSC 和 HVU 采集、分析后的数据进行接收、处理，从而进行电池系统评估(Battery System Estimate，BSE)、电池系统状态检测、接触器管理、热管理、充电管理、诊断管理、运行管理以及对内外通信系统的管理。从控单元 CSC 的职能在于对各种模块中的各个单元进行电压检测、温度监测、均衡管理以及对应的各种检测工作；高压管理单元 HVU 的职能在于对系统的电池组总压、母线总压、绝缘电阻等状态进行监测。

分布式 BMS 的优势在于其连接至电池单元的线束短，线束分布均匀。系统可靠性高，同时设计简单，更适宜进行系统模块化设计，系统适用范围广，电池包可大可小且适用于大体积电池系统(如 MW 级储能系统设计)。分布式 BMS 成本高，但是移植方便。鉴于其以上特点，分布式 BMS 常被运用于电动汽车、储能电站、移动式储能系统、通信基站、轨道交通等多种场所。

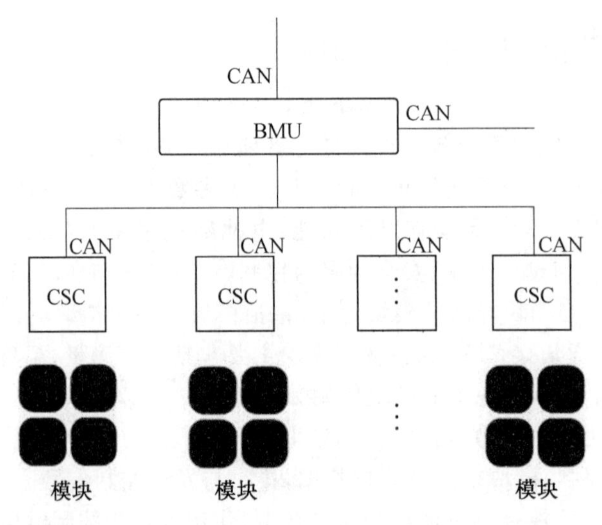

图 3.30　分布式 BMS 简图

2. BMS 核心技术分析

BMS 核心技术包括以下几项：电芯监控技术、SOC（荷电状态）技术、均衡技术、SOH（健康状态）技术、热管理技术。各项技术描述如下。

（1）电芯监控技术。

电芯监控技术主要包括：单体电池电压采集、电池组电流检测、单体电池温度采集。

采集电流与电压数据的目的主要是防止电池系统过充或过放以及发生反极现象，而采集温度数据的目的则是防止电池温度过高或过低，同时防止系统各部分温度过高而导致意外发生。对于为采集温度而设置的传感器的数量及位置需要进行合理的安排布置（保证每串电池、电缆接口处都设置温度传感器）。

（2）SOC（荷电状态）技术。

SOC（State of Charge）即电池荷电状态，当电池电量完全充满时 SOC 为 1，当电池进行完全放电后 SOC 为 0，SOC 估算的目的是确保电池电量保持在一个能够保证电池系统稳定安全运行的区域内，从而起到延长电池寿命、提高能量效率、节能减排等作用。

$$\mathrm{SOC}=Q_c/Q \tag{3.25}$$

式中，Q_c 为电池剩余电量；Q 为电池的额定电量（或动态额定电量－容量衰减）。

以锂电池为例，锂电池保持平稳的最佳电量一般为 40%～60%，一般锂电池出厂时都会将电量设置在 50%左右，以保证在自放电的作用下电池电量依旧保持在最佳电量区间。

SOC 技术核心点为 SOC 估算，当代 BMS 中 SOC 技术的精确度及鲁棒性（纠错能力）是评价系统 SOC 估算能力的重要指标，各大商家对自家 BMS 的推销重点也是放在 SOC 估算能力的精准性方面。下面对一些估算方法进行分析讲述。

①电池电压法。电池电压法估算原理是依据电池荷电状态与开路电压或工作电压之间的关系，通过测量电池开路电压或工作电压对电池 SOC 进行估算。以锂亚电池为例，当电池 SOC 大于 50%时，其开路电压基本保持不变；当电池 SOC 大于 15%且小于或等

于 50%时开路电压呈下降趋势；当电池 SOC 小于或等于 15%时，开路电压下降速度变快。

电池电压法实行方式简单，只需对电池电压进行测量即可，精度也较高，但是就开路电压而言，其受环境影响较为明显，当温度过高或过低时，尤其是温度过低时，开路电压会产生波动而影响 SOC 估算，即使开路电压通过一段时间实现了自恢复，其数值也会受到影响，进而导致 SOC 的错误估算。

②放电实验法。放电实验法是一种用于测量电池剩余 SOC 的 SOC 估算方法，其原理是将要测量的目标电池以恒定电流放电的方式将电量释放到其截止电压，再通过将放电时间与放电恒定电流相乘的方式来获得目标电池的剩余 SOC。

该种 SOC 估算方法用于测量未知 SOC 的电池 SOC 测量时，简单、可靠、结果准确，但是由于其原理，放电实验法费时多、电池拆卸麻烦、无法运用于运行状态下的电池的 SOC 测量，因此放电实验法一般用于电池 SOC 的标定以及对于电池系统后期的维护。

③电流积分法。电流积分法又叫安时积分法，其原理是采集电池在充放电过程中充进及放出的电量并通过其累计值来估算电池 SOC，其计算公式为

$$\mathrm{SOC}_t = \mathrm{SOC}_0 - \frac{1}{C_\mathrm{E}}\int_0^t \eta I(t)\,\mathrm{d}t \tag{3.26}$$

式中，SOC_t 为 t 时刻电池 SOC；SOC_0 为初始时刻电池 SOC；C_E 为电池标称容量；η 为放电效率系数，又称库伦效率系数(表示电池运行过程中的内部电量耗散，常见形式为电池运行的放电倍率)；$I(t)$为 t 时刻电池充放电电流；t 为电池充放电时间。

电流积分法是利用电池系统的外部特征(时间、电流、温度系数等)来进行电池 SOC 估算的，所以该方法对电池进行 SOC 估算受电池自身情况的限制较小，同时该 SOC 估算方式简单、结果可靠，适用于电池充放电过程中对于电池 SOC 的实时估算。但是由于电流积分法是根据采集电池系统外部特征的数据来进行 SOC 估算的，因此常会由于一些原因导致 SOC 估算误差的产生，归纳如下。

a. 初始 SOC 误差。当初始 SOC 产生误差时，SOC 估算值将会受到直接影响，消除该误差常用方法为将电池电压法与电流积分法相结合，在电池停止运行阶段用电池电压法对电池剩余 SOC 进行估算，将估算得来的 SOC 数值作为下次运行阶段电池 SOC 初始值(注意：使用电池电压法时要确保电压稳定，以保证不造成二次 SOC 估算误差)。

b. 电池容量 C_E。SOC 计算公式中的 C_E 一般为电池标称容量，但是由于一些外部环境或者电池自身因素影响，C_E 的值往往会发生改变。以常用的磷酸铁锂电池为例，主要影响电池容量的因素包括电池运行环境、电池循环次数以及电池电流。

当环境温度达到−40℃时，电池总容量将会降至标称容量的 1/3；在电池循环次数不断增加的情况下，电池容量整体趋势将呈下降趋势；当电池放电电流不断改变时，电池容量也会随之改变，如图 3.31 所示。

因此，在估算 SOC 的时候要根据上述因素的改变即时更正 C_E 的值。

c. 电池放电效率 η。电池放电效率 η 会随着 SOC 的变化而产生变化，从而反过来影响 SOC 的估算，产生误差。电池放电效率 η 与 SOC 变化成反比，但是其引起的最大误差不超过 4%，通过对于其他误差的修正手段完全可以将该误差尽量避免至消除。

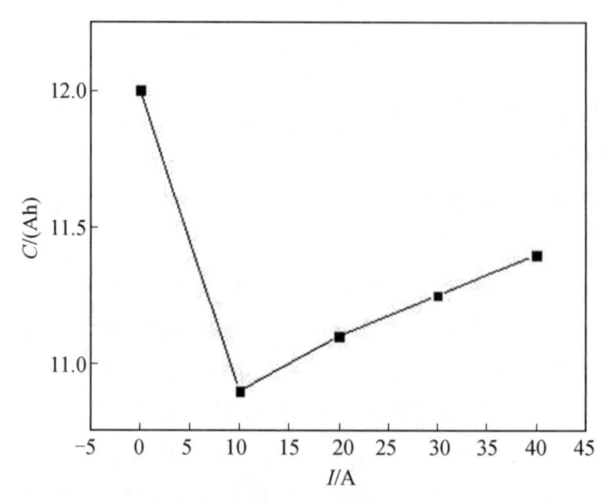

图 3.31　某电池总电容随放电电流变化趋势

④电池内阻法。电池内阻法是依托电池内阻与 SOC 的变化联系进行的 SOC 估算。以锂亚电池为例，当电池 SOC 大于 70%时，电池内阻基本不变；当电池 SOC 降至 70%以下时，电池内阻开始发生变化；当电池 SOC 降至 30%以下时，电池内阻开始急剧增加。该方法目前仅用于理论研究，原因是电池内阻影响因素较多，且受外界影响变化大，不适合在实际运行中运用于电池 SOC 估算。

⑤卡尔曼(Kalman)滤波算法。卡尔曼滤波算法是基于美国数学家卡尔曼提出的一种新型最优化自回归数据滤波算法研发出来的 SOC 估算方法，其工作原理为利用信号和噪音的状态空间模型，根据前一时刻的估计值和当前状态的观测值来预测当前状态的估计值，通过对协方差不断递归从而得到当前时刻最优估计值。卡尔曼算法遵循"预测一实测一修正"的模式，系统可根据上一时刻的 SOC 估算值和当前时刻的观测值对需要求取的状态变量进行更新，消除系统随机产生的干扰与偏差。

系统状态方程与系统观测方程为

$$\boldsymbol{X}_k=\boldsymbol{A}\boldsymbol{X}_{k-1}+\boldsymbol{B}\boldsymbol{U}_k+\boldsymbol{W}_k \tag{3.27}$$

$$\boldsymbol{Y}_k=\boldsymbol{H}\boldsymbol{X}_k+\boldsymbol{V}_k \tag{3.28}$$

式中，$\boldsymbol{A}$ 为状态转移矩阵；$\boldsymbol{X}_k$ 为 k 时刻系统状态值矩阵；$\boldsymbol{U}_k$ 为 k 时刻系统状态控制量；$\boldsymbol{B}$ 为控制输入矩阵；$\boldsymbol{W}_k$ 为协方差为 Q 的系统过程噪声矩阵；$\boldsymbol{Y}_k$ 为 k 时刻的电压观测值矩阵；$\boldsymbol{V}_k$ 为协方差为 R 的系统观测噪声矩阵；$\boldsymbol{H}$ 为系统状态观测矩阵。

卡尔曼滤波法的实行一般分为两个阶段，分别是系统预测和系统更新，系统预测是指根据系统上一状态的最优结果来对当前状况下的最优输出进行预测，系统预测包括系统状态预测和协方差预测，其计算公式为

$$\boldsymbol{X}'_k=\boldsymbol{A}\boldsymbol{X}_{k-1}+\boldsymbol{B}\boldsymbol{U}_k \tag{3.29}$$

$$P'_k=\boldsymbol{A}\boldsymbol{P}_{k-1}+\boldsymbol{Q} \tag{3.30}$$

式中，$\boldsymbol{X}'_k$为 k 时刻系统状态预测值；P'_k为 k 时刻系统状态协方差值。

系统更新是指通过系统预测值和系统实测值协同进行系统更新，系统更新包括三个方面：系统状态、系统协方差以及卡尔曼滤波增益，其计算公式为

$$K_k = P'_k \boldsymbol{H}^{\mathrm{T}} / (\boldsymbol{H} P'_k \boldsymbol{H}^{\mathrm{T}} + R) \tag{3.31}$$

$$P_k = (\boldsymbol{I} - K_k \boldsymbol{H}) P'_k \tag{3.32}$$

$$\boldsymbol{X}_k = \boldsymbol{X}'_k + K_k (\boldsymbol{Y}_k - \boldsymbol{H} \boldsymbol{X}'_k) \tag{3.33}$$

式中，$\boldsymbol{I}$ 为单位矩阵。

卡尔曼滤波法因其能够有效修正系统SOC初始误差和抑制系统噪音，常被运用于工况复杂的电池系统SOC估算中。卡尔曼滤波法也存在两个缺点：①卡尔曼滤波法的SOC估算精确度很大程度上取决于电池模型建设的准确程度，工作特性本身就呈高度非线性化的动力电池，在采用卡尔曼滤波法时经过线性化处理后难免存在误差，如果模型建立得不够准确，其估算的结果也并不一定可靠；②卡尔曼滤波法涉及的算法非常复杂，计算量极大，所需要的计算周期较长，并且对硬件性能要求苛刻。

⑥神经网络算法。神经网络算法是通过模拟人脑神经元来对非线性系统进行SOC估计的估算方法，神经网络算法会将从目标电池中采集的包括电池电压、充放电电流、环境温度等大量相关参数作为模型输入所建立的系统，并且以模型的方式输出SOC估算值，通过大量参数输入及训练，当SOC估算精度达到预期目标的时候就可以将该模型运用于目标电池的SOC估算。

该方法后期处理简单，同时对电池模型精度要求较低，精确度根据输入的数据参数的量的提升而不断提升，方法本身自适应能力强，但是该方法前期准备工作烦琐，需要收集大量数据来对系统估算能力进行训练，消耗大量的人力物力，同时由于电池系统的复杂性，例如电池老化、环境变化、自放电率等因素的存在，长期使用神经网络算法对同一组电池进行SOC估算会导致估算结果精确度大大下降。

目前大多数的电池系统SOC估算基本采用综合估算方式，将两种或者多种SOC估算方式结合以获得更加准确的估算结果。

(3)均衡技术。

均衡技术作为电池BMS的核心技术，其目的在于消除电池差异性，保障电池平稳运行，延长电池使用寿命。其作用方式是将高容量单体电池中“多余的容量”进行储存分配，以达到均衡效果。

单体电池的不一致性会造成电池包容量的严重损失、缩短电池组使用寿命、增加电池事故率，据研究表明，单体电芯容量达到20%，将会给电池包带来40%的容量损失。造成电池不一致性的原因包括：电池生产过程中由于电池所用材料、制作工艺的差异会导致电池极板厚度、微孔率、活性物质的活化程度等存在微小差别；电池生产过程精度不够，导致即使是同一厂家同一批次生产的同组电池，也会在包括电容、内阻、电压等参数方面呈现不一致性；电池在使用过程中单体电池之间所安装布置位置的不一致性，也导致了电池间环境温度、通风程度、受压面积等的不一致性，在长期使用过程中将电池间天然存在的不一致性放大。

目前电池均衡触发参数主要包括单体电池的端电压差异以及电池间SOC差异，均衡技术运用方式主要分为被动均衡和主动均衡。

①被动均衡。被动均衡一般是指利用电阻，将高电压或者高SOC电芯通过放热的方式放出“多余电量”以达到对整体电池组进行均衡的作用。被动均衡的本质是通过消耗高

容量单体电池的电力，让电池组总体达到电容平衡，以消耗“多余电量”来减少电池组整体不一致带来的电力消耗。

②主动均衡。主动均衡分为集中式主动均衡和分散式主动均衡两种。

a. 集中式主动均衡：集中式主动均衡是对电量的采集与分配，其工作方式为通过电量采集装置将整组电池中高荷电电池中的“多余电量”获取，再通过电能转换装置将采集到的电能传输给低荷电的电池，以起到消除电池组不一致性的作用。

b. 分散式主动均衡：分散式主动均衡相对于集中式主动均衡来说更倾向于“点对点”的能量传递，其作用方式为在相邻电池之间配置储能装置，通过储能装置将高荷电电池的电量传递至低荷电电池以到达平衡电池组的效果，分散式主动均衡的储能装置一般为电容或者电感等。

被动均衡成本低，电路简单可靠，同时相较于主动均衡来说，其对于电池效率的提升较低，主动均衡在具有高效平衡能力的同时也伴随着成本高、电路复杂、可靠性低等缺陷。二者比较如图 3.32 所示。

图 3.32　被动均衡与主动均衡比较

(4)SOH(健康状态)技术。

SOH 技术的目的在于对电池健康状态进行监测评估，SOH 的判定是以相对于电池寿命终止来进行定义的，但是在评判标准上却是从多因素着手。最早期的评估是以“日历寿命”来进行健康状态的定义，将电池终止寿命以时间的方式来进行定义，但是由于电池应用场景及应用强度等因素的影响，这种定义方式显露出它的不足之处——电池寿命终止时间与预估的寿命终止时间不符，因此各种基于其他因素的 SOH 定义方式被提出应用。

SOH 技术是根据当前电池健康状态与新电池存储电能的能力进行对比，以百分比的形式将电池步向寿命终止的过程表现出来。目前对于健康状态检测的标准与定义所依据的指标繁多，国际上也未获得统一，常用的定义因素包括以下几种。

①电池容量：以电池容量来定义 SOH 是当前最常见的定义方式。该定义方式为

$$\mathrm{SOH}=\frac{C_{\mathrm{aged}}}{C_{\mathrm{rated}}}\times 100\% \tag{3.34}$$

式中，C_{aged}为当前电池容量；C_{rated}为额定电池容量。

②电池放电电量：通过电池放电电量来定义 SOH 依据的是电池最大放电电量的衰减，该方法可避免使用电池容量来对 SOH 进行定义时因为标称额定容量与实际容量存在的差异而引起 SOH 估算误差。该定义方式为

$$SOH=\frac{Q_{aged-max}}{Q_{new-max}}\times 100\% \tag{3.35}$$

式中，$Q_{aged-max}$为当前电池最大放电电量；$Q_{new-max}$为新电池最大放电电量。

③电池内阻：利用电池内阻定义 SOH 的原理为当电池老化程度加深的时候，其内阻也会随之增大，因此可以用电池内阻的变化来进行 SOH 估算。该方法定义方式为

$$SOH=\frac{R_{eol}-R_{c}}{R_{eol}-R_{new}}\times 100\% \tag{3.36}$$

式中，R_{eol}为电池寿命终止时的内阻；R_{c} 为当前电池内阻；R_{new}为新电池内阻。

④循环次数：利用循环次数定义 SOH 就是根据电池剩余可维持的循环次数来与新电池预计可循环次数对照，来进行 SOH 估算。该方法定义方式为

$$SOH=\frac{Cnt_{remain}}{Cnt_{total}}\times 100\% \tag{3.37}$$

式中，Cnt_{remain}为电池剩余循环次数；Cnt_{total}为电池预估总循环次数。

电池运行过程中能够对电池健康状态产生影响的因素主要包括以下几种。

①温度：温度被普遍认为是影响电池健康状态的最重要因素，高温环境可导致电池内的化学反应加速，提升电池效率与性能，但另一方面，高温环境也会导致电池内部发生一些不可逆反应，减少电池内部活性物质数量，导致电池老化加速以及容量衰减。

②充放电电流倍率：不同充放电电流倍率会对电池老化及容量衰减速度产生不同影响，在高倍率放电情况下，电池内部会产生大量热量，加速电池老化。

③放电深度：电池充放电深度在电池容量未衰减至 85%以下之前，对电池老化影响不大，当电池容量衰减至 85%以下时，对电池进行深充深放在增加电池可转移能量以及能量效率方面要优于浅充浅放。

④循环区间：电池循环区间就是电池充放电时电池 SOC 范围，采用不同循环区间电池内阻会产生变化，同时电池内部发热程度与反应也会变化，影响到电池的老化速度与健康状态，一般情况下电池的循环区间建议设置在 20%～80%范围内，能够有效地延长电池循环寿命、保障电池健康状态。

(5)热管理技术。

热管理技术具体表现为电池热管理系统的工作运行，电池热管理的目的主要是保证电池功率性能、保障电池平稳运行、提高电池安全性避免事故发生、延长电池寿命等。

电池的正常工作温度范围为 0～50 ℃，且当电池温度提升至 40 ℃以上时温度每提升一度都会严重影响电池寿命，因此，一般电池的工作温度会被设定为 10～40 ℃。通常情况下，在没有热管理系统时，电池温度会在短时间内随着电池的充放电过程升高到 60 ℃以上。另一方面，电池组单体电池之间温度差异也会导致局部电池温度过高、老化速度加快，增高电池不一致性的程度。

电池热管理技术的目的主要包括三个方面：散热、预热以及温度均衡。

①散热。散热主要是通过一系列散热措施避免电池环境温度过高导致电池长时间在高温环境下工作造成的电池安全问题。

②预热。预热目的在于防止电池工作温度过低而造成的电池工作性能的降低。

散热和预热是电池热管理过程中必不可少的部分，其目的是保持电池温度的平稳。研究表明，电池短时间在与环境存在一定温差的低温环境下工作时会对电池的一致性产生不可逆的影响，高温环境下则几乎无影响；电池长时间在与环境存在一定温差的高温环境下工作时也会对电池的一致性产生不可逆的影响，其中锂电池受影响较大。

③温度均衡。温度均衡的目的是防止电池系统局部温度过高或过低，保证电池整体一致性，防止局部单体电池容量衰减及老化速度过快，延长电池寿命。

现在国内外电池热管理方式主要为风冷、液冷以及包括相变冷却、热管冷却、半导体冷却在内的一列冷却方式。

①风冷。风冷散热方式主要是依靠风机、空调等装置，通过增强电池系统内的自然对流、强制对流以及提供低温气体来对电池包进行散热。为了提高风冷散热系统的效果，风冷方案设计时一般要涉及电池系统的结构设计，风道、风扇、排风口的位置，散热装置的功率选择，以及风扇的控制策略等因素。

风冷散热方式的优点是成本低、结构简单、安全系数高、无漏液危险；缺点是散热速度慢、效率低。

图 3.33 为某电池风冷散热结构图。

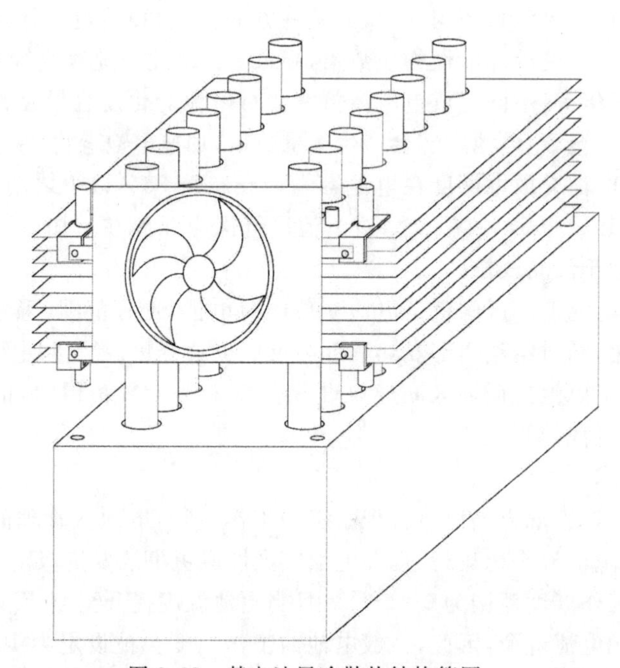

图 3.33　某电池风冷散热结构简图

②液冷。液冷散热方式是以冷却液为媒介，通过冷凝器、压缩机等装置对冷却液实行强制降温，随后通过压力装置将低温冷却液送至电池内部与电芯进行热交换，升温后的冷却液再通过动力系统流回热交换装置与低温制冷剂进行热交换，从而起到为电池系统散

热的作用。

液冷散热方式的优点是散热效应强于风冷散热方式，同时散热更均匀，但是其成本也相对较高。

图 3.34 为简易液冷散热流程示意图。

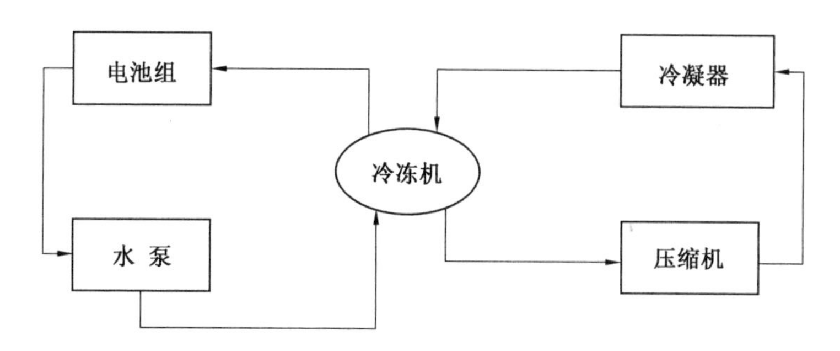

图 3.34　简易液冷散热流程示意图

③相变冷却。利用相变材料对电池系统进行降温冷却，其原理是利用相变材料将单体电池包裹，相变材料在吸收温度时，本身温度不变，通过相的变化来进行温度吸收，从而起到稳定电池温度的作用。

相变材料一般被用在小型电池系统中，在应用过程中一般考虑以下几个因素：相变温度范围大、材料潜热高、导热系数高、热容大、无相分离、密度高、化学性质稳定、无毒、无腐蚀性、无污染、低成本、可循环使用等。

3.4.3　微电网储能 PCS

PCS(Power Conversion System)即能量功率转换系统，其不仅是微网储能系统的核心技术，同时也是各种储能电站的核心技术。PCS 在储能系统中的主要作用在于：决定了储能系统的输出电能质量与动态特性、大程度提升电池系统的使用寿命。由于风电、光伏发电等分布式电源的发展与微电网的兴起，PCS 在解决风光储并网、离网，完善微电网并网模式与孤岛模式运行方面起到了不可取代的作用。通过 PCS 可实现电池储能系统直流电源与交流电网之间的双向能量传递，选用合理的控制策略对电池系统的充放电管理、电网负荷功率的追踪、电池储能系统的充放电功率控制、微网孤岛及并网运行下的电压控制等进行合理的控制。

随着储能技术的进步以及电子电气、计算机行业的蓬勃发展，PCS 正朝着更可靠、更精密、更小装置损耗的方向不断发展，目前就储能行业而言，其对 PCS 提出了如下要求。

(1)对电能的四象限运动具备良好的控制能力。

(2)对系统孤网、并网皆具备良好的运行能力，同时能够完成在两者之间的及时切换。

(3)具备单元故障旁路功能、低电压穿越功能，支持黑启动。

(4)具备对电池系统 SOC 均衡技术进行辅助提升的能力。

(5)具备对电池管理系统发出的各种警报信息进行安全处理的能力，保障电池系统平稳运行。

(6)能够监控系统控制指令对电池进行充放电控制。

(7)能够依据电池特性对电池充放电过程进行控制，降低电池老化速度，延长电池使用寿命。

(8)能够与电池系统 BMS 进行通信。

(9)能够在任何工况下确保工作人员、电池系统以及自身的安全。

PCS 拓扑结构中两个重要部分分别是变流器及滤波器，下面将对围绕这两部分所产生的 PCS 常规拓扑结构进行分析比较。

变流器是使电源系统的电压、频率、相数以及其他各种电能特性发生变化的电气设备，就目前而言，PCS 中常用的变流器为双向 DC/DC 变流器以及双向 DC/AC 变流器，其中双向 DC/DC 变流器的作用是对直流电进行升/降压。双向 DC/AC 变流器又可称为逆变器，其作用为将电流整合进行逆变(直流与交流转换)。

仅含 DC/AC 变流器的 PCS 系统拓扑结构如图 3.35 所示，将电池串并联以后直接连接至 DC/AC 直流端(即 DC 端)，再通过滤波器连接至电网，该结构中的 DC/AC 变流器在储能系统充电状态下主要起到整流作用，系统侧的交流电传输至 DC/AC 变流器处，通过 DC/AC 变流器将交流电转换为直流电，然后将能量存储于储能系统中；在储能系统处于放电状态的时候，储能系统中的能量以直流电的形式从 DC/AC 变流器直流端进入，通过 DC/AC 交流器将直流电转换为交流电，再通过滤波器将电能传输至电网系统侧。

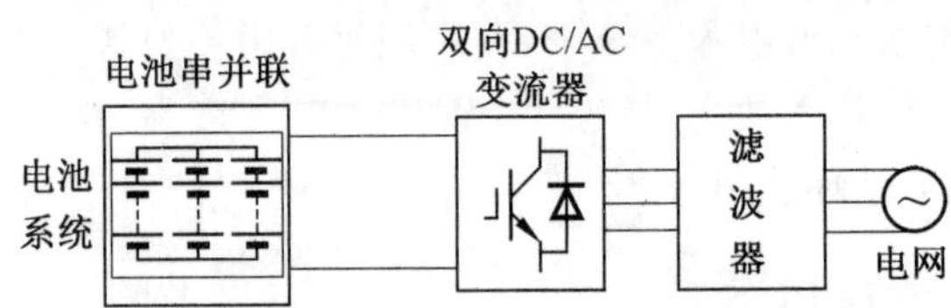

图 3.35　仅含 DC/AC 变流器的 PCS 拓扑结构

该 PCS 拓扑结构的优缺点总结如下。

优点：结构简单、PCS 环节耗能低、适用于分布式电源并网。

缺点：系统体积庞大、成本高、防事故能力低、储能系统容量可调整度低。

除了上述结构外，还有一种将电池系统模块化后分为多个电池组，每组电池连接自己的 DC/AC 变流器后再并联，然后通过滤波器与电网连接的共交流侧 PCS 拓扑结构，如图 3.36 所示。

该 PCS 拓扑结构将电池系统分化为多个电池组后再分别配置 DC/AC 变流器，这种模块化设计使得系统配置更加灵活，同时增强了系统整体的防事故能力，即当某电池组发生故障时，储能系统依旧可以平稳运行；但是另一方面，结构的复杂性增加了电子元件的使用数量，同时也提升了控制方案设计的复杂性。

含 DC/AC 及 DC/DC 变流器的 PCS 拓扑结构如图 3.37 所示，其是目前最常见的拓扑结构，相较于仅含 DC/AC 变流器的 PCS 拓扑结构，该结构在电池组串并联环节后添加了 DC/DC 双向变流器，该 DC/DC 变流器作用是对路过电流进行升降压。储能系统处于充电状态时，DC/AC 变流器处于整流状态，DC/DC 变流器处于降压状态，交流电从系统侧经滤波器进入 DC/AC 变流器，DC/AC 变流器将交流电整流为直流电，再流入 DC/DC 变流器进行降压使其成为适合储能系统进行充电的电压；处于放电状态时，DC/AC 变流

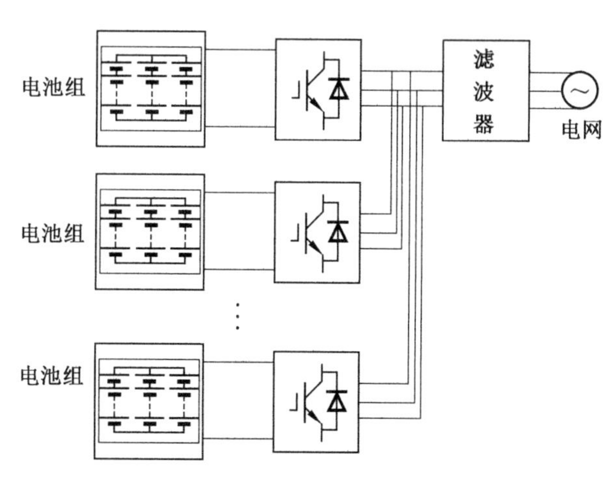

图3.36 仅含DC/AC变流器的共交流侧PCS拓扑结构

器处于逆变状态，DC/DC变流器处于升压状态，储能电池组提供的直流电经过DC/DC变流器升压为适宜流入电网系统的输入侧电压，再由DC/AC变流器将直流电转换为交流电，经过滤波器滤波后输入电网。

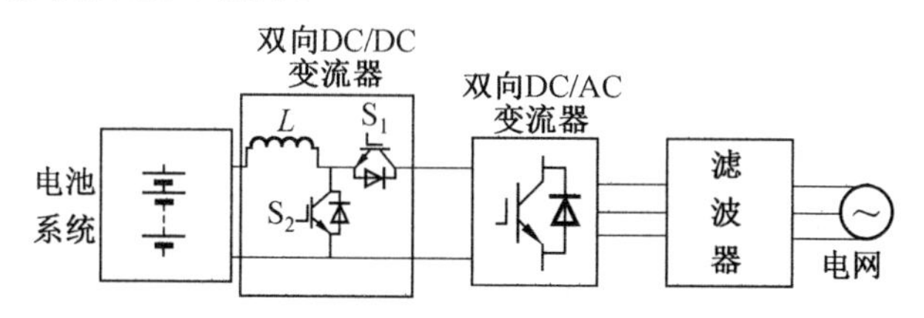

图3.37 含DC/DC及DC/AC环节的PCS拓扑结构

该PCS拓扑结构优缺点总结如下。

优点：适应性强、储能系统配置更加灵活（DC/DC变流器作用），适用于发电具有波动性及不稳定性的包括风电、潮汐能发电、光伏发电在内的多种分布式电源（能够抑制由其发电不稳定性引起的电压波动）。

缺点：能量转换效率下降（增加了DC/DC环节），在应用于大容量储能装置时，DC/DC变流器与DC/AC变流器开关频率、容量配置及各环节协调配合情况复杂。

除上述拓扑结构以外，含有DC/DC及DC/AC环节的PCS拓扑结构还包含共直流侧和共交流侧两种，如图3.38所示。其中，共直流侧PCS拓扑结构将电池系统分为多个电池组，每个电池组配置一个DC/DC变流器，多组电流经过DC/DC环节后并联共用一个DC/AC变流器，之后通过滤波器连入电网；共交流侧PCS拓扑结构将电池系统分为多个电池组，每个电池组配置一个DC/DC与DC/AC环节，多个电池组经过各自的DC/DC及DC/AC环节后并联，通过滤波器接入电网系统。

这两种拓扑结构较之前介绍的结构采用了模块化连接的方式，使得配置更加灵活，同时由于模块化电池分组及各电池组单独配置了DC/DC及DC/AC环节，因此当某单个电池及单个电池组或者其相关电池组连接的变流器发生故障时，储能系统其他部分依旧能够正常运行，提升了系统的防事故能力。这两种拓扑结构由于系统复杂度增加，增加了各种电力电子器件数量，使得控制系统设计更加复杂。

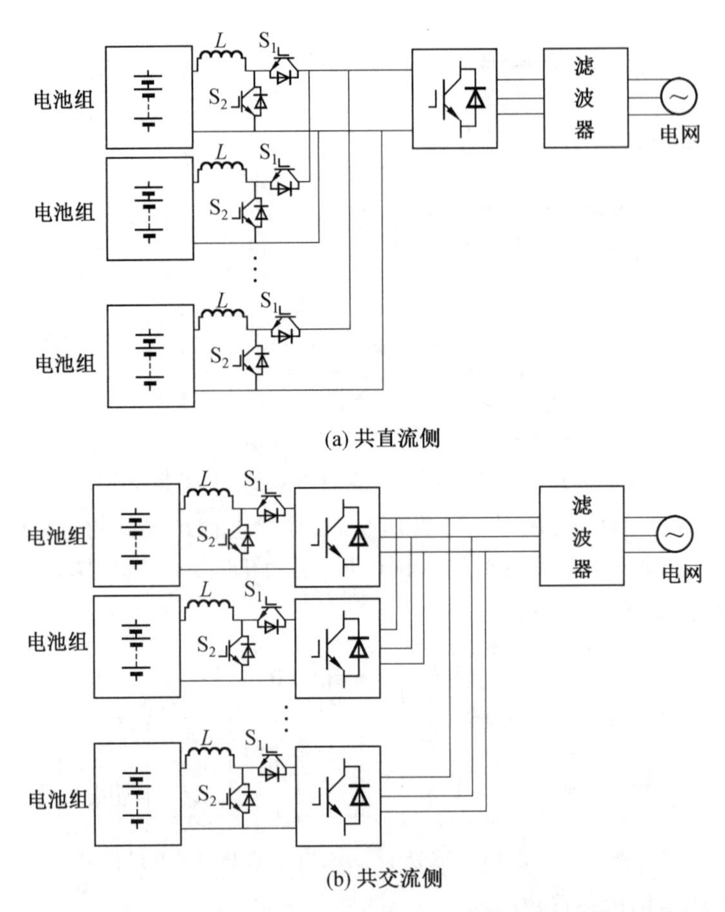

图 3.38　包含 DC/DC 及 DC/AC 环节的共直流侧及共交流侧 PCS 拓扑结构

含 Z 源网络与 DC/AC 环节的 PCS 拓扑结构如图 3.39 所示。Z 源逆变器是一种新型并网逆变器，利用其独特的无源网络，允许同一桥臂上管直通从而实现升降压变换的功能，可以有效提升逆变器的可靠性，并且避免由死区引起的输出波形畸变。

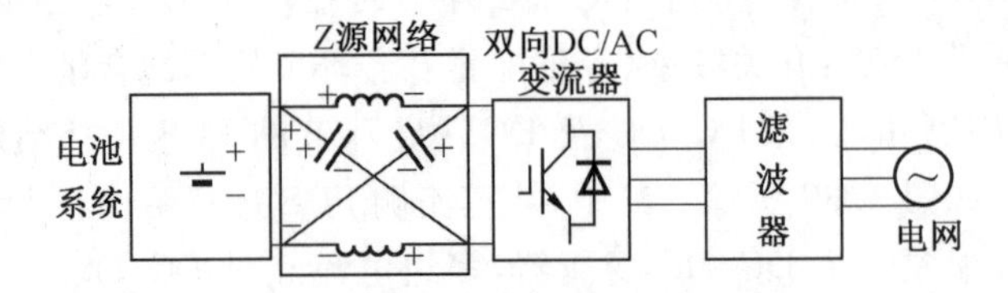

图 3.39　含 Z 源网络与 DC/AC 环节的 PCS 拓扑结构

这种加入 Z 源阻抗网络的 PCS 拓扑结构特点为：逆变桥臂上下功率器件可直通而不会烧毁器件，由于独特的 Z 网络的存在，在直通期间能够使逆变桥臂功率器件的电流的上升得到控制，从而可控制其值在功率器件可以承受的范围之内，提高了变流器的安全性与可靠性；升降压比高，因而储能系统电池容量选择灵活，范围广；输出电压接近于交流电网系统电压，甚至高于交流电网系统电压。

级联 H 桥 PCS 拓扑结构如图 3.40 所示，这种 PCS 拓扑结构中引入了“H 桥”，其是一种典型的直流电机控制电路，其因为电路形状类似字母“H”被称为“H 桥”。该电路可使与其连接的负载或者输出端的两端电压反相/电流反向。图 3.40 所示 PCS 拓扑结构中 H 桥选用的控制方式为级联多电平控制。级联 H 桥可使得同等开关频率下谐波失真降到最低，甚至不需要滤波器作用即可获得良好的近似正弦输出波形。

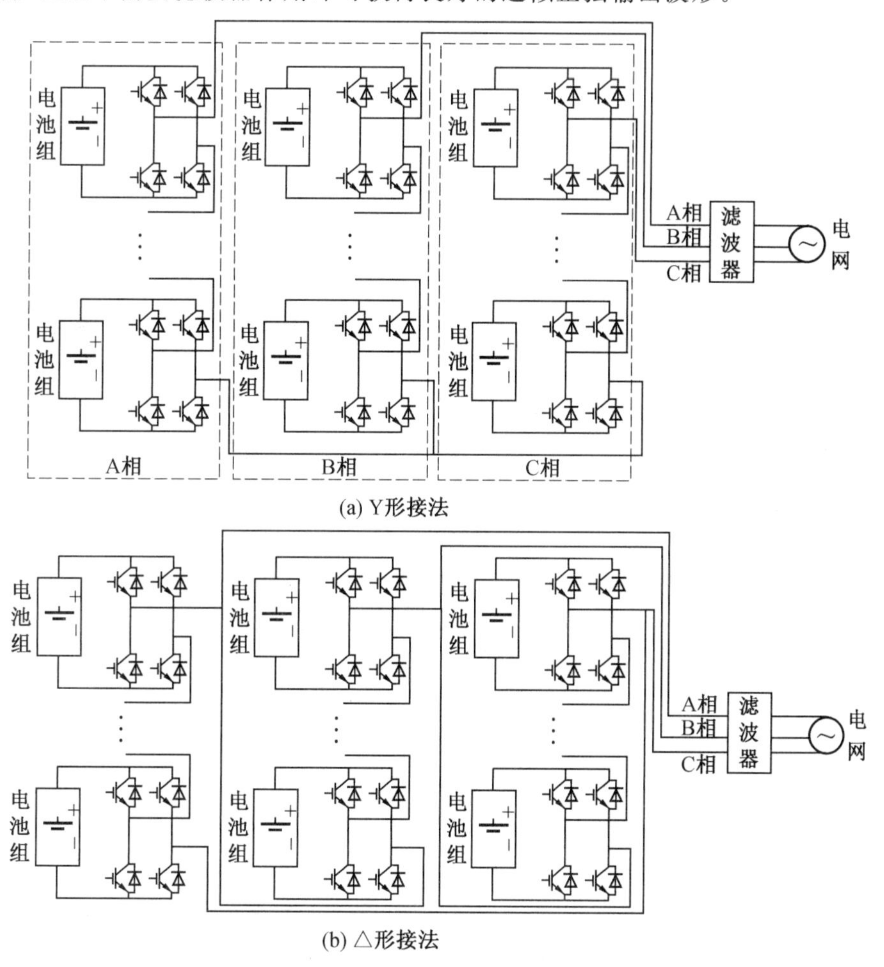

(a) Y形接法

(b) △形接法

图 3.40　级联 H 桥 PCS 拓扑结构

图 3.40 所示拓扑结构中，每一个相中包含多个功率单元，每一个功率单元两端连接有一个电池组，每个功率单元中包含两对状态互补的开关，电池组输出电流的降压升压由每对电池间的相对动作来决定。为了降低开关频率，我们可以选定合理的控制方式：将当前开关按照其状态分为两组，一组开关动作后会导致输出电压上升，一组开关动作后会导致输出电压下降，根据当前输出波形需求判断出所需动作开关所属组别，再根据开关未动作时间对比选出两组长时间未动作开关来完成电压波形的输出。

级联 H 桥 PCS 拓扑结构具有以下特点：通过多个功率单元串联的方式来完成高压输出，当需要提高电压输出时，只需要对功率单元数量进行增加，可避免出现多电池串联现象；易实现封装和模块化；每个功率单元独立，系统防事故能力强。

滤波器作为 PCS 的重要部分，是由电容、电感和电阻组成的滤波电路。滤波器是一种选频装置，可以对信号中特定的频率成分进行筛选，可以对电源线中特定频率的频点或者该频点以外的频率进行有效的滤除，从而得到特定频率的信号，例如低通滤波器就是将截止频率以上的信号全部过滤，仅允许截止频率以下的信号通过。

滤波器种类繁多，按照通过信号可分为低通滤波器、高通滤波器、带通滤波器和带阻滤波器，按照采用的元器件可分为无源滤波器和有源滤波器。

滤波器在 PCS 中的主要作用为：平稳输出电流波形，抑制输出电流过分波动；对开关动作引起的高频电流进行过滤；输出滤波电感。其相当于连接电网和变流器的杠杆，通过它可以控制并网电流的幅值和相位，从而实现控制并网变流器的功率输出，可实现功率因数为一，也可以根据需要向电网输送无功功率，甚至实现网侧纯电感、纯电容运行特性。

下面介绍三种常见 PCS 滤波器。

(1)单电感 L 滤波器。

其是一种结构简单的滤波器，其 PCS 拓扑结构如图 3.41 所示。L 滤波器并网电流控制简单，但是其应用于大功率低开关频率的并网变流器中时必须通过串联大量的电感来达到大电感量的效果，使得变流器的控制变得更加复杂，同时也因为电感量的增加而增加了变流器成本，因此在大规模储能系统场景中单电感 L 滤波器局限性较大。

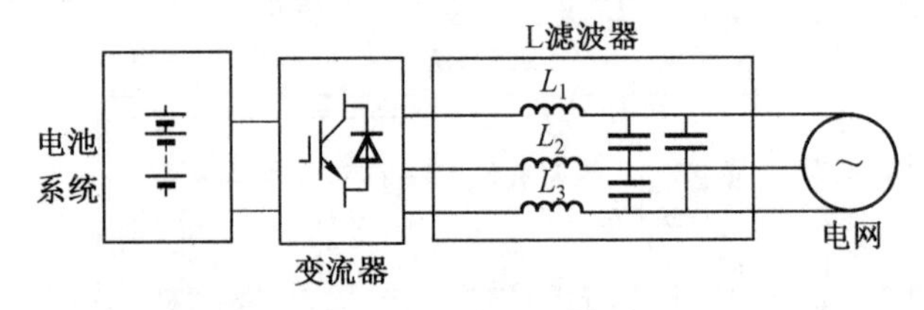

图 3.41　单电感 L 滤波器 PCS 拓扑结构

(2)LC 滤波器。

在电子线路中，电感线圈对交流电有限流作用，由电感的感抗公式 $X_L = 2\pi fL$ 可知，电感 L 越大，频率 f 越高，感抗就越大。因此，电感线圈有通低频、阻高频的作用，这就是电感的滤波原理。LC 滤波器 PCS 拓扑结构如图 3.42 所示，与单电感 L 滤波器相比 LC 滤波器能够更加有效地滤除并网电流中的高频成分，其控制策略简易，滤波器中的电容在对电流高频成分的滤除中起到积极有效的作用。LC 滤波器也十分适合运用于储能系统并网与孤岛运行模式的切换过程。

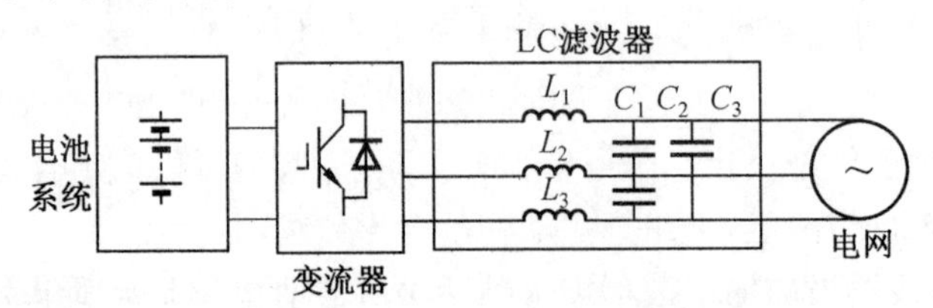

图 3.42　LC 滤波器 PCS 拓扑结构

LC 滤波器的优缺点如下。

优点：成本低、插入损耗少、运行费用低、运行可靠度高。

缺点：滤波器大小受工作频率影响严重，低工作频率时对电感、电容数值要求大，滤波器体积大，高工作频率时需求电感小不易制作；不适合集成化；分布参数影响难估计、难调整。

(3)LCL 滤波器。

LCL 滤波器是头部一组电感串联,中间部分并联一系列电阻,尾部又串联了一组电感的一种滤波器,其 PCS 拓扑结构如图 3.43 所示。

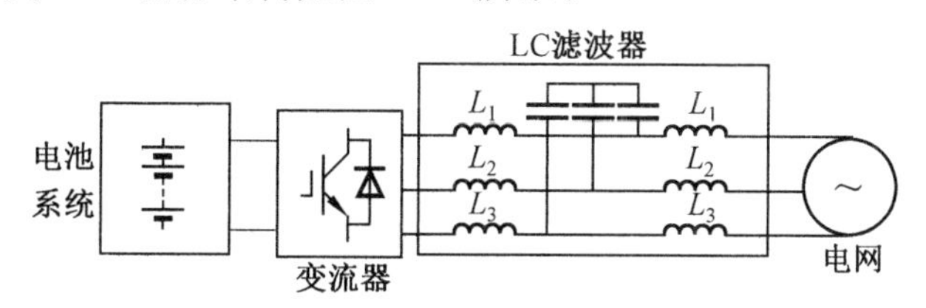

图 3.43　LCL 滤波器 PCS 拓扑结构

相较于前两种滤波器来说,LCL 滤波器对于高频波形有更好的滤除作用,高频衰减特性好,对高频分量具有高阻性。同时,若要和 L 滤波器达到相同的滤波能力,其所需要的电感量要远远小于 L 滤波器。但是,作为三阶系统,LCL 滤波器有不可避免的谐波问题,因此其设计难度更高,尤其是其控制回路设计更加困难,控制策略选择更加复杂。

PCS 的投资在整个储能系统的投资中占据了很小的部分,但是却对整个系统的安全性、稳定性以及系统整体的长期收益起到了关键作用,因此,推动储能产业发展 PCS 技术,并对其配置提出新的要求,促进该方面新技术的诞生显得至关重要。

3.4.4　微电网群形成条件及技术特征

微电网是一种随着分布式能源发展、普及而出现的一种新型能源配置体系,微电网的主要职能是有效地消纳具有发电不稳定性及间歇性的分布式电源,解决当地供电问题,同时配合大电网提高发电质量、缓解供电压力并提高用电可靠性。

为了提高微电网的能源消纳能力,弥补单个微电网的功能缺陷及提高其目标完成能力,以微电网为单元的微电网群被提出。微电网群是由多个相邻且彼此之间存在互联互供关系的微电网及连接微电网的中低压配电线路所构成的联合供需系统。

微电网群的形成条件及技术特征到目前为止尚未有明确的定义,随着微电网中资源种类、经济情况、人员环境的不断复杂化以及微电网种类的不断增加,微电网群的集控、形成以及技术要素也不断更改变化。下面将对微电网群形成条件及技术特征做出一些基本解读。

1. 微电网群形成条件

(1)微电网群的子微电网之中必须至少存在一对邻近的非均质微电网。一般所说的均质微电网即两个或多个微电网之间的电网环境、投资获利目标、资源情况、可再生能源类型、负荷情况等多种条件都相同或在一定程度上相当逼近,这种多方面类似的微电网被称为均质微电网。由于均质微电网之间高比例的相似性,当由它们组成协同互联的微电网群时,往往相互之间需求、互补能力不足,盈利成果呈加法模式,完成目标能力基本保持不变,各微电网内部情况未得到提升,这种情况下所形成的微电网群实际上应称为大型微电网。而不满足上述条件的非均质微电网,即使地理位置相邻,由于无法合并为大型微电网,此类微电网之间的合作关系朝着互联互补的方向靠齐,它们互相协作,由多层控制系统进行宏观调控，所形成的微电网群的收益将大于各子微电网单独收益之和。

(2)各微电网需要拥有主观合作及妥协意识。微电网的建立往往是资金、利益以及投资方意愿的产物，一系列可互联互助的微电网形成微电网群需要上层的决策以及自主意愿干涉。想要形成微电网群，需要各子微电网在决策者的领导下构建包括电气、控制、信息、资金在内的多种内在联系。电气方面，子微电网之间应通过电子器件、母线、电子线路等形成互联互通的电气系统；控制方面，微电网群的子微电网之间应该具有适应各种情况的多种协调控制关系，能够对微电网群对配电网的电力输出、群内能量均衡以及群内功率控制等多方面进行控制调节；信息方面，微电网群的子微电网之间应该形成完备的信息交换通道，子微电网之间应能够对设备状态、控制策略、市场交易状态、能源储备等关键信息进行实时交换传递；资金方面，微电网群的子微电网之间应通过合约、交易及统筹等方式对建立微电网群的投资以及由于微电网群的建立而获得的额外投资进行合理分配，在资金方面形成紧密联系。从以上几个方面看来，微电网群的形成必须建立在各个子微电网之间的妥协、协作的基础上，子微电网必须就监控系统的独立性及私密性、资金控制的自主性以及交易方面的单独性做出让步牺牲，因此需要各微电网持有方主观意识的推动与协调。

(3)微电网群的各子微电网存在可以通过协同合作来完成的共同运行目标。通常来说不同微电网群的运行目标不尽相同，因此组成微电网群的子微电网应以微电网群的运行目标为核心目标。微电网群的运行目标可以为经济效益、供电可靠性、事故处理防范等。以经济效益为运行目标的微电网群，其内各子微电网之间互相协同调度，加强群内电能交易过程，并对微电网群额外收益进行分配处理；以供电可靠性为运行目标的微电网群，其内各子微电网之间的互联互补方式以短时间互相协同调度为主，完成电网灾变、设备检修及意外故障等情况下的微电网群内电能互济互供；以事故处理防范为运行目标的微电网群，需要对事故发生情况下包括停电在内的各种损失进行估算，通过对群内各子微电网资源的统筹安排，减少因事故产生的损失。微电网群根据运行目标不同，群内子微电网群之间的协同控制方式不尽相同，因此子微电网的运行往往会为了微电网群的运行目标而对个体运行目标做出让步，所以能构成微电网群的子微电网的运行目标需要互相之间能够大体一致或者协同完成，需要与微电网群的运行目标在方向上一致，在完成微电网群运行目标或子微电网运行目标的同时能对彼此有推进作用。

2. 微电网群技术特征

微电网群目前由于处于研发试行阶段，所以明确的技术构建模式并未形成，下面对微电网群的几个重要技术特征进行概述，以供读者了解和思考。

(1)存在多级别多类型的公共连接点(Point of Common Coupling，PPC)，即微电网并网点。通常 PPC 并网点分为两种：作为包含升压站的分布式电源升压站高压侧母线及节点；作为无升压站的分布式电源的输出汇总点。在微电网群中，PPC 并网点作为微电网群的核心技术之一，起到能量交互点的作用，分为 G－PPC 以及 I－PPC 两种类型。G－PPC：其中 G 代表集群(Group)，这类 PPC 并网点是作为微电网群与配电网之间的能量交互点存在的。I－PPC：其中 I 代表个体(Individual)，这类 PPC 并网点是作为微电网群中各子微电网之间的能量交互点存在的。这两种 PPC 并网点在微电网集群控制环节中的核心功能包括:控制微电网群拓扑结构,作为微电网群与配电网、微电网群中各子微电网之间的离网、并网切换的核心技术存在;支撑微电网群中各子微电网之间的协同运行调控,协助监控子微电网间能量交换及电气传输状态。PPC 并网点的类型及作用在微电网群中呈现多功能、多类别、多分级的特性,会伴随着微电网群的类别、运行目的以及运行特性等的不同呈现出多种配置方式。

(2)多种运行方式可灵活切换。目前微电网群的运行方式主要分为并网、离网、部分并网三种,一个成熟的微电网群需要实现这三种方式的灵活切换,以应对各种情况下的配电需求。含有多个子微电网的微电网群的内在运行方式数量理论上远多于上述三种运行方式,微电网与微电网之间的能量交换以及微电网内部的电气传递将会使得微电网群运行方式极其多样化复杂化,因此为了实现微电网集群控制的目的,微电网群内、微电网群与配电网之间的多种运行关系需要能够进行短时间高频率的灵活切换。

(3)有可实现准确的状态监测与信息传递的二次系统。目前微电网群基本都采用分层分级的控制结构来实现对微电网群内的多种能源、负荷、电力电子设备进行协调控制,已知的控制结构一般分为三级:主级群控制器、次级微电网控制器、元件级控制器。这种多级多层控制系统在实施上需要依靠实时准确的状态量测与信息传递,因此需要在微电网群各部分布置精准的量测与通信网络。量测装置、调控单元及通信网络共同组成了支撑微电网群的控制策略的二次系统,该二次系统能够同时为子微电网间分散协调控制以及微电网群的能量统筹调度提供强力支撑,即可以实现基于本地量测的稳定控制和保护,以及多微电网之间能量互济互供。与传统电网相比,微电网群中二次系统表现出异构集成的特点,强调不同类型微电网及其关键设备的即插即用,以及因地制宜集成组网。

微电网集群控制技术目前正处于发展阶段,分布式能源的开发利用、相应能源利用方式的改变、新能源产业的发展等都对微电网的作用及运行方式产生了巨大的影响。与单纯的分布式能源电站不同,微电网中包含着大量的用电设施及储能设备,因此随着微网行业的持续发展,微网不再以配电网附庸的形式存在,在很大程度上实现了独立自给自足。随着微电网群的诞生以及微电网集群控制技术的发展,单一微电网存在的能源单一、能源供给稳定性差、微网内用户需求波动大等问题被微电网群之间的互联互补行为所解决。

随着新能源汽车行业的发展、各种充电桩的搭建、移动储能装置的发展以及大型数据中心及通信设备的增多,各种直流负荷和广义直流负荷占比的增加,微电网群内各能量源及负荷更多呈现出直流特征,为了对传统交流微电网集群控制进行优化替换,直流微电网群控制被提出并开展研究。

相较于交流微电网群,直流微电网群具有以下优势。

①无须通过烦琐的多级交流装置进行互动控制。

②减少了分布式能源电能转化环节能源消耗。

③降低了并网难度,提高了整体系统的能源利用效率。

④电力走廊资源将得到 30%左右的节省。

⑤供电质量高(不存在无功、相位、频率等电能质量问题)。

直流微电网的组网方式分为并联组网、串联组网两种,如图 3.44 所示。在并联组网中各子微电网都与同一电压母线连接,同时各子微电网间都存在独立的并网点,子微电网间可以通过两者间的独立并网点进行能源交互，也能通过电压母线进行功率的互济；在串联组网中，各子微电网之间存在一种“主一从”关系，各子微电网之间存在类似源一荷的关系，图 3.44(b)中 1＃子微电网对于 2＃子微电网是如同负荷一般的存在。

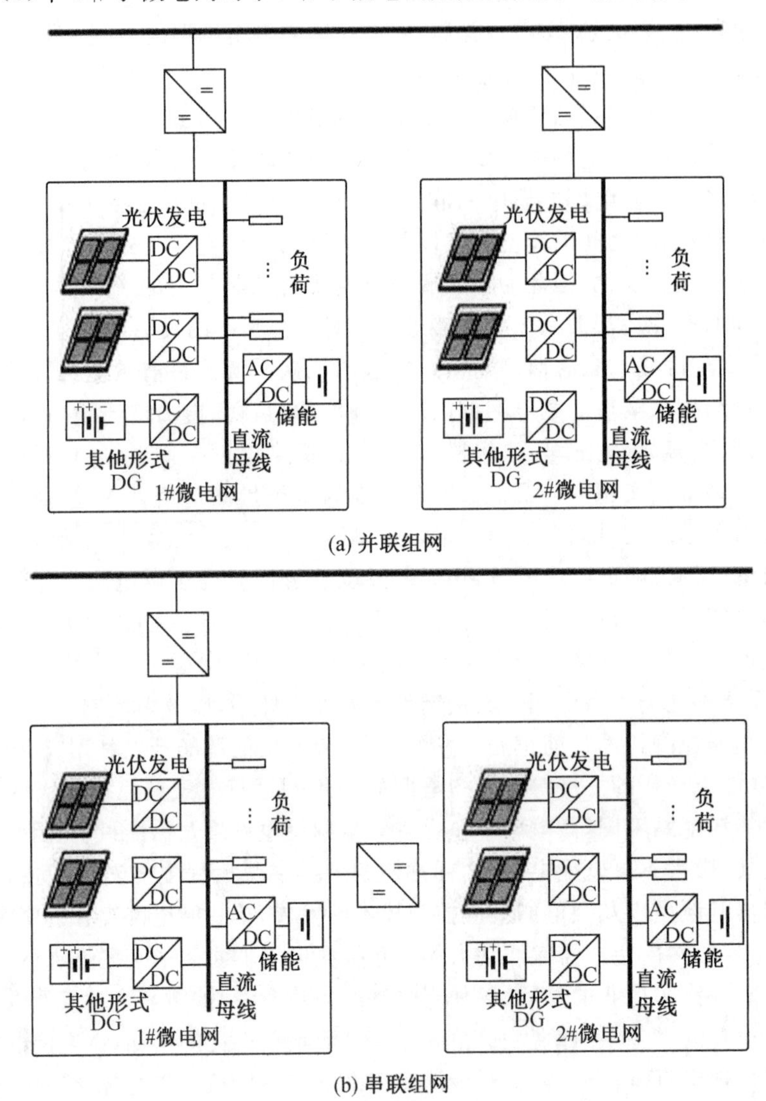

图 3.44　直流微电网组网方式

直流微电网集群控制架构与传统微电网集群控制架构相似，主要有分级、分层、分级分层三种。采用分级控制架构的微电网群，其群控系统一般分为三至四级，通常为微电网群控制系统、子微电网控制系统以及单位元件级控制系统（有时会添加能量监控协调系统）。采用分层控制架构的微电网群，其控制策略是将微电网群的各方面控制分为多层，例如：第一层控制主要保障各子微电网平稳运行，根据系统动态特性来对储能系统的功率分配及 SOC 状态进行管理控制；第二层控制保障微电网群各种运行方式的无缝切换，同时通过管理个子微电网之间的功率流动来改善母线电压质量等。分级控制架构由于其通信强链接特性，上级控制系统对于下级控制系统往往会产生时间上的偏移，往往无法实现对底层的实时控制，而分层控制架构往往会缺乏宏观性的调控能力，因此实际情况中往往采用分层分级相结合的控制架构，以便实时精准地对微电网群整体进行调控管理。

随着微网的发展、各种能源利用方式的出现以及分布式能源的发展，微电网集群控制方式开始朝着增加分布式能源消纳能力、交直流耦合、多种储能方式并行等方向发展，控制策略不断复杂化、系统化。

第4章　移动式储能系统

移动式储能系统以其较为突出的灵活便捷性已广泛应用于电力系统输发配送等领域。与传统固定式储能电站相比，集装箱储能系统的模块化设计采用了国际标准化的集装箱尺寸，允许远洋和公路运输，可以通过高架起重机进行吊装，可移动性强，不受地域限制。另外，集装箱储能系统可进行工厂化生产，直接在车间进行组装调试，大大节约了工程的施工和运维成本，并可实现事故隔离。相信随着电池技术的不断发展，移动式储能系统的能量密度将进一步提升，成本也会大幅下降，移动式储能系统的实际价值将不断体现，应用范围也会不断扩张，未来必定会成为推进能源和消费革命的重要载体，是能源互联网中极具发展前景的技术和产业。

4.1　移动式储能系统的市场需求

现如今在新能源发电、微电网、智能电网等技术迅猛发展的情况下，传统电力系统涌现出许多新的问题：①电力系统受到振荡后稳定性需要得到保证；②电能质量和供电可靠性需要得到保证；③工业用户需要进一步降低电成本。移动式储能系统的容量较小，很难有效减小电力负荷峰谷差，像大容量储能系统那样对电力系统进行均衡负荷、削峰填谷，但是其由于位置灵活，反应速度快，在作为应急电源、稳定电网的应用中优势较大。

由于地理环境的复杂性，风能和太阳能发电具有一定的随机性，很难预测其成功率，所以相应的发电站也不易于输出稳定的电能。可以利用移动式储能系统地理环境适用性较强的优势，为这些新能源发电站组配容量合适的移动式储能电站。在工业用户的用电高峰期利用移动式储能电站作为补充，有效降低其对于电网的需求峰值，减少成本，而在用电低谷期可以利用电网富余的电能对移动式电站进行充电。

可以看出，移动式储能系统的应用前景还是非常广阔的，市场需求也会愈加迫切。目前电网规模的移动式储能系统已在国内外得到了广泛发展和应用，示范性工程也不断投入建设。

4.2　移动式储能系统的作用和组成

4.2.1　移动式储能系统的作用

(1)解决“发电与用电的时差矛盾”和“间歇式可再生能源发电直接并网冲击电网”，平滑出力及调节电能品质。

(2)将“谷电”存储在储能电池中，在高峰期释放出来应用于生产、运营，不仅可以减轻电网负荷负担，还可以降低运营成本。

(3)运用于政府、医院、数据中心、精密制造、军事指挥等重要部门的备用电站，可在非常时期保证稳定及时的应急电力供应。

(4)实现资源的优化配置(燃料、太阳能和风能)、资源整合，为电网稳定性(频率和电压)以及负载管理服务提供支持。

4.2.2 移动式储能系统的组成

移动式储能系统采用一体式集装箱设计方案，集成可靠的智能动环监控系统、集装箱环境支持系统及储能电站监控管理系统，具备与电网即插即用的工作模式，可以方便应用于电网的支撑及区域性临时供电支撑。将电池PACK、变流器(PCS)、配电装置等集成在一起，提供多种电气接口(交流输出/直流输出/快充)，同时配备电池状态检测、PCS状态检测、火灾预警与自动灭火装置等安全措施，具有"可移动、大容量、大功率、远程调度、低噪音、节能减排、绿色环保"的特点。移动式储能系统实现了用户与一体化终端的人机互动，具备光伏发电的信息采集与监控功能，从而可为应急救援、后勤保障、移动充电等提供快速、可靠、高质量的电能。当前，移动式储能系统在用户侧的应用主要包括以下五个方面：峰谷套利、需量电费管理、动态增容、需求响应以及提高新能源自用率。

4.3 集装箱式储能系统

集装箱式储能系统一般由储能电池系统、监控系统、电池管理单元、专用消防系统、专用空调系统、储能变流器及隔离变压器组成，并最终集成在一个40英尺(1英尺=0.3048 m)集装箱内。其单个箱体的布局如图4.1所示。

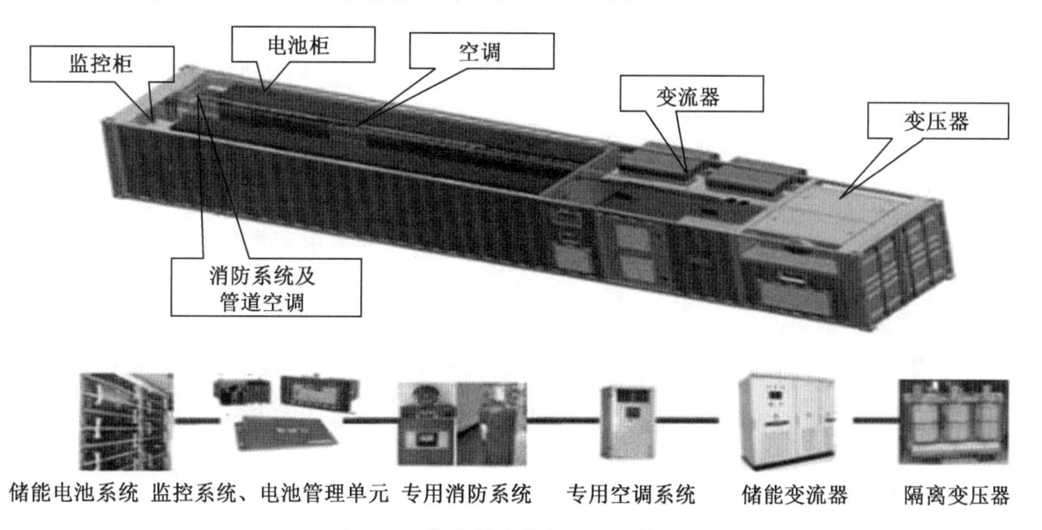

图4.1　集装箱式储能系统内部结构

4.3.1　内部结构

储能电池系统主要由电芯串并联构成：首先十几组电芯通过串并联组成电池箱，然后电池箱通过串并联组成电池组串并提升系统电压，最终将电池组串进行并联提升系统容量，并集成安装在电池柜内。

监控系统主要实现对外通信、网络数据监控与数据采集、分析和处理的功能，保证数据监控准确、电压电流采样精度高、数据同步率及遥控命令执行速度快；电池管理单元拥有高精度的单体电压检测与电流检测功能，保证电芯模块的电压均衡，避免电池模块间产生环流，影响系统运行效率。

集装箱内还配置了专用的消防及空调系统以保证系统的安全，其中专用消防系统通过烟雾传感器、温度传感器、湿度传感器、应急灯等安全设备感知火警，并自动灭火；专用空调系统根据外部环境温度，根据热管理策略控制空调冷热系统，保证集装箱内温度处于合适区间，延长电池使用寿命。

储能变流器是将电池直流电转换为三相交流电的能量转换单元，可运行于并网及离网模式。并网模式下储能变流器按照上层调度下发的功率指令与电网进行能量交互；离网模式下储能变流器可为厂区负荷提供电压频率支撑，并为部分可再生能源提供黑启动电源。储能变流器出口与隔离变压器连接，使一次侧与二次侧的电气完全绝缘，最大程度保证集装箱系统的安全。

目前，移动式储能系统以其较为突出的灵活便捷性已广泛应用于电力系统输发配送等领域。与传统固定式储能电站相比，集装箱式储能系统的模块化设计采用了国际标准化的集装箱尺寸，允许远洋和公路运输，可以通过高架起重机进行吊装，可移动性强，不受地域限制。另外，集装箱式储能系统可进行工厂化生产，直接在车间进行组装调试，大大节约了工程的施工和运维成本，并可实现事故隔离。

这种结构紧凑、工程建设周期短，能够快速响应客户需求的移动式储能系统有成为电化学储能未来主流的成组方式的希望。

移动式储能电站应用如下。

(1)保障电力系统稳定。

当复杂电网受到扰动时，可以控制移动式储能电站的充放电实现抑制系统振荡，从而保障电力系统稳定性。

(2)电网调压调频。

当电网用户短时间内大幅增加负荷时，会使电网电压跌落，而接于电网末端作为分布式电源的移动式储能电站可以快速响应，按需求对电网进行调压调频。

(3)作为应急电源。

在生活生产中存在很多不能断电的重要负荷，一般的 UPS 由于容量较小，相应的供电时间较短，而固定式储能电站虽然容量够大，但其体积也大，成本过高，二者都很难在实际应用中有效解决重要负荷的断电问题。相比较而言，移动式储能电站容量远大于UPS，灵活性强于固定式储能电站，易于移动、响应及时，在作为应急电源时有很大优势，能够有效解决重要负荷断电问题。

(4)配合新能源接入电网。

由于地理环境的复杂性，风能和太阳能具有一定的随机性，很难预测其功率，所以相应的发电站也不易于输出稳定的电能。可以利用移动式储能系统地理环境适应性较强的优势，为这些新能源发电站组配容量合适的移动式储能电站。根据新能源电站输出电能的状态，控制移动式储能电站的充/放电的电能大小，能够有效稳定其输出功率，平滑其输出电能的波动。这一方面能够提高新能源的利用率，另一方面能够保证电网的稳定。

(5)用户能量管理。

在电力系统中，工业用户的用电费用根据其当月电力需求量峰值来计算。移动式储能电站虽然由于容量较小无法应用于电网的削峰填谷，但是足以对其中的工业用户的用电进行削峰填谷。在工业用户的用电高峰时利用移动式储能电站作为补充，可有效降低其对于电网的需求峰值，减少生产成本，而在用电低谷期时可以利用电网富余的电能对移动式储能电站进行充电。

在我国有许多移动式储能系统的示范工程，下面对其中一些进行介绍。

(1)甘肃酒泉瓜州干河口风电场储能示范工程。

该工程位于甘肃省瓜州市甘北 330 kV 升压站内，现场环境恶劣，风沙天气较多。集装箱式储能系统通过在进、出风口处加装通风过滤网，在大风扬沙天气时可以有效阻止灰尘进入集装箱内部。本项目储能系统容量为 1 MW/1 MW · h，经 0.4 kV/35 kV 箱式变电站接入升压站 35 kV 馈线。作为项目主要参与单位，中国电科院为移动式储能系统制定了平抑风电输出有功功率的波动的上层能量管理策略。

(2)吉林来福风电场储能系统。

该工程来源于国家电网公司科技项目“储能融合可控负荷提升供热地区风电就地消纳能力的关键技术研究及应用”，选取来福风电场及大安清洁供暖工程作为本项目的示范地点。由于工程位于东北地区，冬天极端恶劣天气条件下室外环境温度可达 −20 ℃以下，而集装箱的专用空调系统保证了电池储能在低温环境下的正常运行。该项目移动式储能系统容量为 1 MW/0.5 MW · h，安装在蓄热式电锅炉侧，中国电科院作为项目主要参与单位提出了移动式储能电站的选址定容方案，并制定了风电－蓄热式电锅炉－储能联合运行控制策略以提升风电就地消纳能力，同时提高配电网的电能质量。

(3)福建安溪移动式储能系统。

该储能系统安装于福建省安溪县感德镇，系统容量为 125 kW/250 kW · h，由 2 个电池柜、1 台 125 kW 储能变流器、一套监控系统和一套 UPS 电源组成。由于运行现场地处偏远地区、地形险恶、交通不便，集装箱式储能系统的防震功能保证了运输过程中集装箱及其内部设备的机械强度满足要求，不出现变形、功能异常等故障。该项目储能系统主要应用模式是在用电低谷时由电网向电池组充电，用电高峰时电池组放电回馈电网，对电网进行局部削峰调谷，均衡用电负荷。通过该工程项目实施，福建安溪农网试点配电台区供电能力提高 40%以上，有效提高了电能利用效率。

(4)深圳欣旺达居民园区光储微网示范工程。

该工程位于广东省深圳市光明新区欣旺达居民园区内，电池类型为钛酸锂，电池容量 583 kW · h，使用一台 250 kW 的 PCS 经过电能变换后接入微网。集装箱式储能系统以其紧凑的工业化设计，大大节约了园区内储能系统的占地面积。在运行模式上移动式储能系统采用了中国电科院制定的光储微网上层能量管理策略，利用峰谷电价为园区节约运行成本，同时还具备并离网无缝切换功能，保证园区在系统突然断电情况下依然安全稳定运行。

4.3.2　储能系统适应性设计

1. 监控系统架构

能量管理与监控系统主要用于整个储能系统的集中监测、控制和保护，具有对储能电池系统、电池管理系统、功率转换系统等模块的运行状态及主要参数的监测、分布式控制和保护的功能。针对移动式储能系统运行特点，研究人员提出了满足系统运行要求的移动储能监控系统的网络结构。基于总线结构的移动储能监控系统网络结构分为两层，如图 4.2 所示，分别为现场控制层、过程监控与优化层。移动储能监控系统包括 3 个子系统，分别为 SCADA 系统，BMS 监控系统，PCS 监控系统。SCADA 系统处于过程监控与优化层，BMS 监控系统、PCS 监控系统处于现场控制层。

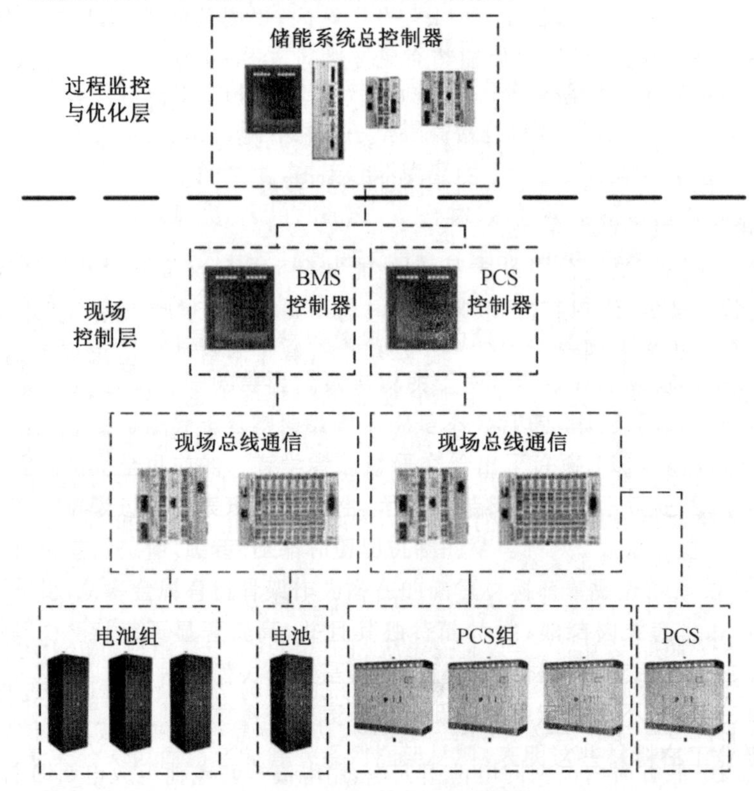

图 4.2　移动储能监控系统结构

SCADA 系统作为 EMS 的子系统，对 BMS 和 PCS 两套系统进行监视及控制。由于 BMS 和 PCS 两套系统在集装箱内，考虑到设备之间的距离，以及可移动性、可靠性和需要快速响应，最终主通信采用 EtherCAT 光纤环网构成线路冗余的方案来实现。采用光纤通信，将最后一个从站节点连接到主站，使环具有自愈功能，即在断点处自动环回。从站控制器具有这种自动环回功能，即使光纤中的某一路线出现问题，各子系统仍能继续工作，使用另一环路与服务器进行通信。光纤接口传输可靠，PCS与电池系统的通信可以选择EtherCAT通信协议，物理线使用单/多模光纤，提供标准SC光纤接口，移动储能监控系统通信具有快速响应性，使用基于以太网的EtherCAT通信，系统总线带宽能够达100 Mbps，响应时间小于1 ms；电池组监控系统、PCS监控系统均通过通信控制器或网关与SCADA系统交换数据，通过工业以太网与底层现场总线网络之间的接口实现现场总线协议与以太网协议的转换。

2. 电池组/PCS集装箱监控器

BMS监控系统和PCS监控系统使用模块化的架构，通过组态设计实现数据采集、A/D转换、数字滤波、温度监控、照明监控、消防监控、PID控制等各种功能。BMS监控系统和PCS监控系统将测量控制的各种必要的数据以网络变量的形式送给现场监控计算机，存入实时数据库，进行电池组/PCS的实时监控，同时这些实时数据为状态监视、高级控制、故障诊断提供充分的信息。BMS监控系统和PCS监控系统采用统一的协议标准，实现标准化，含有各种总线结构，并可与不同电池厂家BMS的完全通信。为了能够实现以各种总线与任何控制系统相连，不同网络协议的现场总线之间需要加入协议转换器（网关），它可以识别、解释不同格式的数据包，同时在不同的网络之间转发。各种现场总线互连接口如图4.3所示。

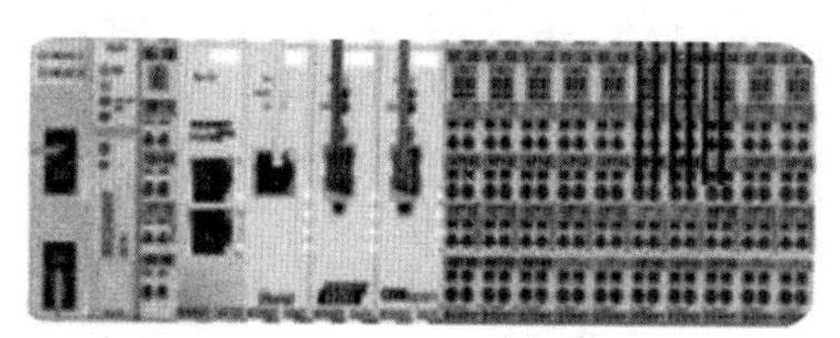

图4.3　各种现场总线互连接口

3. 电池组 /PCS集装箱监控系统架构

电池组/PCS集装箱监控系统架构如图4.4所示。监控系统有高级的Web界面，方便工作人员在一个或多个站点进行监视和控制。监控系统能够完美整合各个子系统，所有集装箱内部的传感器和执行元件都可直接被连接到监控系统模块化的I/O端子排中。传感器主要包括：温度控制系统的相关传感器、通风系统的相关传感器、照明系统的相关传感器、消防系统的相关传感器、标准的开关控制按钮、智能操作端子、房间控制单元、占位和运动传感器、门窗检测装置、室内温度和水电消耗测量装置等。执行元件主要包括：灯的开关和亮度调节元件、温度控制执行单元、通风系统执行单元、照明系统执行单元、消防系统执行单元、插座、门窗的驱动系统控制、加热和通风控制、中央空调执行元件以及小型阀门和热执行元件等。在储能系统中，各个系统之间的功率接口和信息接口至关重要，是设备间能否协作运行的关键，也是不同厂商设备间实现互换性的依据。储能系统的测量、保护、监控等功能分布在不同的设备中实现，为最大程度实现设备间的互操作，监控系统将与PCS、BMS等进行信息交互及数据通信。由于PCS和BMS控制逻辑相对比较复杂，高级控制策略以及一些日常维护功能（如BMS系统的全充全放SOC校验过程）往往由多个控制过程顺序组合实现，同时还必须满足相应的模式或状态条件，因此监控系统平台还必须支持闭锁及顺控逻辑。监控系统通过图形化的顺控逻辑定义人机界面，能够按照用户的运行管理要求编制、生成各种顺控逻辑。顺控组件上提供预留接口，能够根据需要增加扩展的操作类型和相关功能，从而适应储能电站的功能需求。

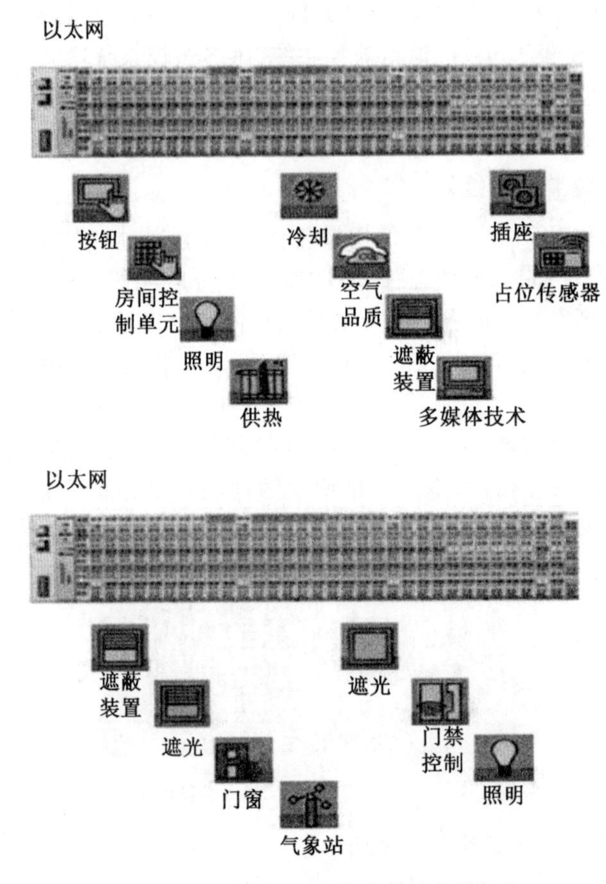

图 4.4 电池组/PCS 集装箱监控系统架构

监控系统能根据采集到的 PCS 和 BMS 的模式和工作状态，按照用户要求定义遥控或顺控操作的防误逻辑，在操作时实现实时防误判断。为确保各应用功能的实现，需要移动储能电站 BMS/PCS 与上层 EMS 系统具备必要的信息交互接口。

4. 电池组/PCS 集装箱监控系统功能

(1)电池组/PCS 集装箱电池组系统监控。

BMS 装置应具备 CANOpen 接口，采用 CANOpen 协议进行通信。BMS 上送的信息主要包括开关量信息、模拟量信息、非电量信息、运行信息。其中，开关量信息主要是接触器状态、断路器状态；模拟量信息主要是电池组平均电压、检测到的电池单体电压、电池组最高电压、电池组最低电压、当前单元电压、电池组电压方差、电池组电流、当前单元电流、系统允许充电电流、系统允许放电电流、电池组功率、当前系统功率、电池组绝缘阻抗、电池组 SOC、单元 SOC、系统 SOC、电池组可用能量、系统可用能量等；非电量信息主要有电池组温度、当前单元温度等；运行信息主要包括运行状态、各种保护动作信号如电压过低或过高保护动作信号及温度过高告警信号(开关量)、事故告警信号等。监控系统下达给 BMS 的指令主要为运行参数设置,有蓄电池运行参数保护定值、报警定值等必要指令。

(2)电池组/PCS 集装箱 PCS 组系统监控。

PCS 装置应具备 RS485 接口。PCS 上送的信息主要有开关量信息、模拟量信息、非电量信息、运行信息等。其中,开关量信息一般包括直流侧与交流侧接触器和断路器的状态、运行模式(并网、孤网、充电、放电、待机等)以及就地操作把手的状态等;模拟量信息主要包括直流侧电压和电流、交流侧三相电压和电流以及有功和无功等;非电量信息主要为 IGBT 模块温度以及电抗器温度等;运行信息主要是各种保护动作信号以及事故告警信号等。监控系统下达给 PCS 的信息主要包括运行模式切换和运行参数设定等。其中,运行模式切换主要有并网/孤网的转换以及充电/放电的转换;运行参数设定主要有充电/放电倍率、放电深度以及各种保护定值等。

(3)电池组/PCS 集装箱空调系统监控。

空调系统监控通过送风温度来控制风机阀门的开度,使送风温度达到设定值,从而达到节能的目的。空调系统在送风风道内安设风机、温度传感器、初效过滤网、表冷器等。通过阀开关控制风机的运行,超过设定值时则发出淤塞报警。空调系统通过风道两端的温度传感器监测新风与送风的温度,根据两端温度差控制新风阀和表冷器,同时由压差开关测量过滤网两边的压差,大于设定值会有相应报警信号,各个装置联合作用使送风状态达到使用的需求。空调系统的启动顺序为是先开阀,再启风机,最后调节冷热阀;停机顺序是先停风机再关阀。

(4)电池组/PCS 集装箱送排风系统监控。

送排风系统可以监测风机运行状态和故障状态,并能够控制风机启/停。同时,送排风系统内设置烟雾浓度传感器,当烟雾浓度高于设定值时,排风机启动,低于设定值则停止。

(5)电池组/PCS 集装箱照明系统监控。

照明系统对室内公共照明及户外照明进行控制,监测照明开关、故障状态,对照明的开关根据照度传感器测得的照度进行控制或按设定的时间程序进行控制;对照明进行集中监控,实现照明自控、节能的功能。

(6)电池组/PCS 集装箱变配电系统监控。

其对变电低压开关的状态及运行参数进行监视,通过智能电表对低压柜各个进线柜的电压、电流等参数进行监视;对变压器温度实现实时监控及超温报警。

5. 电池组/PCS 集装箱监控系统运行状态

电池组/PCS 监控系统是一个多状态切换的实时系统,由等待模式、正常运行模式、手动维护模式和紧急处理模式组成。开机系统上电,启动人机界面。若系统自检后确认电池组/PCS 无故障,接着进入等待模式,也可手动进入手动维护模式。在等待模式下,接收储能系统主控指令进入正常运行模式。在正常运行模式、等待模式或手动维护模式下,如果电池组/PCS 监控系统检测到报警故障信号或收到主控命令就进入紧急处理模式。正常运行模式下系统无故障且电网电压正常时,储能主控接收电网调度发来的有功功率、无功功率指令信号，BMS/PCS 根据此指令信号输出相应的有功功率、无功功率。系统采用全中文化的图形化操作界面监视其运行状态，具有工艺流程图、实时曲线图等形象直观的方式显示设备的运行情况，同时采用服务器配置的矩阵打印机可连续记录报警打印输出，保证报警记录的连续性。发现故障或监控的参数越限时，监控系统会发出声光报警信号，且信号会出现在显示屏中，只有操作员确认方可解除报警，同时系统会把报警信号进行汇总，便于及时处理。

第5章　氢气存储及储热

随着化石能源的日益枯竭以及环境问题受关注度的日益提高，寻求能够取代化石能源的新型环保能源的课题被广泛讨论。就目前而言，化石能源的地位依旧是无法取代的，但是氢能作为一个重要的替代方案，在多场景下被用来取代化石能源。与包含化石能源在内的多种能源相比，氢能具有如下所述优势。

(1)氢气的燃烧性能好，易点燃，同时与空气混合时可燃范围广泛，且燃点高、燃烧迅速。

(2)氢气燃烧产物为水，对环境无污染，同时其产物水还可以循环使用。

(3)氢气储量不依靠任何化石能源，并可依据一定方法制配。

(4)氢气燃烧值高，数值为 1.43×10^{5} kJ/kg，高于除核燃料以外的任何化石燃料、化工燃料及生物燃料。

(5)氢气可通过各种方式转换为气态、液态、固态，运用场所广泛。

(6)氢气损耗低，可利用管道进行近距离运输，减少能源无效损耗。

(7)氢气可取代多种化石能源，减少温室效应。

储氢技术作为氢能运用的核心技术，其发展推动着氢能行业的进步。下面将对几种重要储氢方式进行讲解。

5.1　气态储氢及液态储氢

气态储氢又被称为高压气态储氢，其原理是通过高压压缩氢气后将其储存于储氢罐中再运输至合适场合加以利用。高压气态储氢是目前应用最为广泛的储氢方式，目前该技术已经较为成熟。高压气态储氢的优缺点总结如下。

优点：环境温度要求低、充放氢速度快、成本低廉、操作方式简单、应用广泛。

缺点：储氢效率低、需配备高强度耐压容器、运输使用过程中有氢气泄漏及燃爆等风险。

气态储氢技术作为储氢技术中最早最成熟的储氢技术，其未来的发展方向主要体现在各种储氢罐的开发上。其一是通过改善储氢罐材料来对储氢压力、储氢密度进行提升，同时降低氢分子透过率及减轻自身质量；其二是将一些吸氢物质加入储氢罐内膜，吸氢物质吸氢和释放氢的过程会根据罐内压力的改变来进行，当罐内压力增加时，吸氢物质会吸取氢气，从而起到增加储氢罐内氢气密度的作用，当罐内压力减小时，吸氢物质会释放氢气以供使用。

目前常用储氢罐主要分为四种：纯钢金属瓶、钢内纤维缠绕瓶、铝纤维缠绕瓶以及塑料纤维缠绕瓶。其中纯钢金属瓶及钢内纤维缠绕瓶应用广泛、制作工艺简单，但是二者储氢密度低、安全性差，因此很少用于对储氢密度及安全性要求高的场所；铝纤维缠绕瓶相较于前面两种储氢罐来说，储氢密度有了极大的提升，同时安全性也得到了极大的保障；塑料纤维缠绕瓶与铝纤维缠绕瓶相比有了根本性的改变，其外壳使用塑料材料来代替金属缸套，性能上做出了重大突破，氢脆性能优良、质量轻、成本低，有高质量的储氢密度和较长的循环寿命。

液态储氢又叫低温液态储氢，气态氢在－253 ℃和常压的情况下能够液化为液态氢，气态氢转换为液态氢的低温过程中，氢气的体积储氢密度也在不断地增加，在高压作用下，气态氢的体积储氢密度可达 40 kg/m^3，而常规液氢体积储氢密度可轻易达到 75 kg/m^3以上。液氢的热量极高，每千克液氢所含热量为同质量汽油的 3 倍左右，气化潜热可达到 921 $kJ \cdot mol^{-1}$。由于液氢以上特性，液态储氢技术常被运用于对能量储存空间限制大的场所。理论上液氢凭借其优良的燃烧值及高的储氢密度，适用场所将极其广阔。但是事实上由于氢气液化的要求高，液氢存储及运输的难度高，液态储氢技术的应用范围被大大限制。氢气液化的成本高，液氢的储存需要运用到超低温储氢装置，同时储氢装置的材料要求严格，对绝热要求极高，因此液态储氢技术主要应用于航天航空、高性能发动机及火箭发射等场景中。

随着能源改革的进行，对液态储氢技术提出了许多新的要求，未来的发展方向主要分为以下几个方面：增设隔热保温层及装置，确保液氢与外界产生换热反应；减少储氢过程中由于氢气气化而产生的1%左右的能量损失；减少低温保温过程中的能量消耗（目前该能量消耗约为氢能的 30%左右）。

5.2 金属氢化物储氢

金属氢化物储氢是利用氢和一些金属及金属化合物在一定的压力、温度的作用下形成稳定的金属氢化物来起到储氢的作用。之后通过对金属氢化物施加一定的条件，将金属氢化物中的氢原子脱离，释放出氢气以供使用。

5.2.1 金属氢化物储氢理论基础

金属氢化物储氢是一种常见的储氢方式，在一定的压力及温度的环境下，一些金属、合金以及金属化合物可以与氢气发生反应产生固溶体MH_x 以及金属氢化物MH_y，这个过程中首先发生的过程为金属（合金、金属化合物）吸收少量氢形成固溶体（α 相），此时合金结构保持不变，固溶体的溶解度与其平衡氢分压的平方根成正比，进一步施加压力，固溶体开始与氢气反应生成金属氢化物，产生相变，同时释放热量，如式（5.1）所示：

$$\frac{2}{y-x}MH_x + H_2 \rightleftharpoons \frac{2}{y-x}MH_y + Q \tag{5.1}$$

式中，Q 为释放热量。该反应为可逆反应，在一定温度和压力条件下，固溶体MH_x 与氢气反应生成金属氢化物MH_y 并释放热量，当需要释放氢气的时候，通过加热使得金属氢化物释放出氢气以供使用。

储氢合金等温曲线如图 5.1 所示，表示金属氢化物的氢分压与含氢量的关系。该图中横轴表示固相中氢原子与金属原子的比值；纵轴表示氢分压（操作压力与氢气纯度的乘积）。从 O 点开始通过反应生成固溶体，A 点为固溶体溶解度极限，从 A 点到 B 点之间为式(5.1)所示的氢化反应，到达 B 点氢化反应结束。从图 5.1 中可以看出，在一定范围内温度越高，有效储氢量越小。

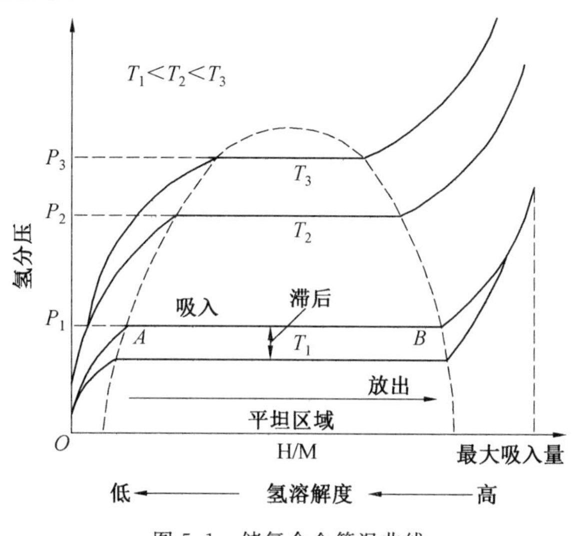

图 5.1　储氢合金等温曲线

5.2.2　储氢合金

储氢合金的结构一般遵循 A_nB_n 形式，其中 A 指的是控制储氢量的对氢亲和力高的金属，B 指的是控制吸氢、放氢过程可逆的与氢元素亲和度低的金属。A 类金属主要包括 IA～VB 族金属元素，例如 Ti、Zr、Ca、Mg、V、Nb、Re 等；B 类金属则主要为 Fe、Co、Ni、Cr、Cu、Al 等。储氢合金 A_nB_n 结构依据合成材料主要分为以下几种：AB_5（稀土系）、AB_2（锆系）、AB（钛系）、A_2B（镁系）等。下面将对几种类别的储氢合金分别展开介绍。

1. 稀土系储氢合金

稀土系储氢合金主要由AB_5 型储氢合金以及 La－Mg－Ni 型储氢合金（AB_3 型、A_2B_7 型）两类组成，常见的储氢合金及其参数见表 5.1。其中常见AB_5 型储氢合金为 $LaNi_5$ 和$MmNi_5$ 两种。

表 5.1　常见的储氢合金及其参数

类型	AB_5		$AB_{3-3.5}$		
合金	$LaNi_5$	$MmNi_5$	$LaNi_3$	$CaNi_3$	$La_{0.7}Mg_{0.3}Ni_{2.8}Co_{0.5}$
氢化物	$LaNi_5H_6$	$MmNi_5H_{6.3}$	$LaNi_3H_5$	$CaNi_3H_{4.4}$	$La_{0.7}Mg_{0.3}Ni_{2.8}Co_{0.5}\ H_{4.73}$
吸氢量(质量分数)/%	1.4	1.4	1.4	2.0	1.6
放氢压(温度)/MPa(℃)	0.4(50)	3.4(80)	无平台	0.04(20)	0.06(60)
氢化物生成热 /($kJ \cdot mol^{-1} \cdot H_2$)	−30.1	−26.4	无平台	−35.0	无平台

(1)$LaNi_5$。$LaNi_5$ 储氢合金是稀土系储氢合金中最典型的存在，由荷兰菲利浦实验室首先研制。$LaNi_5$ 储氢合金被认为是最具有发展前景的储氢合金，其具有以下优点：前期吸氢速度快、吸－放氢性能良好、反应发生速度快，同时其循环使用退化严重、易粉化及成本高的缺点是制约其发展的重要因素。通常采用调节 A、B 相的成分结构和非化学计量比的方法提高该合金的储氢性能。

(2)$MmNi_5$、$MlNi_5$(混合稀土材料合金)。Mm 代表富铈的混合稀土金属，Ml 代表富镧的混合稀土金属。两者所含元素略有不同，其中 Ml 含 43%～51%La、2%～4%Ce、8%～10%Pr、26%～40%Nd、<0.5%Sm 和<0.5%Y；Mm 含 47%Ce、20%La、6%Pr、15%Nd、<0.5%Sm 和<0.5%Y。这两种合金活化过程简易，只需在注有储氢材料的容器中先抽干空气，之后加入纯度 99.99%以上的氢气，将注入氢气压力加至 20～40 atm(1 atm＝101 325 Pa)，在氢气与材料充分接触的情况下，经过几个至十几个小时就能完成合金的活化，从而得到储氢合金。

$MlNi_5$ 相对于传统$LaNi_5$ 储氢合金而言，吸－放氢速度更快，储氢含量更高。据有关实验统计，在 20 ℃的环境下，$MlNi_5$ 吸收氢气至饱和状态时间约为 6 min，完全释放氢气时间约为 20 min，同样温度下，$LaNi_5$ 完全释放氢气时间约为 30 min。同时，随着温度的增加，$MlNi_5$ 的吸－放氢能力提升，此外，在一定程度上提高环境散热条件，增加加氢压力也能使得其吸－放氢能力提升。在 20 ℃条件下，$MlNi_5$ 含氢量质量分数达到 1.6%，$LaNi_5$ 则为 1.5%。

$MmNi_5$ 相对于传统$LaNi_5$ 储氢合金而言，其储氢能力基本未发生变化，但是由于采用 Mm 混合稀土元素代替 La，因此其产生了三个主要问题影响使用：储氢合金活性化性能差、平台压力大且吸－放氢平台压差大。经过研究发现，使用 Mn 或者 Al 部分取代 Ni，可以有效地解决以上问题，使得平台压力达到适中值，同时吸－放氢压力差减小。三元合金$MmNi_{4.5}Mn_{0.5}$、$MmNi_{4.5}Al_{0.5}$相对于$LaNi_5$ 来说，储氢能力也基本没有产生下降。

$MmNi_5$、$MlNi_5$ 相对于$LaNi_5$ 储氢合金而言，由于使用 Mm 及 Ml 混合稀土金属取代了 La，所以在成本上下降了 50%以上，含有 Mn 及 Al 的三元合金则在成本上进一步下降，这方面因素的存在使得混合稀土合金在储氢行业更具有经济发展潜力。

(3)镁－镍系多元合金材料。三元体系镁－镍系合金材料主要包含La_2MgNi_9、$La_5Mg_2Ni_{23}$、La_3MgNi_{14}、$LaMg_2Ni_{23}$，此种具备纳米晶结构的 Mg－Ni－RE(RE＝La、

Nd)系合金材料拥有优越的吸氢动力学性能以及良好的压强、组成、温度特性。四元体系合金包括由机械合金制法制作的$Mg_{35}Ti_{10}M_5Ni_{50}$(M～Y、Al、Zr)合金,其具有良好的循环寿命。将$La_{1.8}Ca_{0.2}Mg_{16}Ni$由铸锭机研磨 40 h 左右,将其由晶体结构研磨至非晶体结构,储氢容量将会得到大幅提升。多元体系合金组成遵照$Ml(NiCoMgAl)_{5.1-x}Zn_x$($0.3\geqslant x\geqslant 0$),其储氢容量随着 Zn 元素的增加而递减,当 $x=0$ 时,储氢量的质量分数可达 1.58%,当 $x=0.3$ 时,储氢量质量分数最低低至 1.19%。

2. 锆系储氢合金

锆系储氢合金主要是AB_2型拉夫斯(Laves)相合金,其中最具有代表性的锆系储氢合金为$ZrMn_2$,其储氢量质量分数可高达 2.3%,同时该储氢合金具有易活化、动力性能优良等特点。$ZrMn_2$不适宜作为电极材料,其在碱液中呈现低劣的电化学性质。

随着储氢合金技术的发展,锆系储氢合金主要发展出了以下三个系列:Zr－Mn、Zr－Cr、Zr－V。其性能的改造一般是通过加入 Ni、Cr、Mn、V 等元素,以$ZrMn_2$为例,在其中加入以上元素,合金的相结构将会由单纯的C_{14}拉夫斯相转变为C_{15}相结构或者C_{14}相和C_{15}相混合存在的相结构,同时也会有一系列的 Zr－Ni 相产生。Zr－Ni 相合金一般都具有很高的气态储氢容量,室温下金属氢化物化学性质稳定,吸－放氢平台压力很低,可逆吸－放氢性能差,但具有良好的催化活性和耐腐蚀性,通过析出 Zr－Ni 相与拉夫斯相之间产生协同作用,从而改善合金综合电化学性能。

Zr－Ni 相的形成以 Zr－Mn－Ni 系合金为例,其生成的 Zr－Ni 相主要包括 ZrNi、Zr_9Ni_{11}、Zr_7Ni_{10}三类,各类相的成分改变随着 Ni 元素的含量改变而产生变化。在$Zr(Mn_{1-x}Ni_x)_2$($x=0.40\sim0.75$)合金中各相的生成随着 Ni 元素的含量而产生改变,当 Ni 元素含量较低时首先出现的是 ZrNi 相,当 $x=0.40\sim0.45$ 时,合金中开始出现 ZrNi 相,当合金中 Ni 元素含量增加时,Zr_9Ni_{11}、Zr_7Ni_{10}相将陆续产生,当 $x=0.45\sim0.60$ 时,合金中开始出现Zr_9Ni_{11}相,继续增加 Ni 元素,即当 $x=0.60\sim0.75$ 时,合金中开始产生Zr_7Ni_{10}相,具体 Ni 元素含量及 Zr－Ni 相形成见表 5.2。

表 5.2　元素占比

合金成分	Zr－Ni 相类型
$Zr(Mn_{0.60}Ni_{0.40})_2$	ZrNi
$Zr(Mn_{0.55}Ni_{0.45})_2$	ZrNi、Zr_9Ni_{11}
$Zr(Mn_{0.50}Ni_{0.50})_2$	ZrNi、Zr_9Ni_{11}
$Zr(Mn_{0.45}Ni_{0.55})_2$	Zr_9Ni_{11}
$Zr(Mn_{0.40}Ni_{0.60})_2$	Zr_9Ni_{11}、Zr_7Ni_{10}
$Zr(Mn_{0.35}Ni_{0.65})_2$	Zr_7Ni_{10}
$Zr(Mn_{0.25}Ni_{0.75})_2$	Zr_7Ni_{10}

从表 5.2 中可以看出,当 Ni 元素含量改变时,Zr－Ni 相的类型也发生改变,同时 Zr－Ni相及Zr_7Ni_{10}相两种类型的 Zr－Ni 相并不会同时产生。

3. 钛系储氢合金

钛系(AB)储氢合金的典型代表为 TiFe，其在活化后便可于常温情况下发生可逆的吸一放氢反应，TiFe 的储氢质量分数理论值可达 1.86% 左右，同时平衡氢压约为 0.3 MPa。该储氢合金在自然界中资源丰富，同时市场价格便宜，因此受到青睐。TiFe 的缺点包括以下几项：合金活化困难(需在高温高压环境下进行，高温达 450 ℃，高压达 5 MPa)，抗杂能力差，毒性大，循环寿命差(经过反复吸一放氢后其性能下降较快)，为了改善合金性能常用方法为在其中加入各种元素以取代 Fe 元素，常用加入元素包括：Ni、Mn、Al、V、Co、Mm 等，形成的一系列易活化、高寿命的新型储氢合金主要有以下几种：$TiFe_{0.8}Mn_{0.18}Al_{0.2}Zr_{0.05}$、$TiFe_{0.8}Ni_{0.15}V_{0.05}$、$TiMn_{0.5}Co_{0.5}$、$TiFe_{0.5}Co_{0.5}$、$TiCo_{0.75}Cr_{0.25}$、$Ti_{1.2}FeMm_{0.04}$ 等。

Ti－Ni 系储氢合金是钛系储氢合金中一种常被用作储氢电极材料的良好合金类型，具有韧性高、难粉碎(难被机械粉碎)的优点，在 270 ℃ 时可与氢气反应生成氢化物 $TiNiH_{14}$，该氢化物化学性质稳定。同时，该系列合金氢解压高、反应速度迅速。另一方面，Ti－Ni 系储氢合金具有储氢容量低、可逆容量小、循环寿命低等缺点，常用的改良方式为加入半径较大的 Ni 元素(提高 TiNi 合金相的晶胞体系)，以起到提高其储氢量的目的，利用 V 元素部分取代合金中的 Ti 元素，改变合金的主相结构为准晶态，使得储氢合金的稳定性得到巨大提升，加强了合金的循环寿命。

4. 镁系储氢合金

镁系储氢合金主要是利用镁元素的高储氢性能通过各种方式进行储氢行为。常见的镁系储氢合金为 A_2B 型合金。

镁元素可以直接作为储氢材料使用。镁的密度很小，仅为 1.74 kg/m^3，镁储氢容量很高，反应形成金属氢化物 MgH_2，储氢量质量分数可达 7.6%。作为金属化合物与氢气反应生成的氢化物 Mg_2NiH_4，其储氢量质量分数也可以达到 3.6%。同时，作为一种常见的金属元素，镁元素在自然界中资源丰富，市场价格低廉。另一方面，镁作为储氢材料具有吸一放氢环境要求极为苛刻的缺点，镁与氢气发生反应需要在高温高压条件下进行，高温要求达到 300～400 ℃，高压要求达到 2.4～40 MPa，同时 0.1 MPa 压力下离解温度要求达到 280 ℃，整个反应过程速度慢，其根本原因在于表面氧化膜的存在限制了镁与氢气的反应。

常见的 Mg－Ni 系合金中，为了提高合金储氢及各方面性能常常采用以下几种方式：使用 Cu 和 Co 元素部分取代 Mg－Ni 系合金中的 Ni 元素形成 $Mg(Ni_{1-x}T_x)$(T 代表 Cu、Co)；通过改善 Mg－Ni 系储氢合金的制备工艺来对合金的储氢性能进行提升，例如使用传统熔炼法制备出伪二元金属化合物 $Mg_2Ni_{1.9}M_{0.1}$(M 代表元素 Ni、La、Y、Al、Si、Cu、Mn)；在典型 Mg－Ni 系合金 Mg_2Ni 合金中添加第三类金属元素来对进行性能改善，常见的有铜、锌、钯、镍、铬、锰、钴、镁、锆、钒及镧系等金属元素；镁与金属化合物形成复合物进行性能改善，例如 $Mg-LaNi_5$、Mg－FeTi、$Mg-Mg_2Ni$ 等；镁与金属氧化物形成化合物进行性能改善，如 Mg－MgO，其具有良好的动力学性能及较低的放氢温度；以镁及镁元素合金为基体，结合几种金属或非金属元素进行纳米级增强形成镁基纳米材料。镁基纳米材料吸氢反应对温度要求低，吸一放氢性能好。为了克服镁基合金材料吸一放氢速度慢、要求温度过高、抗腐蚀性差等缺点，在实际生产应用过程中往往会采用各种方式对合金材料进行处理，如采用其他合金元素部分取代、表面处理如包裹合金粉末及机械球磨等。

5.3　其他储氢方式

5.3.1　空心玻璃微球储氢

空心玻璃微球又称中空玻璃微球，其外观是具有流动性的白色粉末，在电子光学显微镜下呈现的是一个个微型球状结构，两者分别如图5.2和图5.3所示。

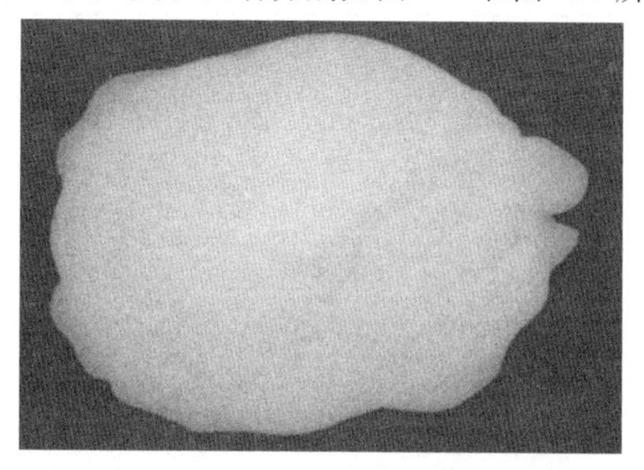

图5.2　空玻璃微球外观

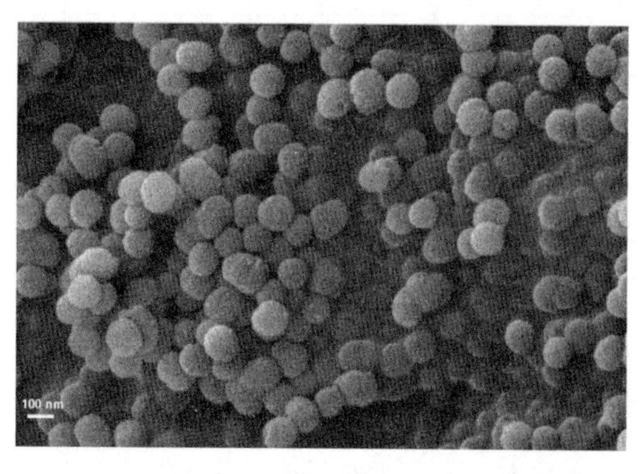

图5.3　电子显微镜下的空心玻璃微球

空心玻璃微球的微球直径一般为10～300 μm，微球外壁厚度一般为0.5～2 μm，薄壁状球形空心结构确保了空心玻璃微球在储氢应用时所具有的超大储氢容量。空心玻璃微球具备储氢能力的基本原理在于，当玻璃微球处于室温或者低温环境中时，玻璃微球呈现非渗透性，处于不可渗透状态，当提高温度至300～400 ℃时，玻璃微球将会呈现多孔的特性，允许物质进入。

空心玻璃微球作为储氢材料因其超大储氢容量受到市场欢迎，其储氢过程如下：在高压10～200 MPa环境下，将氢气加温至200～350 ℃，依据氢气高温扩散性特点及空心玻璃微球在高温下呈现多孔性的特点，氢气将扩散进入空心玻璃微球中，又由于导热率的影响，氢气难以从微球中逃逸，储氢结束后将空心玻璃微球及氢气等压冷却至室温或低温，氢气的扩散性能开始下降，空心玻璃微球呈现非渗透性特征，从而使得氢气确实地储存于空心玻璃微球中。

空心玻璃微球作为储氢材料拥有许多不可取代的特点，空心玻璃微球在 62 MPa 氢压条件下，其储氢容量质量分数可达到 10%，在经过相关检测后表明，在完成储氢过程后大约 95%的空心玻璃微球储氢完成，储氢率达到 95%，同时在该氢压条件下，当温度为 350 ℃以上时，空心玻璃微球的吸氢(放氢)过程只需要 15 min 即可完成。空心玻璃微球制作材料一般相对价格低廉，同时采用抗压材料制成的空心玻璃微球可承受约 1 000 MPa的压力。表 5.3 为各种空心玻璃微球及其他储氢方式在各方面性能的对比。

表 5.3　几种储氢方式及其性能参数

储氢方式	储氢温度 /℃	储氢质量分数 /%	相对液氢密度 ρ_h	储氢时间 /d	储氢能耗 /(kJ · mol^{-1} H_2)
中空微球	300	3.0	0.25～0.3	300	0.5
MgAlSi 微球	300	26	0.6	103～104	70
聚乙烯三钛酸盐微球	80	21	0.6		20
N29 玻璃微球	300	15	0.5	60	30
聚酰胺微球	80	37	0.7		35
石英玻璃微球	80	42	1.25		
液化储氢	20	12	0.95～1.05	10	
$LaNi_5$ $-H_2$	295	1.4	1.25		
$MgNi_5$ $-H_2$	550	3.2	1.14		

空心玻璃微球相较于其他储氢材料来说，更适用于氢动力汽车系统。目前空心玻璃微球的研究发展方向主要是发展高强度制作材料提高微球强度，选用适合的储氢容器，保障微球释放氢气能力。

5.3.2　微孔材料储氢

根据当前的 IUPAC 分类方案，孔隙按大小可分为三类：尺寸小于 2 nm 的微孔、尺寸 2～50 nm 的中孔和尺寸大于 50 nm 的大孔。我们所说的微孔材料一般是指孔径尺寸小于微孔尺寸的储氢材料，孔径尺寸大小与单个氢分子接近。在低温环境下，使用微孔材料吸附氢分子，其吸附的氢气密度远高于常规气相状态下氢分子密度，原因在于微孔的窄宽度导致孔隙网络中氢的密度增加。

微孔材料在过去常被运用于各种储存环境，例如使用微孔炭、沸石和吸附剂来提高天然气(甲烷)储罐的储存能力。近年来人们开始热衷于研究发展微孔材料运用于氢气储存，碳纳米管作为一种可能的储氢介质的提议在 20 世纪 90 年代末引起了广泛的关注，而在合成新型多孔杂化材料方面取得的令人兴奋的进展进一步活跃了这一领域。科技的进步促使研究者继续进行微孔有机聚合物的合成，以及新的储氢微孔材料种类的发现，不难想象各种新型微孔材料将被提出并进行研究应用。下面将对几种主要的储氢微孔材料进行介绍。

1. 碳材料

微孔碳材料储氢是目前研究比较广泛的储氢方式，几种常用方式包括活性炭、碳纳米管和纳米纤维，以及模板炭。由于碳的摩尔质量较低，因此其作为载体在技术上非常有吸引力。它的化学稳定性也很高，可以通过多种方法合成不同的形式。从实用的角度来看，多孔炭已经在商业上大量生产，应用范围很广，而且相对便宜。

(1)活性炭。

活性炭是一种多孔形式的炭，可以通过化学或物理活化方法合成，相较于晶体吸附剂，如沸石或金属有机骨架(MOF)材料，其具有明确的孔径和孔几何结构。根据活性炭原料、活化方法和条件的不同，合成的活性炭将具有特定的孔结构。活性炭的孔隙主要包括宏观的介孔和微孔，微孔储氢是活性炭材料的研究使用焦点。许多关于活性炭吸附氢的研究表明，在 77 kPa 氢压下的活性炭储氢容量质量分数约为 5.5%，但由于所选择的活化方法和合成所用的原料不同，所形成的活性炭材料储氢差异大，因此对于活性炭储氢量的实验表达很难做到精确。除了实验表达困难外，由于缺乏有关其微观结构的知识，对这些活性炭材料的建模工作也受到很大限制，这与晶体微孔吸附剂有着本质上的不同，后者可以用粉末衍射从晶体学上表征。

目前而言，活性炭的储氢利用依旧是主张利用活性炭整体进行储氢，原因是整体微孔活性炭的体积密度大于粉末形式的相同类型炭，同时活性炭块体在储氢容量方面相对于其他形式的同种炭具有绝对的优势。

(2)碳纳米管和其他碳纳米结构。

碳纳米管是由石墨烯卷形成的圆柱形纳米结构，其直径可达 0.7 nm。自从第一份关于碳纳米管在室温下储存氢的可能性的报告发表以来，人们对碳纳米材料进行了广泛的研究，据相关研究推测，碳纳米管具有良好的潜在储氢容量前景。据乐观推测，其储氢含量质量分数可达到 5%～10%。

据相关建模工作推测，碳纳米管结构中存在潜在可能相对较大的储氢容量，同时相对于其他形式的碳，其实际产生的储氢量优势并不具备明显的优势，而且其他类型碳的存在形式更易大量合成。

碳纳米纤维是由石墨烯层组成，以不同的方式堆积在一起形成的碳纳米结构储氢材料，其纤维轴线的缠绕角度，包括平行、垂直以及中等角度。

1998 年，钱伯斯等人报告声称碳纳米纤维的储氢容量质量分数可达到高达 67%，但是在这份报告中，实验过程并不合理，由此得出实验氢化物的储氢能力非常高的结论，同时其声称的容量的非物理性质，比如对应的 H/C_{atomic} 比值约为 24，表明测量的容量被大大高估了。随后大量学者开始进行对纳米管和纳米纤维的研究并得到相关数据，但这些数据都无法证实钱伯斯最初的说法。关于碳纳米材料的潜在储氢能力争议一直存在。但是即便如此，一定程度上依旧表明碳纳米管及碳纳米纤维大概率不是一个完美的超大容量储氢材料。除了纳米管和纳米纤维外，富勒烯(一种完全由碳组成的中空分子)和碳纳米角也被认为是具有潜在的超大储氢容量的储氢材料。

(3)模板碳。

模板碳是一种典型的微孔或介孔碳，是通过将碳前体(如蔗糖或乙腈)引入无机模板的孔隙中而合成的微孔碳储氢材料。与活性炭不明确一致的孔结构相比较，经过碳化和随后模板的移除其可形成相对明确的孔结构。对这些材料进行的大量的研究表明，模板碳具有极其出色的氢吸附性能，迄今为止，在 77 K 和 20 bar 下，沸石模板碳的最大吸附量质量分数为 6.9%，同时据相关专家科学推测，其饱和储氢容量质量分数可达到 8.33%。与活性炭微观结构的不确定性不同，模板碳 X 射线粉末衍射图中存在 Bragg 峰，表明其微观结构是有序化的。

另一种类型的模板使用碳化物前驱体，可以生成具有非常明确的孔隙尺寸的微孔碳。Gogotsi 等人的研究表明，这一类型的碳化物衍生碳(CDCs)在 60 bar 和 77 kPa 储氢环境下，其储氢容量质量分数可达 4.7%。虽然这不是特别高，但是其发展前景依旧是广阔的，通过调整和优化孔径的方式继续对各种类型模板碳以及它们与氢的互相作用进行研究无疑是具有价值的。

2. 沸石

沸石是由SiO_4 四面体形成的微孔铝硅酸盐。沸石在实际工业环境中被广泛应用，其离子交换、分子筛和催化性能都具有很高的实用价值。沸石实际中常常被用来表示由铝和硅以外的元素形成的具有类似结构的化合物，包括 P、Ga、Ge、B 和 Be 等，同时这些材料也被称为玉米型沸石。不同材料的沸石具有不同的晶体结构。沸石有序的结晶性质使其在微孔区具有均匀的空腔和孔道，同时沸石骨架结构相对坚硬，与其他所有微孔固体一样，它们具有高比表面积和大孔体积，表明其具有较高的储氢性能。其性能可通过改变骨架的 Si 和 Al 材料的比值来进行调节。分子筛骨架的阴离子性质导致其结构中存在阳离子，这些阳离子的交换将会很明显地改变沸石的性质。

沸石具有高度多孔的结构，在一定程度上显示其具有良好的储氢能力，但是到目前为止，相关文献表明，通过实验得来的沸石的储氢能力都相当低。Nijkamp 等人通过对一系列多孔固体的低压(0.1 MPa)吸氢性能进行研究对比发现沸石与活性炭相比，因为其孔隙体积有限，所以其作为储氢材料的可能性有限。Vitillo 等人通过对沸石吸氢能力的实验列出了大量测定的沸石吸氢量表明沸石在 77 K 或更高温度下的最高吸氢量质量分数为 1.81 %，这一结果是针对 Na－Y 沸石在 1.5 MPa 压力下发现的，显然相较于活性炭储氢材料而言这一结果是不足以支撑沸石成为广泛使用的储氢材料的。然而之后相关学者通过实验研究测得 Na－X 沸石在 77 K 和 40 bar(4.0 MPa)下的最高吸氢量质量分数达到 2.55 %。

Vitillo 等人通过进行沸石的分子力学模拟得出结论，预测了一系列沸石的饱和储氢容量质量分数为 2.65%～2.86%，但是另一方面 Van den Berg 等人通过研究发现，理论上，方钠石(SOD)结构的储氢含量质量分数可以达到 4.80%左右，而 Vitillo 等人的研究结果表明，SOD 的储氢饱和容量质量分数仅为 1.92%。两者的结果出入很大，尽管 Van den Berg 等人和 Vitillo 等人都使用分子力学模拟计算了 SOD 的饱和储氢容量，但使用了不同的收敛准则来定义储氢容量何时达到饱和，另外，后一项研究还包括对氢的零点运动的校正，而前者没有。Van den Berg 等人还测定了 Mg－X 沸石的饱和储氢容量质量分数可达到 4.45%。然而以美国能源部对于储氢系统的储氢容量目标相比，无论是 4.80%还是 1.92%都远达不到其要求。如图 5.4 所示，Na－X 沸石在吸附氢方面是具有温度依赖性的，使用质量法进行测量得到在温度范围 87～237 K、2 MPa 压力下的等温曲线，在室温和中等压力下，沸石的吸氢量是很低的。

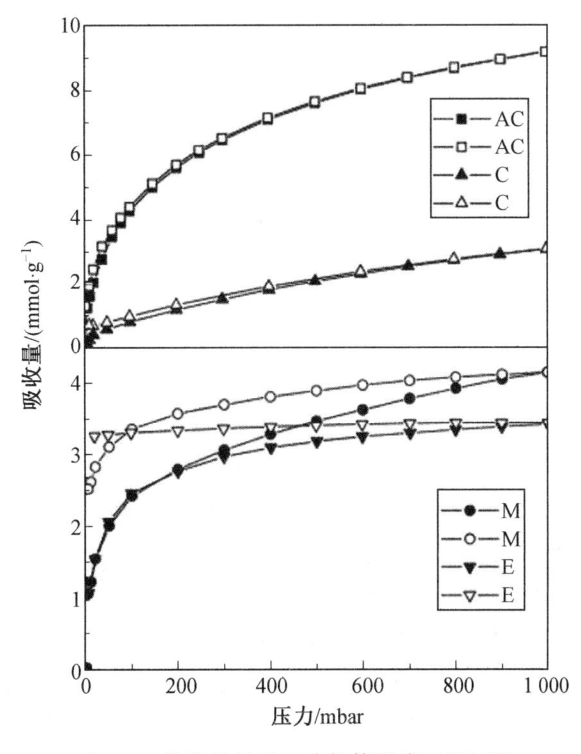

图 5.4　微孔材料吸一放氢等温线图(77 K)

沸石分子筛与其他各种分子筛相比具有多方面的显著优势。作为多孔吸附剂而言，沸石与金属相比，沸石的有机骨架和有机聚合物使得沸石具有较高的热稳定性，例如，在 350 ℃(623 K)的温度下，可以对沸石的有机骨架进行彻底的脱气，而不需要进行分解操作。与活性炭相比，沸石的结晶性质使宿主材料更易于表现其特质，同时沸石还具有明确的孔径，孔径特征也较为明显。和活性炭材料一样，目前对于沸石的工业生产也证明了沸石具备大量合成生产的可能性，虽然沸石依旧不适应于多种储氢场合。现在的储氢行业普遍认为沸石并未显示出其作为储氢材料所应当具备的储氢容量及其他各种特点，但是作为进一步研究氢与微孔材料相互作用的模型系统，沸石无疑是有价值的，因此，继续研究它们是具有价值以及前景的。

3. 金属有机骨架

金属有机骨架(MOF)是由金属离子或有机桥连接的团簇组成的结晶，最初被提出的 MOF 的化学表达式为$Zn_4O(bdc)$，其中 bdc 表示苯二甲酸酯(Benzenedicarboxylate)，该 MOF 被称为 MOF－5 或 IRMOF－1。IRMOF－1 由氧化锌团簇和苯连接物连接而成，其中金属团簇通常被称为二次建筑单元。在金属有机骨架中，这种结构形成了一个高度多孔的立方网络，研究者们因此开始讨论其作为微孔储氢材料的可行性。目前已经有上百种不同的金属有机骨架材料被研究并得出其储氢性能的数据，还有更多的材料不断地在被进行研究。

金属有机骨架储氢是由 Rosi 等人首次提出的，在一项对包括 MOF－5、IRMOF－6 和 IRMOF－8 等金属有机骨架储氢的研究中，他们表示得出的结论为 MOF－5 在 77 K 和 0.07 MPa 的储氢环境下的储氢容量质量分数可达到 4.5%，但遭到部分学者的怀疑，随后他们将声明结果二次实验，得出结论数字降低。在这之后又有众多的金属有机骨架储氢材料被研究，一批研究者得出结论：高压环境下的金属有机骨架储氢容量远大于低压吸附时的金属有机骨架储氢容量。各项研究结果表明在 77 K 储氢温度和不同储氢压力下的 MOF 储氢容量质量分数波动范围为 1.0%～7.5%。典型研究结果如下：MOF－177[Zn4O(btb)]，其在 7.0 MPa 的储氢环境下测量的最大储氢容量质量分数为 7.5%，在 0.1 MPa 的储氢环境下测量得出的最大储氢容量质量分数为 1.25%；Mn(btt)材料，在室温下进行储氢容量测试得到的结果为 1.4%，该金属有机骨架材料在 77 K 和 9.0 MPa储氢环境下的储氢容量质量分数可达到 6.9%。

MOF 使学者感兴趣的地方在于不同金属次级构筑单位(SBU)与有机连接物以及暴露金属位在框架孔内的存在，因此产生多种不同的孔结构。根据金属有机骨架的特性，改良其储氢性能的方法主要分为以下两种：一是提高微孔储氢器的工作温度，二是增加氢在金属有机骨架表面相互作用的强度，在接近环境温度下增加最大储存容量。众所周知，分子氢与几乎所有过渡金属形成所谓的 Kubas 配合物，通过类似机制增强氢在金属有机骨架表面相互作用的可能性成为开发具有更大储氢容量的 MOF 材料的可能方向。

金属有机骨架材料在储氢过程中有一个有趣的特性，其框架结构的灵活性具有天然的弹性特性，在一个给定的温度下，材料放氢所需的氢压往往高于吸氢所需的氢压，这种滞后现象如图 5.4 所示，其中的等温线数据说明了 MOF 与活性炭材料相比呈现出的滞后性特点。这种滞后对于分子氢物理吸附来说是不寻常的，因为通常在任何给定温度下吸－放氢过程都是完全可逆的。有学者通过研究给出了许多 MOF 材料的例子，其在客体分子的吸附和解吸过程中表现出灵活性，无论其结构中的化学键是否断裂。这种灵活性表现为材料可进行拉伸、旋转、压缩和剪切机制的结构转换。

与沸石相比，众多金属有机骨架作为潜在的储氢材料有着更大的潜力，各项研究表明其质量分析能力相对沸石显著提高，并且其独特的特性，如结构柔韧性和暴露的金属位置，使其具有更大的未来发展潜力。但是，金属有机骨架材料在应用上往往不如沸石和活性炭，原因在于金属有机骨架材料往往表现出较低的热稳定性。不过，其在商业上的应用已经开始，巴斯夫公司以商品名销售一系列框架材料，表明这些材料在工业规模上的实际应用和使用显然是可行的。

4. 微孔有机聚合物

目前有三类主要的微孔有机聚合物作为吸附式储氢的潜在候选材料：固有微孔聚合物(PIM)、超交联聚合物(HCP)和共价有机框架(COF)。COF 是 MOF 的结晶有机类似物，而 PIM 和 HCP 都是非晶态(X 射线和中子非晶态)材料，它们具有无序结构，比沸石、

MOF 和 COF 等晶体材料更像活性炭。

PIM 是刚性和扭曲的大分子，由熔融的环状成分组成，由于无法有效地填充空间，因此形成微孔网络，其 BET 比表面积在 500～1 100 m^2/g 范围内；HCP 是高度交联的三维网状聚合物；COF 是由轻元素 H、B、C、O 和 Si 形成的晶体网络，这些元素通过强共价键(B—O、C—O、C—C、B—C 和 Si—C)连接起来。

以一种基于三联烯的聚合物(trip PIM)为例，其在 1.0 MPa 和 77 K 的储氢环境下，储氢容量质量分数高达 2.7%。同时，基于 BCMBP 的聚合物在 77 K 下的储氢容量质量分数更是达到 3.68%。尽管这些无定形有机聚合物的吸收并不突出，由于它们是由轻元素形成的，因此它们作为潜在的存储介质是很有吸引力的，而新材料的进一步开发和合成仍可能产生高存储容量的聚合物。与其他微孔介质相比，它们的一个缺点是热稳定性相对较低，这意味着必须注意在除气过程中不得引起热分解。

三种微孔有机聚合物中，相较于 PIM 与 HCP，通过各种实验模拟研究得出的 COF 的储氢容量质量分数令人感到印象深刻，如 Furukawa 和 Yaghi 研究得出的 COF－102 和 COF－103 在 77 K 和高达约 9 MPa 的储氢温压环境下进行质量分析得出的实验氢摄取量分别为 7.24 mg/g 和 70.5 mg/g，其中，COF－102 和 COF－103 是通过二羟基硼酰苯基甲烷(TBPM)及其硅烷类似物(TBPS)的自缩合反应制备的。Han 等人通过研究得出在 10.0 MPa 和 77 K 的储氢温压环境下，COF－105 和 COF－108 的储氢容量质量分数均超过 18%，其中 COF－105 为 18.3%，COF－108 为 18.9%，但这两种材料的自由体积大，体积容量低于 COF－102，模拟和实验的质量容量也较低。

关于氢在微孔有机聚合物上吸收焓的问题，Spoto 等人利用红外光谱法确定了 HCP [交联聚(苯乙烯－二乙烯基苯)聚合物]的值约为 4 $kJ \cdot mol^{-1} H_2$，Wood 等人测定了在 77 K 和 87 K 储氢温度环境下的吸收焓，数值与模拟结果基本一致。COF 的等位吸附焓在 4～7 $kJ \cdot mol^{-1} H_2$ 的范围内，同时实验结果表现出最大质量吸收的材料具有最低的吸附焓，也许反映了这样一个事实，即较大的孔体积和孔尺寸会导致更高的整体氢吸收量，但是同时由于孔径增大，吸附电位降低。

除 PIM、HCP 和 COF 外，许多其他类型的微孔有机聚合物开始被研究，例如二肽基材料和四联苯，一种有机沸石，虽然其中许多有机聚合物材料的储氢容量都相对较小。早期研究结果表明，HCL 处理的导电聚合物、聚苯胺和聚吡咯具有较高的吸氢率，但是在之后的其他学者的实验研究中却没有成功实现。Rose 等人研究实验另一组新的有机聚合物 EOF，其中 EOF 主要包括两种：聚(1,4－苯撑)硅烷(EOF－1)和聚(4,4′－联苯撑烯)(EOF－2)。研究实验表明在 77 K 和 0.1 MPa 的储氢温压环境中，其展现出来的储氢容量质量分数分别为 0.94%和 1.21%。尽管到目前为止，这些化合物基本都还没有被证明是一种实用的储氢材料，但随着合成化学家不断发现有趣的新微孔介质，对这些化合物的研究很可能会取得更大的进展。同时，这项研究无疑也将提高我们对含有机微孔材料的氢气相互作用的理解。

5.3.3　复合氢化物储氢

复合氢化物的储氢情况为氢原子以离子或共价的形式进入储存材料的主体中，然后通过主体分解成两个或多个组分而释放出来。这类储氢材料通常由碱金属或碱土金属和$[ALH_4]^-$、$[NH_2]^-$和$[BH_4]^-$阴离子水化物形成。与本章所述的许多材料一样，复杂氢化物在许多年前首次被合成，但直到最近的研究才意识到它们作为一种实用的可逆储氢材料的潜在用途，其发现缘由是 Bogdanovic 和 Schwickardi 发现了 Ti 掺杂对氢化/脱氢过程的催化增强作用，而且 Chen 等人也发现了 Li－N－H 系统的可逆氢吸附特性。如今复合氢化物这一术语已成为包含丙酸盐的总括术语，目前正在考虑用于储氢的氮化物和硼氢化物。

1. 丙酸盐

丙酸钠$NaAlH_4$ 的结构是钠原子被$[AlH_4]^-$包围形成的四面体。其在脱氢过程这个阶段分解成一个中间产物，伴随着气态氢的释放，反应式为

$$3NaAlH_4 \longrightarrow Na_3AlH_6 + 2Al + 3H_2 \tag{5.2}$$

第二阶段的反应过程会进一步析出氢，反应式为

$$Na_3AlH_6 \longrightarrow 3NaH + Al + \frac{3}{2}H_2 \tag{5.3}$$

式(5.3)所示的脱氢反应在温度为 210～493 K 时发生，式(5.2)所示的反应则发生在温度为 523 K 左右时，至于 NaH 的脱氢反应，则要在 698 K 时才会发生，因此 NaH 的脱氢反应在可逆储氢过程中不起实际作用，不会发生。这两个阶段的反应产生一个具有两个平台的等温线。在 483 K 的环境温度下，平台压力分别为 15.4 MPa 和 2.1 MPa。该反应的不可逆性，氢化物的不稳定性和缓慢的解吸动力学意味着这种材料并不被认为是一种特别有前途的储存材料。相关突破出现在 20 世纪 90 年代中期，当时 Bogdanovic 和 Schwickardi 发现$TiCl_3$ 的加入对氢化反应的可逆性和动力学性能有显著影响，之后 Jensen 等人研究实验并改进了 Bogdanovic 和 Schwickardi 的湿化学掺杂方法，并表示可以通过机械混合丙酸盐和掺杂剂的化合物。随着该方面研究的开始，越来越多的学者开始朝着这方面研究，已经有许多经过鉴定确定有效的掺杂剂被发现，例如$ScCl_3$、$CeCl_3$ 以及$PrCl_3$ 等。

掺钛丙酸钠可在 393 K 的温度下完成放氢过程，同时也能在温度为 443 K 及氢压为 15 MPa 的环境中再氢化。虽然 Ti 催化剂的作用目前尚未完全了解，但掺钛丙酸钠已经被应用在实际的储氢装置中，这种情况在一定程度上证明了复合氢化物可以利用于实际的储氢装置中并具备相当前景。对丙酸钠使用的应用研究目前已处于相当高级的阶段，例如，最近的一项研究通过实验模拟一个储罐的故障和随后发生的情况来研究丙酸钠仓库的安全性。丙酸钠粉末排出的粉尘云不是自发点燃的，但是外部火源的存在导致了反应粉末的火焰，同时当水喷洒到排出的粉尘云上时，也会发生着火，这一结果的推断是相对合理的，虽然没有直接观察到自燃现象，但是推断的合理性是存在的。

其他丙酸盐的储氢能力例如$KAlH_4$ 储氢容量质量分数为 5.71%，$Mg(AlH_4)_2$ 为 9.27%，$Ca(AlH_4)_2$ 为 7.84%，除此之外也有一些混合丙酸盐处于研究中，例如 Na_2LiAlH_6、K_2LiAlH_6 以及 $LiMg(AlH_4)$等。目前，新的研究方向主要是一些混合丙酸盐的研究，包括 Mg－Li－Al－H、Mg－Ca－Al－H、Li－Ca－Al－H 和 Na－Ca－Al－H，以及 Mg－Na－Al－H、Mg－K－Al－H 和 Ca－K－Al－H 等，尽管对这些系统的研

究仍处于早期阶段，但是该领域的继续研究有望揭示新的丙氨酸盐，新的丙酸盐相或混合的丙酸盐组合，以及新的催化剂，特别是在了解 Ti 掺杂剂的作用方面取得重大进展的情况下。

2. 硼氢化物

硼氢化物是所有复合氢化物中储氢容量质量分数最高的，如$LiBH_4$ 达到 18.5%，其释放氢气的反应为下列两式之一。

$$LiBH_4 \longrightarrow Li+B+2H_2 \tag{5.4}$$

$$LiBH_4 \longrightarrow LiH+B+\frac{3}{2}H_2 \tag{5.5}$$

硼氢化物在实际应用过程中，分解温度过高，据相关应用表明，$LiBH_4$ 需要在 280 ℃(553 K)的温度环境下才可以分解释放出 3/4 的氢原子，其分解焓为 88 kJ · mol^{-1} H_2。同时，LiH 的化学性质稳定，其脱氢反应仅在 727 ℃(1 000 K)以上温度环境中发生。$LiBH_4$ 的脱氢反应是一个可逆的过程，式(5.4)、式(5.5)所示的脱氢反应再加氢过程分别要在 35 MPa、600 ℃(873 K)以及 20 MPa、690 ℃(963 K)的温压环境下进行。人们对于大多数复合氢化物的 LiH 和 B 的氢化机理尚不清楚，但人们认为这可能是 LiH 与 B 的中间反应生成一种充满氢的化合物，或由 B 和 H 反应生成二硼烷，然后与 LiH 自发反应生成全硼氢化物。

其他一些碱金属和碱土金属硼氢化物具有很高的储氢质量分数以及体积储氢容量。例如，$NaBH_4$、KBH_4 以及 $Mg(BH_4)_2$ 的储氢容量质量分数分别达到 10.6%、7.4%和 14.8 %，它们的体积容量分别为 113.1 kg · m^3、87.1 kg · m^3 和 146.5 kg · m^3。但是以上数据都是理论值，它们在实际温度下无法可逆实现，同时硼氢化物也对水分十分敏感。Eberle 等人认为挥发性硼烷可能会发生变化，在实际情况中，即使是微量水平上的变化，也会因储存容量损失和燃料电池损坏而导致出现问题。最近对硼氢化物的研发出现新的策略，学者们开始讨论这些氢的可逆储存，包括氢原子化合物的高容量通过与其他化合物混合来破坏复杂氢化物的稳定性，重点是将此策略用于 $LiBH_4$ 以及氢化物(MgH_2)、镁盐(MgF_2 和$MgSe_2$)、元素金属(Al)、合金、氧化物(TiO_2)和碳。这为硼氢化物以及其他复杂氢化物对氢的改性存储方式提供了发展方向，并且给出了应用于实际中的希望。

3. 复杂过渡金属氢化物

一些复杂的过渡金属氢化物已经被认为可以可逆地解吸和吸收氢，例如Mg_2FeH_6、Mg_2NiH_4 和Mg_2CoH_5；一些主体金属成分形成稳定的金属化合物，如Mg_2Ni 和Mg_2Cu，但所占比例较少。复杂的过渡金属氢化物包括具有惊人储氢能力的化合物，例如在一定环境下，HIM 比为 4.5，Mg_2FeH_6 容量约为 150 g/L，是液态氢的两倍。

Mg_2NiH_4 是此类材料中可获得最多的材料，其作为一种可供选择的储存材料受到关注，部分原因在于其储氢容量质量分数可达到 3.6%。其合成方式由 Reilly 和 Wiswall 经过实验研究首次提出，在很长时间内，Mg_2NiH_4 被认为是一种间隙氢化物，但目前已知其结构由四面体配合物组成。复杂过渡金属氢化物与目前考虑用于储氢的其他复杂氢化物存在相同的问题，它们的吸一放氢温度都过高。例如，Mg_2NiH_4 的生成焓为

$-32.3\ kJ\cdot mol^{-1}H_2$，并且氢解吸需要温度高于 520 K，同时其吸氢时的温度也相对较高。最近一种新的研究方向开始展开，通过机械研磨对复杂过渡金属氢化物进行氢脱附的研究已经取得了进展，机械研磨时吸－放氢温度的降低受到了 Orimo 和 Fujii 的影响，同时在球磨过程中出现了很大比例的晶界，但是其储氢能力在研磨材料的过程中降低至 1.6 %。

虽然复杂过渡金属氢化物目前没有像丙酸盐、酰胺、酰亚胺和硼氢化物等材料那样在储氢应用方面受到重视，但它们代表着另一类非填隙氢化物的突出例子，其发展表明了似乎还有更多尚未发现的多元复合氢化物化合物有可能成为有效的储氢材料。因此，尽管它们不一定表现出超过美国能源部目标的储氢容量要求，但继续研究新的复杂氢化物化合物，如复杂过渡金属氢化物，可能会在一定程度上开发出新的多元复合氢化物化合物或者对已有材料的储氢能力进行强化。

5.3.4 其他材料储氢

前面我们介绍了一系列潜在的可逆储氢材料，这些材料分为多孔吸附剂、间隙氢化物和复合氢化物。在本小节中，我们将研究不容易归入这些类别的材料，包括包合物和离子液体。我们还将研究通过氢溢出机制增强储氢能力的材料。

1. 包合物

包合物水合物是解决储氢问题的一种新方法，包合物水合物是由水的氢键网络形成的包合物。包合物水合物普遍存在于天然气和石油管道中，所以其一直被人们所知道，其常常与甲烷、氮气和氩气等共存。Mao 等人发现的分子氢包合物的存在直接开启了学者们对用于固态储氢的包合物的研究。纯氢笼形水合物仅在高压或低温下稳定的特性制约了其应用于储氢环境中，然而，最近的研究表明使用诸如四氢呋喃（THF）之类的促进剂可以在常规温压环境条件下稳定它们。包合物水合物结构主要分为三种，分别为 SⅠ、SⅡ和 SH，后两种结构具备很好的储氢特性研究前景。

在最初的报告之后，Leo 等人提出了关于包合物水合物的潜在储氢容量质量分数为 4%，并且可以通过改变 THF 浓度来调节包合物的能力，但是由于该结论并未获得相关独立实验的验证，因此一些争议随之产生，学者们似乎一致认为实际最大储存容量质量分数接近 1%。最近，有人提议在 SH 情况下进行储氢过程，其估计储氢容量质量分数在 1.4%左右。同时，使用替代促进剂叔丁基醚（MTBE）和二甲基环己烷（DMCH）（包括甲基）实现了 SH 的稳定化。但是使用替代促进剂后，包合物的储氢容量会有所降低，由于这种现象的产生，一种猜测诞生：促进剂分子取代了氢气占据了包合物结构中一定比例的笼状物，从而导致了储氢容量的下降。对此，一些学者提出在 SⅡ的情况下减少用于稳定包合物的四氢呋喃的数量可以使氢在更高浓度下占据由四氢呋喃占据的一些较大的笼状物，从而使储氢能力显著提高，但是这种方式也被质疑，另一些学者对氢对这些较大空腔的占据提出了质疑。目前，除了笼形水合物中的储氢外，还有学者提出了有机包合物氢醌（苯二醇）中储氢的可能性，对于本节中的许多材料，使用包合物水合物和其他有机包合物的储氢是正在进行的研究的主题。

包合物的一个显著缺点是包合物形成速度慢，Cooper 等人已经通过实验研究证明了包合物能够在乳液模板的孔隙中稳定，并且在基于（亲水膨胀）聚合物网络中的包合物显示了储氢应用的潜力，尽管研究得出的包合物的储氢容量很低，但这种支持包合物的形成似乎大大增强了过程的动力学性能，因此是一个值得进一步研究的领域。

2. 离子液体

离子液体是一种由阳离子和阴离子组成的材料，离子液体因其用途而备受关注，例如，在催化过程中，离子液体作为一种"绿色溶剂"存在，离子液体会在 100 ℃（373 K）或以下熔化，其产生的蒸汽压可以忽略不计，这意味着离子液体与挥发性有机溶剂相比来说是具有环保特性的，因此在许多工业和化学过程中使用离子液体取代挥发性有机溶剂是可行的。

Stracke 等人通过实验研究证明了咪唑啉离子液体储氢的潜力，其体积氢容量高达 30 g/L，然而，事实上该离子液体的脱氢温度在 230～300 ℃（503～573 K）范围内，加氢时间更是高达 100 h。这一结论显示了该离子液体作为储氢材料是没有实用价值的，但是从另一方面看该离子液体具备储氢能力的事实是存在的，而离子液体的种类更是高达 100 多万种，还有更多的二元和三元体系，因此，如果要对这类有趣的储氢材料的适用性得出有意义的结论，还需要进一步的研究实验。

3. 有机和无机纳米管

前文介绍的碳纳米管作为一种潜在的储氢材料受到了广泛的关注，与碳纳米管一样，许多其他有机和无机纳米管材料也因存在作为储氢材料的可能性而受到众多学者与研究员的关注。Rao 和 Nath 所著的一篇文章对包括硫系、氧化物和氮化物纳米管材料制成的无机纳米管及其合成提供了一个很好的概述。其中一些性能优良的材料受到大量关注，特别是由较轻元素组成的纳米管，研究者对其储氢性能已经开始进行研究。例如，Seayad 和 Antonelli 介绍了氮化硼（BN）、硫化钛（TiS_2）和硫化钼（MoS_2）三种类型的纳米管，经过实验研究后发现在 10 MPa 和环境温度下，塌缩 BN 纳米管的储氢容量质量分数可达到 4.2%。之后，许多各种类型的其他材料制成的纳米管被通过实验或理论研究其储氢性能，包括氧化钛（TiO_2）、碳化钨（WC）、硅和碳化硅（SC），而且一些材料的纳米管在实验过程中在储氢性能上展现出了许多有趣的特点，例如，一些多壁纳米管可以通过嵌入各种类型材料而获得额外的特性，例如对其储氢容量进行提升，减少对于环境的要求。但是，目前来说这些纳米结构材料在大规模应用中的适用性需要解决，例如其汽车运输问题仍然有待解决。

5.4　氢气存储发展动向

前文就各种储氢材料特性及其各方面进行了阐述，从最常见的气态储氢和液态储氢开始，接着是对金属及合金储氢材料的分析，之后对包括空心玻璃微球、微孔材料、复合氢化物以及各种具有发展潜力的新型储氢材料进行了阐述。

各种储氢方式中气态储氢和液态储氢最为常见，其中气态储氢技术最为成熟，应用最广。气态储氢在发展方向上处于一个成熟的阶段，目前来说其发展方向主要是对储氢罐进行研究发展，设计出强度更高，储氢能力更强的储氢罐，同时较轻材料制成的储氢罐也是目前研究方向之一。在加强储氢能力方面，常用的方式是在储氢罐内壁上添加吸氢材料，吸氢材料的选取要求为当储氢罐内氢压升高时，储氢材料开始吸氢，当储氢罐释放氢气，罐内氢压减少时，储氢材料开始释放出所吸收的氢气，这一系列吸－放氢反应都是发生在常温条件下的。

液态储氢由于其液化及储存、运输过程中容易产生能耗，特别是液态氢对于储存环境的严格要求妨碍了液态储氢技术的发展及应用。为了加强液态储氢的应用及相关技术的发展，液态储氢技术的研究将向以下几个方面发展：降低氢气液化时的能量损耗；研究保温隔热层及保温隔热装置，减少保存及运输过程中的热交换过程；减少液态氢释放氢气时产生的能耗。让液态储氢能耗减少，增强其保存、运输的安全性及稳定性是目前液氢存储研究发展的主要目的。

前文还对储氢方式中的大类，金属及金属化合物储氢进行了讨论，表明了金属及合金作为储氢材料的可行性。金属及合金材料储氢原理，即通过与氢气在一定的温度和压强环境下形成金属氢化物来进行储氢活动，之后在需要用氢的场合，通过控制环境温度至合适的温压环境，促使放氢反应过程，从而达到释放氢气的效果。之后，对各种金属及合金储氢材料进行了分类、归纳及总结，根据金属及合金种类依次介绍了稀土系储氢合金、锆系储氢合金、钛系储氢合金，以及镁系储氢合金。稀土系储氢合金主要由AB_5型储氢合金以及 La－Mg－Ni 型储氢合金（AB_3、A_2B_7 型）两类组成，前文对AB_5 型储氢合金中的典型代表$LaNi_5$ 和$MmNi_5$ 做了介绍，分析了两者的特性及缺点，同时对其储氢性能改良方式做出了介绍，同时还介绍了$MmNi_5$、$MlNi_5$（混合稀土材料合金）和多元合金的相关情况。关于锆系储氢合金主要介绍了$ZrMn_2$ 以及 Zr－Mn、Zr－Cr、Zr－V 三个系列的储氢合金，介绍了其添加元素改变材料储氢性能的方式，并对合金材料中相的组成进行了介绍，着重介绍了 Zr－Ni 相随着 Ni 的添加而改变的情况。关于钛系储氢合金材料则主要介绍了 TiFe 合金，并阐述了其特点及所含有的缺陷，针对其缺点介绍了使用相应金属及其他元素部分代替合金中的 Fe 元素，从而起到改善合金性能的作用。关于镁系储氢合金材料则是先将镁的储氢特点单独介绍后介绍镁系合金储氢材料的特点及其吸氢反应条件的苛刻性（需要在高温高压环境下进行），之后从两个角度着手，其一是通过部分替代合金中的元素对合金进行性能改良，其二是通过使用镁及镁系合金的复合材料进行储氢活动，提高储氢效率，降低其环境要求。储氢合金是目前储氢材料研究的主要方向，研究更多元素对于储氢合金材料储氢性能的优化以及探索各类储氢合金的应用方式是目前对于金属合金储氢能力研究的主要方向。

除了上述对储氢材料及储氢方式的探讨以外，前文还对各种其他方式的储氢技术及材料进行了归纳与总结，介绍了空心玻璃微球储氢方式及其储氢机理，空心玻璃微球的储氢能力，以及空心玻璃微球的特点及缺点，并将各种微球及其他储氢方式进行了类比，突出了其特性。关于空心玻璃微球的未来发展趋势，空心玻璃微球的特点为较高的储氢量及较好的抗压能力，选取制配较轻的抗压材料作为空心玻璃微球的制作材料，同时开发出各种性能的储氢微球成为其未来发展的重点方向。

微孔材料应用于储氢行业的现状及发展，碳材料、沸石、金属有机骨架及微孔有机复合物的相关介绍前文已述。前文对碳材料的介绍重点主要集中在活性炭、碳纳米管和纳米纤维，以及微孔模板碳。对于活性炭、碳纳米管和纳米纤维的储氢原理及相关研究进行分析可知，活性炭的优良特性及其实用价值和可获得性使其成为储氢碳材料中的主力军，碳纳米管和纳米纤维则在储氢方面展现出了优秀的性能，配合上其本身的材料特性，使得其受到众多学者的青睐。微孔模板碳作为最新的新型储氢碳材料，前文对其的介绍主要集中在目前的研究情况以及其广阔的发展前景，例如通过调整和优化孔径的方式继续对各种类型模板碳以及它们与氢的互相作用进行研究无疑是具有价值的。沸石是四面体形成的微孔铝硅酸盐，其离子交换、分子筛和催化性能都具有很高的实用价值，因此常在实际工业环境中被广泛应用。沸石因其种类的多样性而产生了不同的晶体结构及特性，与其他所有微孔固体一样，它们具有高比表面积和大孔体积，表明其具有较高的储氢性能。一些学者对沸石储氢性能进行了研究，沸石的研究作为进一步研究氢与微孔材料相互作用的模型系统是具有研究价值及研究前景的。金属有机骨架（MOF）是由金属离子或由有机桥连接的团簇组成的结晶，前文对于金属有机骨架的介绍以其结构网络为开端，阐述了其作为储氢材料的可能性，随后对一系列学者研究出的各类型金属有机骨架的储氢容量及各方面特性进行了描述，将其与沸石进行比较，突出了金属有机骨架的特性，并说明了其已经在商业环境中进行运用，从而证明了其实际运用价值。前文关于微孔有机聚合物的阐述则是集中在三种潜在材料上，依次是固有微孔聚合物（PIM）、超交联聚合物（HCP）和共价有机框架（COF），由于该种材料正处于研究阶段，因此针对它们的介绍主要集中在对目前研究结果表明的储氢容量的介绍以及各类学者对其相关研究的介绍。前文对于复合氢化物的介绍主要在丙酸盐、硼氢化物以及复杂过度金属氢化物间展开。丙酸盐$NaAlH_4$由钠原子被包围形成的四面体组成，前文介绍了其脱氢反应的两个阶段及各阶段反应所需要的温压环境，阐述了丙酸盐用于储氢材料所具备的特点及缺陷，针对其缺陷，阐述了学者进行相关研究得出的相应解决方案，其中使用 Ti 掺杂剂进行性能优化是目前得出的较为可靠的方案。硼氢化物是三种材料中储氢容量相对较高的，储氢质量分数可达到18.5％，前文描述了其释氢反应化学方程式，介绍了硼氢化物在实际运用过程中出现的问题，并阐述了相关学者给出的解决方案，除此之外还对其他一些具有很高的储氢质量分数以及体积储氢容量的碱金属和碱土金属硼氢化物进行了相关介绍。复杂过渡金属氢化物中常见的类型有Mg_2FeH_6、Mg_2NiH_4和Mg_2CoH_5，前文就Mg_2NiH_4的相关特性、缺点及研究进行了分析。继续研究新的复杂氢化物化合物，如复杂过渡金属氢化物，可能会在一定程度上开发出新的多元复合氢化物化合物或者对已有材料的储氢能力进行强化。

关于处于研究开发状态并具有研究潜力的其他新型材料，本书主要介绍了包合物、离子液体、有机和无机纳米管三种。本书对包合物的描述从包合物水合物的可获得性上入手，以各学者实验研究结论作为切入点，阐述了包合物作为固态储氢材料所具有的潜在可能性。解决纯氢笼形水合物仅在高压或低温下稳定的特性成为目前研究的重点方向。相关学者的研究结论表明使用替换促进剂是一种卓越成效的方式。前文还对包合物的一个显著缺点——形成速度慢及其相关解决方案进行了阐述。离子液体是一种由阳离子和阴离子组成的材料，前文对其作为“绿色溶剂”与挥发性有机溶剂的对比以及其储氢能力进行了阐述,并描述了离子液体的庞大的数量及其作为储氢材料的适用性展望。前文还介绍了有机和无机纳米管,表明了其与碳纳米管一样作为储氢材料的可能性,随后阐述了一些较轻的材料制成的纳米管的受重视程度,最后通过相关学者进行的实验研究结论分析了一系列有机和无机纳米管所具有的性质及其特殊性质所导致的开发潜力。

5.5 储热技术热力学基础

热力学第一定律是能量守恒定律。热力学第二定律有几种表述方式:克劳修斯表述为热量可以自发地从温度高的物体传递到温度低的物体,但不可能自发地从温度低的物体传递到温度高的物体;开尔文—普朗克表述为不可能从单一热源吸取热量,并将这热量完全变为功,而不产生其他影响;熵增表述为孤立系统的熵永不减小。热力学第三定律通常表述为绝对零度时,所有纯物质的完美晶体的熵值为零,或者绝对零度($T=0$ K)不可达到。

5.5.1 热力学第一定律

热力学第一定律也就是能量守恒定律,是指不同形式的能量在传递与转换过程中守恒的定律,表达式为

$$\Delta U=Q+W$$

其表述形式为:热量可以从一个物体传递到另一个物体,也可以与机械能或其他能量互相转换(图 5.5),但是在转换过程中,能量的总值保持不变。

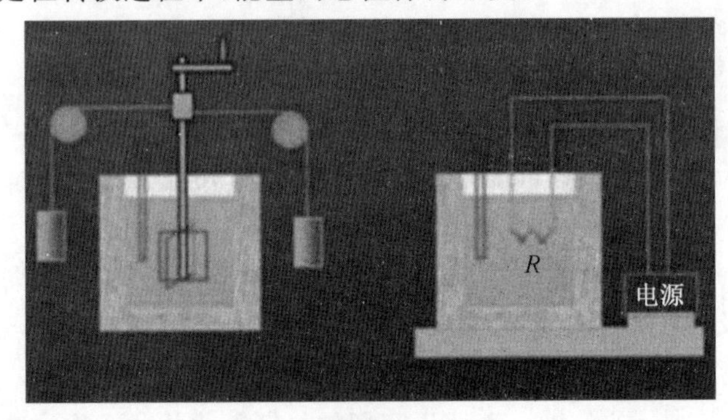

图 5.5　能量守恒定律

该定律已被迈尔(J. R. Mayer)、焦耳(J. P. Joule)等多位物理学家验证。热力学第一定律就是涉及热现象领域的能量守恒和转化定律。19 世纪中期,在长期生产实践和大量科学实验的基础上,它以科学定律的形式被确立起来。

电磁学的能量守恒定律:根据楞次定律,感应电流所产生的磁场总是阻碍原磁场磁通量的变化,这种阻碍的结果就使得电磁感应的过程中将其他形式的能量转化为电能,感应电流形成回路,再将电能转化为其他形式的能量。楞次定律所揭示的感应电流与原磁场的关系本质仍然是能量转化的关系,即能量守恒定律。

(1)内能(Internal Energy)。

内能,热力学系统的能量,它包括了分子热运动的平运动、转动、振动能量,化学能,原子能,核能和分子间相互作用的势能(不包括系统整体运动的机械能)。

$$E=E(T,V) \tag{5.6}$$

式中,E 为内能;T 为系统温度;V 为系统体积。

理想气体的内能是温度的单值函数,它是一个状态量,只和始末位置有关,与过程无关。

$$E=E(T) \tag{5.7}$$

内能变化 ΔE 只与初末状态有关与所经过的过程无关,可以在初末态间任选最简便的过程进行计算。

内能变化方式主要有两种:做功,热传递。

(2)功(Work)W。

热力学系统做功装置——活塞如图 5.6 所示。

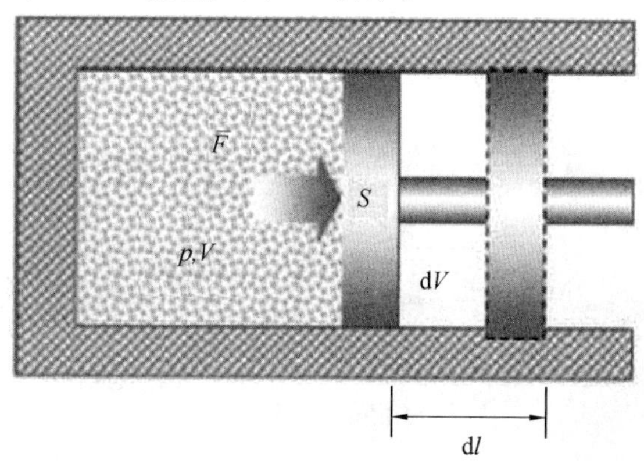

图 5.6　活塞

其中,

$$\begin{aligned} dW &= pS\,dl = p\,dV \\ W &= \int_{V_1}^{V_2} p\,dV \end{aligned} \tag{5.8}$$

式中,p 为压力;s 为活塞面积;l 为活塞移动距离;V_1 和 V_2 分别为活塞移动前后腔体体积。

系统所做的功在数值上等于 $p-V$ 图(图 5.7)上过程曲线以下的面积。

热力学系统做功的本质:无规则的热分子运动之间的能量转化。

功和热量都是过程量,而内能是状态量,做功或传递热量的过程使系统的状态(内能)发生变化。

(3)热量(Heat)Q。

热量的单位:国际单位,焦耳(J);工程单位,卡。

焦耳当量:1 卡=4.186 焦耳。

功与热的等效性:做功或热传递都可以改变热力学系统的内能。

热力学系统做功的本质:无规则的分子热运动与有规则的机械运动之间的能量转化。

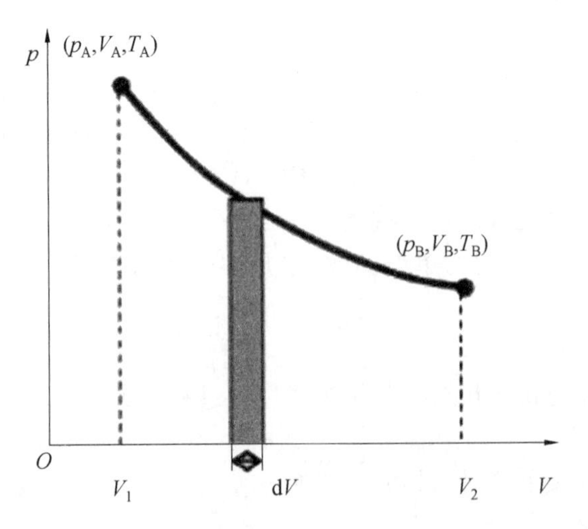

图 5.7　$p-V$ 图

热量传递的本质:无规则的分子热运动之间的能量转化。

功与热的等效性:做功或传递热量(图 5.8)都可以改变热力学系统的内能。

图 5.8　做功与热传递

(4)热容量(Thermal Capacity)。

其指物体温度升高单位温度所需要吸收的热量。

$$C=\frac{dQ}{dT} \tag{5.9}$$

式中,Q 为物体的热量;T 为物体的温度。

比热(Specific Heat):单位质量物质的热容量。

$$c=\frac{1}{m}\frac{dQ}{dT} \tag{5.10}$$

式中,m 为质量。

摩尔热容(Molar Specific Heat):摩尔物质的热容量。

$$C_i=\frac{dQ}{dT} \tag{5.11}$$

定体积摩尔热容:1 mol 理想气体在体积不变的状态下,温度升高单位温度所需要吸收的热量。

$$C_{V,m}=\left[\frac{dQ_{mol}}{dT}\right]_V \tag{5.12}$$

定压摩尔热容：1 mol 理想气体在压强不变的状态下，温度升高单位温度所需要吸收的热量。

$$C_{p,m}=\left(\frac{dQ_{mol}}{dT}\right)_p \tag{5.13}$$

实验证明：$C_{p,m}=C_{V,m}+R$。（此即迈耶公式）

$\gamma=\frac{C_{p,m}}{C_{V,m}}$ 为摩尔热容比（绝热系数）。

热力学第一定律本质：包括热现象在内的能量守恒和转换定律。

$$Q=(E_2-E_1)+W \tag{5.14}$$

式中，Q 为系统吸收的热量；W 为系统所做的功；(E_2-E_1)为系统内能的增量。

其中，

$$W=\int_{V_1}^{V_2} p\,dV \qquad dW=p\,dV \tag{5.15}$$

5.5.2　热力学第二定律

1.热力学第二定律有几种表述方式

克劳修斯表述：热量可以自发地从温度高的物体传递到较冷的物体，但不可能自发地从温度低的物体传递到温度高的物体。

开尔文－普朗克表述：不可能从单一热源吸取热量，并将这热量完全变为功，而不产生其他影响。

熵表述：随时间进行，一个孤立体系中的熵不会减小。

$$dS\geqslant\frac{\delta Q}{T} \tag{5.16}$$

热力学第二定律的两种表述（前两种）看上去似乎没什么关系，然而实际上它们是等效的，即由其中一个可以推导出另一个。

热力学第二定律的每一种表述，都揭示了大量分子参与的宏观过程的方向性，使人们认识到自然界中进行的涉及热现象的宏观过程都具有方向性。

热力学第二定律的第三种解释是熵趋向于总体增大，比如 1 L 温度为 90 ℃的水（A）和 1 L 温度为 10 ℃的水（B）融合，不会是 A 的温度升高而 B 的温度降低，因为如此的话，总体的熵减小。如果 A 温度降低但 B 温度升高一点，总体的熵增加。

微观意义：一切自然过程总是沿着分子热运动的无序性增大的方向进行。

第二类永动机：只从单一热源吸收热量，使之完全变为有用的功而不引起其他变化的热机。第二类永动机效率为 100%，虽然它不违反能量守恒定律，但大量事实证明，在任何情况下，热机都不可能只有一个热源，热机要不断地把吸取的热量变成有用的功，就不可避免地将一部分热量传给低温物体，因此效率不会达到 100%。第二类永动机违反了热力学第二定律。

这一定律的历史可追溯至尼古拉·卡诺对于热机效率的研究，及其于 1824 年提出的卡诺定理。该定理有许多种表述，其中最具有代表性的是克劳修斯表述（发表于 1850 年）和开尔文表述（发表于 1851 年），这些表述都可被证明是等价的。该定律的数学表述主要借助鲁道夫·克劳修斯所引入的熵的概念，具体表述为克劳修斯定理。

虽然这一定律在热力学范围内是一条经验定律，无法得到解释，但随着统计学的发展，这一定律得到了解释。

这一定律本身及所引入的熵的概念对于物理学有着深远意义。该定律本身可作为过程不可逆性及时间流向的判据。而路德维希·波尔兹对于熵的微观解释——系统微观粒子无序程度的度量，更使这一概念被引用到物理学之外的诸多领域，如信息论及生态学等。

2. 热力学第二定律的自然语言表述

克劳修斯表述以热量传递的不可逆性（即热量总是自发从高温热源流向低温热源）作为出发点，虽然可以借助制冷机使热量从低温热源流向高温热源，但这一过程是借助外界对制冷机做功实现的，即这一过程除了有热量的传递，还有功转化为热的其他影响。

1850 年，克劳修斯将这一规律总结为：不可能把热量从低温物体传递到高温物体而不产生其他影响。

开尔文表述以第二类永动机不可能实现这一规律为出发点。第二类永动机是指可以将从单一热源吸热全部转化为功，但大量事实证明这个过程是不可能实现的。功能够自发地无条件地全部转化为热；但热转化为功是有条件的，而且转化效率有所限制。也就是说功自发转化为热这一过程只能单向进行而不可逆转。

1851 年开尔文把这一普遍规律总结为：不可能从单一热源吸收能量，使之完全变为有用功而不产生其他影响。

3. 开尔文表述和克劳修斯表述的等价性

开尔文表述和克劳修斯表述可以论证是等价的：

（1）如果开尔文表述不真，那么克劳修斯表述不真：假设存在违反开尔文表述的热机 A，可以从低温热源 T_2 吸收热量 Q 并将其全部转化为有用功 W。假设存在热机 B，可以把功 W 完全转化为热量 Q 并传递给高温热源 T_1（这在现实中可实现）。此时若让 A、B 联合工作，则可以看到 Q 从低温热源 T_2 流向高温热源 T_1，而并未产生任何其他影响，即克劳修斯表述不真。

（2）如果克劳修斯表述不真，那么开尔文表述不真：假设存在违反克劳修斯表述的制冷机 A，可以在不利用外界对其做的功的情况下，使热量 Q_1 由低温热源 T_2 流向高温热源 T_1。假设存在热机 B，可以从高温热源 T_1 吸收热量 Q_2 并将其中 Q_2-Q_1 的热量转化为有用功 W，同时将热量 Q_1 传递给低温热源 T_2（这在现实中可实现）。此时若让 A、B 联合工作，则可以看到 A 与 B 联合组成的热机从高温热源 T_1 吸收热量 Q_2-Q_1 并将其完全转化为有用功 W，而并未产生任何其他影响，即开尔文表述不真。

从上述二点，可以看出两种表述是等价的。

4. 卡拉西奥多里原理

卡拉西奥多里原理是康斯坦丁·卡拉西奥多里在 1909 年给出的公理性表述："在一个系统的任意给定平衡态附近，总有这样的态存在：从给定的态出发，不可能经过绝热过程得到。"值得注意的是，卡拉西奥多里原理如果要和开尔文表述及克劳修斯表述等价，需要辅以普朗克原理(起始处于内部热平衡的封闭系统，等体积功总会增加其内能)。

5. 热力学第二定律的其他表述

除上述几种表述外，热力学第二定律还有其他表述。如针对焦耳热功当量实验的普朗克表述："不可存在一个机器，在循环动作中把一重物升高而同时使一热库冷却。"以及较为近期的 Hatsopoulos-Keenan 表述："对于一个有给定能量、物质组成、参数的系统，存在这样一个稳定的平衡态：其他状态总可以通过可逆过程达到之。"

可以论证，这些表述与克劳修斯表述以及开尔文表述是等价的。

6. 卡诺定理

卡诺定理是尼古拉·卡诺于 1824 年在《谈谈火的动力和能发动这种动力的机器》中发表的有关热机效率的定理。值得注意的是，该定理是在热力学第二定律提出二十余年前已然提出，从历史角度来说其为热力学第二定律的理论来源。但是，卡诺本人给出的证明是在热质说的错误前提下进行的证明，而对于其相对严密的证明(以热动说为前提，而非热质说)需要热力学第二定律。

卡诺定理表述为：

(1)在相同的高温热源和低温热源间工作的一切可逆热机的效率都相等。

(2)在相同的高温热源和低温热源间工作的一切热机中，不可逆热机的效率不可能大于可逆热机的效率。

5.5.3　热力学第三定律

热力学第三定律通常表述为绝对零度时，所有纯物质的完美晶体的熵值为零，或者绝对零度($T=0$ K 即 -273.15 ℃)不可达到。R. H. 否勒和 E. A. 古根海姆还提出热力学第三定律的另一种表述形式：任何系统都不能通过有限的步骤使自身温度降低到 0 K，称为 0 K 不能达到原理。热力学第三定律认为，当系统趋近于绝对温度零度时，系统等温可逆过程的熵变化趋近于零。第三定律只能应用于稳定平衡状态，因此也不能将物质看作是理想气体。绝对零度不可达到这个结论称作热力学第三定律。

随着统计力学的发展，这个定律正如其他热力学定律一样得到了各方面解释，而不再只是由实验结果所归纳而出的经验定律。这个定律有适用条件的限制，虽然其应用范围不如热力学第一、第二定律广泛，但仍对很多学问有重要意义——特别是在物理化学领域。

热力学第三定律由瓦尔特·能斯特归纳得出并提出表述，因此又常被称为"能斯特定理"或"能斯特假定"。

热力学第三定律是对熵的论述，一般当封闭系统达到稳定平衡时，熵应该为最大值，在任何自发过程中，熵总是增加，在绝热可逆过程中，熵增等于零。在绝对零度，任何完美晶体的熵为零。

2017 年 3 月 14 日，伦敦大学学院物理学者强纳森·欧本海姆(Jonathan Oppenheim)与路易斯·马撒纳斯(Lluis Masanes)发表论文首次数学证实绝对零度不可能达到原理(即热力学第三定律)，并且设定了冷却热力系统的速度限制。

5.5.4 热力学第零定律

热力学第零定律又称热平衡定律，是热力学的四条基本定律之一，是一个关于互相接触的物体处于热平衡时的描述，并为温度提供了理论基础。最常用的对该定律的表述是："若两个热力学系统均与第三个系统处于热平衡状态，此两个系统也必互相处于热平衡。"换句话说，热力学第零定律是指：在一个数学二元关系之中，热平衡是递移的。

1. 热力学第零定律历史

热力学第零定律比起其他任何定律更为基本，但直到 20 世纪 30 年代前一直都未有人察觉到有需要把这种现象以定律的形式表达。热力学第零定律由英国物理学家拉尔夫·福勒于 1939 年正式提出，比热力学第一定律和热力学第二定律晚了 80 余年，但是第零定律是其他几个定律的基础，所以称为热力学第零定律。

2. 热力学第零定律概要

一个热平衡系统的宏观物理性质(压强、温度、体积等)都不会随时间而改变。一杯放在餐桌上的热咖啡，由于咖啡正在冷却，所以这杯咖啡与外界环境并非处于平衡状态。当咖啡不再降温时，它的温度就相当于室温，并且与外界环境处于平衡状态。

两个互相处于平衡状态的系统会满足以下条件：

(1)两者各自处于平衡状态。

(2)两者在可以交换热量的情况下，仍然保持平衡状态。推广之，如果能够肯定两个系统在可以交换热量的情况下物理性质也不会发生变化，即使不容许两个系统交换热量，也可以肯定互为平衡状态。因此，热平衡是热力学系统之间的一种关系。数学上，热力学第零定律表示为一种等价关系。(技术上，需要两个系统各自处于平衡状态，且在可以交换热量的条件下，仍然保持平衡状态。)

3. 热力学第零定律与温度

热力学第零定律说明任何两个系统的热平衡关系都是等价的，而经常被认为可用于建立一个温度函数;更随便的说法是可以用于制造温度计。

在热力学变量的空间中，温度为定值的区域可看作一个面，其为邻近的面提供自然秩序。于是可建立一个连续的总体温度函数。按此定义的温度实际上未必如摄氏温度一样是个具体数值，而是一个函数。该恒温面的维度是热力学变量的总数减一，例如对于有三个热力学变量 P、V、n 的理想气体，其恒温面是块二维面。若两个均为理想气体的系统处于热平衡，P_i 是第 i 个系统的压力，V_i 是第 i 个系统的体积，N_i 是第 i 个系统的摩尔数或原子数目。这样，温度相同时 PV/N 为一常数，故可引入常数 R 来定义温度 T，使得 $PV/N=RT$。这样，这种系统可作为温度计较准其他系统，此即为理想气体温度计。

5.6 储热材料

随着经济的发展,人类社会对能源的需求越发增大,如何科学合理地使用能源对社会的经济发展起着巨大作用,然而在实际的能源使用当中,能源的需求与供应时间性和空间性的错位很大程度上造成了能源的浪费。为了更加合理有效地利用能源并提高能量的利用率,需要一种材料或装置,把在一定时间或空间暂时闲置不需要的能量存储起来待需要时再次进行使用。对于能源利用而言,绝大部分能源通过热能这一能量形态加以利用或者由内能转化为其他形式的能量后再加以使用,因此储热是能量存储的一种常用方式,其中将热量或冷量存储起来并能够将存储的热量或者冷量提取出来的材料就称为储热材料。

储热材料在整个储能系统当中起着关键性作用,受到国内外研究学者的广泛关注并成为材料和能源领域研究的焦点。

储热材料的作用机制主要分为两个阶段:①能量存储阶段;②能量释放阶段。通过热能的存储和释放阶段的循环进行解决能源在时间和空间上的交错性,提高能源的利用率,从而达到能源的高效利用,进而达到节约能源的目的。

储热材料按储热方式主要可分为:显热储热材料、相变(潜热)储热材料、热化学储热材料和吸附储热材料。

1. 显热储热材料

显热储热材料是利用物质本身温度的变化过程来进行热量储存的,由于可采用直接接触式换热,或者流体本身就是储热介质,因此储、放热过程相对比较简单,是早期应用较多的储热材料。在所有的储热材料中显热储热技术最为简单也比较成熟。

显热储热材料大部分可从自然界直接获得,价廉易得。显热储热材料分为液体和固体两种类型,液体材料常见的如水,固体材料如岩石、鹅卵石、土壤等,其中有几种显热储热材料引人注目,如 Li_2O 与 Al_2O_3、TiO_2 等高温烧结成型的混合材料。

由于显热储热材料是依靠储热材料的温度变化来进行热量贮存的,放热过程不能恒温,储热密度小,造成储热设备的体积庞大,储热效率不高,而且与周围环境存在温差会造成热量损失,热量不能长期储存,不适合长时间、大容量储热,限制了显热储热材料的进一步发展。

2. 相变储热材料

相变储热材料是利用物质相变(如凝固/熔化、凝结/汽化、固化/升华等)过程的相变热来进行热量的储存和利用的。

与显热储热材料相比,相变储热材料储热密度高,能够通过相变在恒温下放出大量热量。虽然气—液和气—固转变的相变潜热要比液—固转变 、固—固转变的相变潜热大,但因其在相变过程中存在容积的巨大变化,其在工程实际中应用会存在很大困难。根据相变温度,潜热储热可分为低温和高温两种。低温潜热储热主要用于废热回收、太阳能储存以及供热和空调系统。高温相变储热材料主要有高温熔化盐类、混合盐类、金属及合金等，主要用于航空航天等。常见的潜热储热材料有六水氯化钙、三水醋酸钠、有机醇等。

潜热储热具有储热密度较高（一般都可以达到 200 kJ/kg 以上），储、放热过程近似等温，过程容易控制等优点，因此相变储热材料是当今储热材料研究和应用的主流。

潜热储热按照相变的方式一般分为 4 类：固－固相变、固－液相变、固－气相变及液－气相变。由于固－气相变和液－气相变材料在相变时体积变化较大，实际运用中需要很多复杂装置，因此在建筑墙体实际应用中很少被采用。目前固－固相变和固－液相变是储热材料中研究的重点。但固－液相变材料从固态转变成液态的过程中，液相容易发生泄露，必须用密封性良好的容器封装。固－固相变储热材料是相变材料从一种结晶形式通过相变过程转变成另一种形式，相变材料在相变过程中一直处于固态并伴随着热量的吸收与释放，从而改变周围环境温度，但存在相变潜热较小、相变温度不适宜、价格昂贵等缺点。

3. 热化学储热材料

热化学储热材料多利用金属氢化物和氨化物的可逆化学反应进行储热，在有催化剂、温度高和远离平衡态时热反应速度快。国外已利用此反应进行太阳能贮热发电的实验研究，但需重点考虑储存容器和系统的严密性，以及生成气体对材料的腐蚀等问题。

热化学储热材料具有储热密度高和清洁、无污染等优点，但反应过程复杂、技术难度高，而且对设备安全性要求高，一次性投资大，与实际工程应用尚有较大距离。

4. 吸附储热材料

吸附是指流体相（含有一种或多种组分的气体或液体）与多孔固体颗粒相接触时，固体颗粒（即吸附剂）对吸附质的吸着或持留过程。因吸附剂固体表面的非均一性，伴随着吸附过程会产生能量的转化效应，称为吸附热。在吸附脱附循环中，可通过热量储存、释放过程来改变热量的品位和使用时间，实现制冷、供热以及储热等目的。

吸附储热是一种新型储热技术，研究起步较晚，是利用吸附工质来对吸附/解吸循环过程中伴随发生的热效应进行热量的储存和转化的。吸附储热材料的储热密度可高达 800 ～1 000 kJ/kg，具有储热密度高、储热过程无热量损失等优点。由于吸附储热材料无毒无污染，是除相变储热材料以外的另一研究热点，但由于吸附储热材料通常为多孔材料，传热传质性能较差，而且吸附储热较为复杂，是需重点研究解决的问题。

显热储热材料通过介质温度升高而存储热量。这种材料在使用上简单方便，但本身的温度变化难以控制，同时热容量比较低，使用体积大，因此使用价值不大；热化学储热材料利用化学或者溶解热来存储热量，虽然储热密度比较大，但储热容量有限，且污染环境。而相变储热材料由于其相变过程中相变潜热较大，相变温度恒定，可以存储大量的热量，同时能实现控温。

相变储热材料根据化学成分可以分为有机类、无机类和复合类。

有机类相变储热材料主要有醇类、脂肪烃类、脂肪酸类、脂类以及高分子聚合物类等。这类材料的相变温度与其功能团以及链长有一定的关系，链长越长，相变温度越高，这一规律有助于对有机相变材料密度进行改性研究。有机类相变储热材料有很好的稳定性，无过冷现象、腐蚀性等，目前应用比较广泛，并且应用前景比较乐观。其唯一缺点是导热率偏低、相变焓较小。

无机类相变储热材料主要有结晶水合盐类、熔融盐类、金属或合金类。结晶水合盐类的应用比较广泛，包括卤化盐、硫酸盐、磷酸盐等含有碱或碱土金属卤化物。因其导热系数大，相变潜热大，价格低廉，在工业上广泛使用。由于无机盐会出现相分离或过冷现象，降低相变材料的灵敏度以及精准度，尽管工业上大量使用，但这些问题会阻碍未来无机盐的推广和发展。金属和合金相变材料也是无机类相变储热材料重要组成部分，由于其相变温度高，导热系数大，稳定性好，在中高温范围内很有优势，广泛应用在高温工业余热回收利用中。由于这类材料在高温下具有较强的腐蚀性，成本高，实际应用中很难找到合适的承装容器。

复合类相变储热材料，顾名思义，不同种类的相变储热材料具有不同特点和局限性，通过一定的方法复合，可以将两种或以上相变储热材料复合在一起从而得到性能优越的复合类相变储热材料，复合类相变储热材料可以从多个角度对相变储热材料进行完善和改进，很大程度上拓展了相变储热甚至储能的应用前景。

不同相变材料具有其特定的相变温度、相变潜热等物理属性，有机类相变材料的相变温度主要集中在中低温，但为了满足更多温度的要求可通过不同相变材料的复合来改变相变温度，复合过程中不断发生化学变化，单一有机相变材料仍能保持其原本的稳定性，并通过不同比例复配，得到所需要的相变温度范围。

固—液有机复合材料在相变过程中体积变化导致发生泄露现象，阻碍了有机复合相变材料在储热设备和储热系统中的应用。为了使有机复合相变材料的泄露问题得到解决，出现了新封装技术即微胶囊技术，由于其表面积大，换热效果好，迅速成为研究热点。

将固—液相变转换为固—固相变，利用小分子有机相变材料和大分子有机相变材料进行复合，也可以有效地解决泄漏问题。高分子相变材料由于结构的稳定性，通常作为基体使用，可以与小分子相变材料加热共混，或者接枝、交联，形成层结晶高分子基的复合相变材料。这类复合相变材料，基本上是通过化学反应把相变材料和支撑材料紧密结合，结构稳定。例如将聚乙二醇接枝到聚乙烯醇链上制备得到复合相变材料，相变焓值较高，相变温度适中，材料性能得到很大改善。

无机类相变储热材料储热密度大、适用中高温度。无机盐相变储热材料由于其廉价、储热大、导热率高等特点被广泛使用。合金相变储热材料虽说成本比较高，但因为适用于高温以及电子控温中，具有很好的应用前景。

无机类相变材料的研究要比有机类的研究早很多，其储热机理为：外界环境温度高时吸收热量，脱去结合水，外界温度低时则吸收水分，放出热量。由于相变过程中密度不均匀，盐类沉降到底部，出现相分离现象，导致水合盐的储热量降低。当水合盐相变过程中温度达到凝固温度时，固相自由能和液相自由能相等，此时两相并存，只有温度低于凝固温度时，才能使液体结晶。大部分无机盐都会出现过冷现象，且过冷温度由几摄氏度到几十摄氏度不等。所以，除了对无机盐相变温度的控制之外，学者们研究最多的就是相分离和过冷现象。

5.7 储热发展动向

储热具有低成本、寿命长、容量大、环保无污染等诸多优点。业内普遍认为，虽然行业目前仍处于低谷期，但只要挖掘出适合的应用场景，就能尽早走出低谷。每每提及储能，人们首先想到的是储电，实际上，储热同样是储能的一大方向。不过，与广受关注的储电相比，储热显得有些冷清。作为储能的技术路线之一，储热是利用介质进行热量的储存和释放。目前国际上应用较多、技术较成熟的是熔融盐储热。根据相关统计，我国储热的装机量至少在 10 GW 以上，包括采用固体储热、水蓄热、相变蓄热等技术路线的项目。然而，令人尴尬的是，储热的社会认知度和资本关注度与庞大的装机量并不相配。在储能行业中，至今仍有不少人认为储电技术路线优于储热技术路线。在热闹喧嚣的储能市场，却很少听到储热的声音。储热关注度低主要是以下原因造成的：第一，储热的应用并不像储电那样广泛，对于用户来说，以电力消费为主，储电的关注度自然高，政策也会多些；第二，储热是一个偏工业级的产品，距离居民消费相对较远，对于普通居民来讲，了解程度就会低一些；第三，从资本的角度来说，喜欢追逐受国家政策扶持的大产业，对相对冷清的储热并不热衷。

5.7.1 储热产业链

就能源行业而言，我国储热的大规模应用，始于首批 20 个太阳能光热发电示范项目。但由于种种原因，目前，储热应用进入了行业低谷期。据了解，虽然储热市场存量并不小，但目前专注于储热的企业越来越少，不少企业选择退出或业务转型，只剩下屈指可数的几家储热企业蹒跚前行。而放眼整个储能市场，储电企业数量越来越多。业内人士指出，大部分储电企业，都脱胎于传统的电池产业，其中以锂电池厂商为代表，这些企业无论是资金实力、行业资源还是人脉资源等，都决定了它们可以牢牢把控储能市场的话语权。反观储热企业，缺少相应的资源支撑，难以在储能市场发挥导向性作用。

上述业内人士表示，储电产业链目前已形成一个利益共同体，为行业统一发声，表达诉求。相比之下，储热产业链并没有形成凝聚力，没有合力推动储热产业的发展。目前，储热领域急需一个牵头的组织或机构，以及能够引领行业前行的龙头企业。此外，对于用户端来说，在一些应用场景下，储电技术路线更具有经济性优势。段洋认为，以锂离子电池为例，储电应用既可以是手机电池，也可以是新能源汽车，还可以是电网的储能，储电有非常多的产品形式，这决定了锂离子储能厂商更具有竞争力。反观储热，目前，无论是供暖、工业蒸汽，还是余热回收等领域，都还没有形成一个成熟的市场作为基础支撑。市场成熟度不高，导致储热企业增长乏力，竞争力明显不足。

5.7.2 储热市场

基于能量的不同存在形式以及不同的用途，发展出了数种不同储能技术，我们应该认识到储能不仅仅是储电，全球 90% 的能源预算围绕热能的转换、输送和存储，储热应该也必将在未来能源系统中起重要作用。然而，储热虽然具有很强的竞争力和巨大的应用前景，所受到的重视程度却仍需要加强。据统计，全球储能方向所发表的文章主要在锂离子电池和储热两个方向，这两个储能技术方向在 2009 年以前每年发表的文章数相当，但到 2015 年锂离子电池方向的文章总数约为 3 500 篇，是储热方向文章数的 3.5 倍。而从近十年的专利趋势来看，锂电子方向现有专利数远超出储热方面专利，在 2006 年到 2015 年间的增速同样超出储热方向，可见储热在近年全球储能发展中还未得到爆发增长，与抽水蓄能等其他成熟的储能技术相比，还处于刚刚起步到初步应用的阶段。不过，根据最新数据统计，储热的体量已经有所上升，最新的全球统计数据显示，储热在储能中占的比例越来越高，储热装机已经达到 14 GW。同时因近几年我国清洁供暖的需求，过去几年我国已有约 4 GW 以上的储热装机。总的来看，全球储能的市场接近千亿美元量级，其中我国也具有很大的市场空间。

未来储热市场的发展与政策环境密切相关。目前，我国正在推动电力体制改革，电力市场实现自由交易化之后，价格机制可以引导谷期存储、峰期使用，从而催生储热的新商机。业内人士指出，我国在能源利用上仍处于相对粗放的阶段。我国能耗与发达国家相比依然较高。储热的应用恰恰有利于降低能耗。

储能行业专家、英国伯明翰大学储能研究中心主任丁玉龙直言："储能特别是储热技术，未来在节能增效方面的作用不可小觑。""目前，一些工厂的余热、余冷或者余压都是直接排掉，如果将这些能量回收进行存储，供给用户，将会提高整体的能效水平。"段洋说："为什么很多工厂选择直接排放余热？主要原因是，余热属于间歇性能量，一旦生产线停止，热量就消失。而用户需要的是连续性热源。如果通过储热的形式，将产生的热量存储起来，就能保证末端的稳定输出。"

业内认为，伴随能源需求的多元化，储热的应用场景将越来越多。例如，在解决"弃风"、"弃光"、促进可再生能源消纳等问题上，储热技术恰有应用价值和市场空间；在电供热、工业余热回收等热回收利用市场，也将有储热的广阔天地。

当前储热技术主要可分为四类：显热储热、相变储热、热化学储热、吸附储热。据报告介绍，除显热储热已经使用百年以上，相变储热才刚刚开始使用，其他两类热化学技术还处于研发初期。

在当前储热技术发展中，储热技术在材料、单元与装置、系统集成与优化等方面面临着多项挑战。

在材料方面，当前需要追求更高能量密度、更宽温域、更长寿命、更高经济性的材料，为适应太空技术需求，储热材料需要往低温方向拓展，在高温区同样也需适应更高的温度以满足更多应用场景需求，拓展温区实现 −200～1 500 ℃。

在单元与装置方面，材料模块和单元需要进一步优化设计与排列组装，实现储热换热装置的优化设计以及材料模块、单元、储热换热装置的规模化制造。

在系统集成与优化方面，需要注意能源系统集成储热技术的复杂动力学，系统动态模拟与优化,以及复杂系统的动态控制。

储热的基础理论研究涵盖从材料到单元操作再到系统的宽广尺度范围,其挑战在于建立一个一个跨尺度的反馈机制,获得从材料特性到系统性能的关联关系,其中包括理解跨尺度的多相输运现象,从而建立分子层面特性与系统性能的模型。

第6章　锂离子电池

6.1　锂离子电池原理

锂离子电池是目前最有前途的储能技术之一，广泛应用于便携式电子产品中。目前，全球可充电锂离子电池的市场价值为每年100亿美元，并在不断增长。其快速增长的主要原因是其高能量密度和高循环性能是其他储能设备无法比拟的。最近对能源和环境可持续性的需求进一步激发了人们对更大规模的车用锂离子电池系统和电网负载均衡以及太阳能和风能等可再生能源的需求。

锂离子电池的储能机制是相当直接的，锂离子电池将电能储存在由锂插层化合物(Orinsertion)制成的电极中，两个电极同时发生氧化和还原过程。锂离子电池通常由石墨负极电极(阳极)、非水性液体电解质和层状 $LiCoO_2$ 正极(阴极)组成，如图6.1所示。

充电状态时，锂离子从层状 $LiCoO_2$ 阴极主体上脱层，在电解质中转移，并插在阳极中的石墨层之间。放电逆转了电子通过外部电路为各种系统提供动力的过程。可充电锂离子电池是固态化学的一个典型代表，它始于对嵌入化合物的发现，如锂，最初由Goodenough提出的 MO_2(M＝钴、镍)至今仍被广泛使用，低压锂插层则是由索尼公司最先发现。所谓的“摇椅电池”原理则是通过式(6.1)、式(6.2)、式(6.3)所示的反应完成。

阴极：

$$Li_{1-x}CoO_2 + xLi^+ + xe^- \xrightarrow{放电} LiCoO_2 \tag{6.1}$$

阳极：

$$Li_xC_6 \xrightarrow{放电} xLi^+ + xe^- + C^6 \tag{6.2}$$

总反应：

$$LiC_6 + CoO_2 \xrightarrow{放电} C_6 + LiCoO_2 \tag{6.3}$$

典型的锂离子电池产生3.7 V电压，其容量和功率约为150 Ah/kg，超过200 W·h/kg，在能量/功率密度方面的良好电化学性能以及系统设计和制造方面的进步，使早期的锂离子电池在移动电子领域取得了巨大成功。为了更好地理解，下面将对过去30年里锂离子电池技术的发展作一个简要的阐述。

Burgeon最先使用金属锂作为首选工作阳极，锂金属非常有吸引力，不仅具有最高的对流层正电性(与标准氢电极相比为－3.04 V)和高锂离子迁移率，而且理论容量高达3 860 mAh/g，这会导致非常高的能量密度。在20世纪70年代，锂金属在电池中的优势首次在一次锂电池中得到证明。日本电池制造商龙头公司三洋开发了最早使用 Li/MnO_2 系统的一次锂电池，Dey等人于1970年在美国也开始了环境系统的一些早期工作，研究锂与铝等一系列金属的反应性。之后许多医用锂电池被开发出来，从锂碘电池开

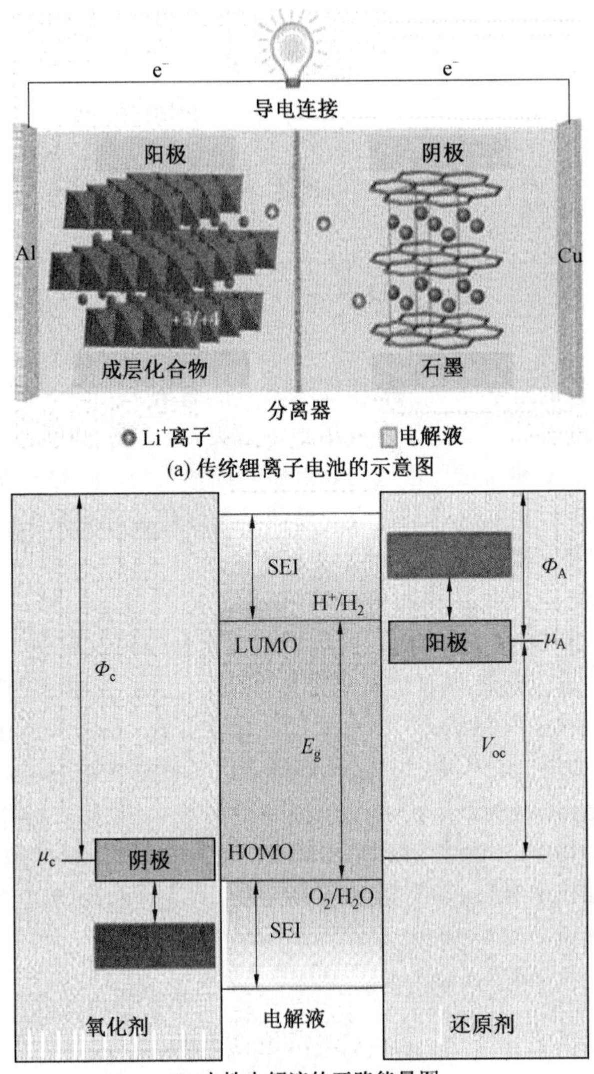

(a) 传统锂离子电池的示意图

(b) 水性电解液的开路能量图

图 6.1　锂离子电池示意图

始，在过去的 20 年里，植入式心脏除颤器都使用银钒氧化物($Ag_2V_4O_{11}$)作为活性阴极材料，其容量大于 300 mAh/g，银的存在大大提高了电子的导电性，从而提高了充、放电速率与容量。

另一方面，大多数早期的工作是关于可充电锂电池的，例如泰利斯以一种熔盐电解液为基础制作可充电锂电池，其工作温度约为 450 ℃，熔融的锂和硫被用作两种电极，但处理腐蚀、温度和其他问题被证明是一项不可完成的任务。1967 年，$Na-B-Al_2O_3$ 在 300 ℃左右的异常电解行为被报道，使得钠/硫系统电池更具前景，同时环境锂充电系统的早期研究结果开始显示出一些希望，但是开发锂/硫电池仍然是电池研究人员的梦想，因为可以获得比采用其他的大多数阴极材料更高的能量密度。这些液态硫化物作为阴极的锂/硫电池在 25 ℃时产生的功率超过 750 W/kg，但是这些电池仍然存在自放电严重，电阻高，循环利用次数少等问题。

今天可充电锂离子电池最早的概念来自于对各种碱离子的插层现象进行的研究，许多无机化合物以可逆的方式反应，这类材料（后来称为插层化合物）的发现对高能、可充电锂离子电池的发展至关重要。日本松下开发了电池电位为2.8～3.0 V的电池，提出锂最初嵌入碳—氟化碳晶格中，随后通过以下反应生成氟化锂：

$$Li+(CF)_n \rightarrow Li_x(CF)_n \rightarrow C+LiF \tag{6.4}$$

关于氟化碳是由其他实验者分别间歇性完成的，其主要挑战是在较低的氟化物水平下促进可逆反应。虽然不广为人知，但电化学插层的概念及其潜在用途在1972年就已明确界定，固态化学家们一直在积累无机层状硫系化合物的结构数据，而研究原锂电池和内部化合物的研究团体的合并是富有成效的。20世纪70年代左右，斯坦福大学研究了石墨层间氧化物和卤化物的结合，随后发现了电子分子和离子在层状二氯代化合物(特别是TaS_2)中的嵌入范围，之后发现其他三氯代化合物也很容易与锂反应，一些富含硫族化合物的材料也被研究过，它们中的许多都具有很高的容量，但它们的反应速率或电导率都很低。

1972年，埃克森美孚公司启动了一个大型项目，使用层状TiS_2或MoS_2结构的锂金属阳极作为阴极电极，这是当时已知的最佳插层化合物。在所有的层状二氯生成物中，由于质量较轻，TiS_2是最有吸引力的储能电极，同时相变的情况下其在整个Li组成范围内($0<x<1$)可以在一个单相中形成。而$LiCoO_2$只有大约一半的锂可以被利用，$LiCoO_2$自商业化多年来已经有所改进，但仍远低于每个过渡金属离子使用一个锂原子的目标。虽然TiS_2貌似一个完美的储能电极，当TiS_2作为阴极时，由于锂金属/液体电解质相容性的缺点，在电化学过程中枝晶锂的不均匀生长会导致爆炸危险，问题是高活性的锂金属与有机电解质溶剂形成一种不均匀的烷基碳酸锂钝化膜，它是一种锂离子导体，但却是一种电子绝缘体，而且无法阻止与电解液的进一步反应，在重复循环之后，锂沉积会累积起来，导致锂枝晶的生长，当到达阴极时会发生短路，导致电池失效，而且钝化膜的生长也会引起电池阻抗的迅速增加和效率的降低。安全问题以及与锂金属工艺相关的高成本刺激了学者们对开发替代阳极材料进行研究。在第一次商业化的过程中，用金属锂代替铝合金，从而避免了这一问题的埃克森的锂离子电池产生，但是其在充电过程中合金电极的极端体积变化限制了电池的可逆性，仅限于少量的循环，这种体积变化仍然对目前正在广泛研究的锡和硅合金型阳极造成了限制。

同时，氧化物插层化合物的研究也取得了重大进展，贝尔实验室制造了更高容量和更高电压的产品，除了早期对重硫系化合物层间插入碘或硫的研究想法之外，认为只有低维材料才能提供足够的离子扩散的观点也随着V骨架的完美作用而消失。最早被研究的氧化物是五氧化二钒(V_2O_{13})和三氧化钼(MoO_3)，具有层状结构。氧化钼与Li/Mo容易发生反应，同时对五氧化二钒的研究已经有30年了，它在层间具有弱的钒氧键，现在已知它通过一种插层机制进行反应：

$$xLi+V_2O_5 \rightarrow Li_xV_2O_5 \tag{6.5}$$

20世纪70年代，许多研究小组对诸如锰、钴、铬和其他氧化物等较重的碱金属化合物进行了广泛的研究，但没有对相应的锂化合物进行深入的研究，后来，Goodenough证明了锂从$LiCoO_2$中的电化学分离，它的结构类似于一种密集的立方排列形式，在完全去除锂的情况下，氧重新排列以使氧在CoO_2中呈六边形紧密堆积，在这些成分限制之间，形成了七种不同程度扭曲的 ccp 氧板。Goodenough 提出的化合物$Li_x MO_2$（M＝Ni、Mn)族中，目前该结构仍只在锂离子电池中使用。为了规避锂金属作为阳极的安全问题，研究者们开始着手研究电解液或阳极的改性方法，Scrosati 首先在实验室证明了替代第二种插入材料金属锂的概念，这导致了 20 世纪 80 年代末所谓的“摇椅技术”的诞生，由于锂以离子态而非金属态存在于碳负极中，锂与碳反应形成LiC_6化合物，因此与锂枝晶形成相关的问题得到了解决，摇椅电池比锂金属电池更安全。

通过适当地使用现有的或者新的电极材料可以有效地提高锂离子电池的能量密度，然而，优化电极材料的效果有限，之后还有进行其他研究。例如，除了阳极和阴极材料之外，电解液作为一种溶液溶剂是电池系统的第三个关键组成部分，虽然电解液的作用通常被认为微不足道，但电解液的选择在设计实际锂离子电池时是至关重要的。根据不同类型的电解液(主要包括：有机液体、聚合物及无机固体)，电池电解液部分的构造标注也会截然不同，除了一个大的电解液窗口之外，还需要满足以下几个额外要求：离子电导率和化学稳定性、电池工作的温度范围、电子导电性、转换数、低成本、低毒性、避免在循环过程中形成并保留一层氧化层、短路时避免发生爆炸及燃烧。这些要求的满足及不断优化将是一个漫长且艰难的过程。

电池的寿命主要依赖于电极，而电池的寿命主要由电极电解液界面副反应决定，锂枝晶的生长会导致电池短路。解决这种界面问题的过程是复杂的，从最初观察到 30 年后关于电池短路问题的解决仍然是一个有争议的话题，而且短路最初被认为主要受电流密度控制。此外，阴极电解液界面很少受到学者的关注，尽管其同样在电池中起到至关重要的作用。这种情况随着高电压阴极材料出现而改变，高电压阴极材料的出现的同时其需求量也快速增加，高电压阴极材的电阻超过了电解液氧化的电化学电阻，其具有无机或有机相的电极颗粒，甚至可以通过化学和物理的方式有利于催化分解，该概念通过最小化电极一电解液直接接触面积成功地应用于层状$LiCoO_2$和尖晶石$LiMn_2O$阴极。

6.2　锂离子电池发展现状

第一代锂离子电池由$LiCoO_2$和石墨组成，与相同尺寸和质量的镍或铅电池比较，其存储的能量可达到两倍以上。但是，现有和新出现的应用都要求锂离子电池在能量密度、功率、安全性、价格和环境影响方面能够具有更好的性能。因此，除了使用$LiCoO_2$作为电极以外，一些其他的电极材料也开始被不断通过实验研究，如$LiNiO_2$、$LiMn_2O_4$、$LiNi_{1-y-z}Mn_yCo_zO_2$、$LiFePO_4$、$Li_4Ti_5O_{12}$，并且不断地取得了进展，这些材料已经在不同的程度上开始进入市场。但是所有这些材料都有其固有的局限性，这些局限性来自于材料的晶体结构方面的氧化还原机理。锂离子的可逆插层反应主要受基质晶体结构的变化和过渡金属的氧化还原活性的限制，这种限制阻碍了其能量密度的突破，导致了想要突破现有能量密度只有去发现新的电极材料以及正确的晶体结构。

6.2.1　阴极材料

目前经过各项试验研究已经开发了几种$LiCoO_2$ 阴极的替代品，其中包括基于 R3m 空间群的A－$NaFeO_2$ 结构的六角对称层状物化合物，例如$LiNiO_2$、$LiNi_x Co_y O_2$、$LiMn_x Co_y O_2$、$LiMn_x Ni_y O_2$、$LiNi_x Co_y AlzO_2$、$LiMn_{1/3} Co_{1/3} O_2$ 等。许多不同的元素(如 Co、Mn、Ni、Cr、Al、Li)能够取代到A－$NaFeO_2$ 结构中去，并且能够影响电子的导电性、层的有序性、脱硫醇的稳定性以及循环性能。各种应急材料的元素组合的目的都在于减少材料的成本以及提升其层状结构的稳定性，令人惊喜的是，三种元素 Co、Ni、Mn 在形成稳定的层状结构以及抑制过渡金属向锂位迁移的能力是依次递减的，而且同时其成本也是依次递减的。层状阴极材料目前已经在商业上用于锂离子电池结构中，所形成的锂离子电池容量小于 180 Ah/kg，但是其循环周期及使用寿命得到了相当高的延长，但是这种电池在过度充电时，依旧存在安全问题，充电状态时易产生热失控现象。另一种成熟的阴极替代材料为 spi－nel 型$LiMn_2O_4$，该材料最初由萨克雷等人提出，其衍生物的电压比锂高出 4 V，容量则比$LiCoO_2$ 少 10%。LiM_2O_4(其中 M＝Ti、V、Mn)材料时空间群为 Fd3m 的正尖晶体，其中锂离子占据四面体位置，过渡金属离子位于八面体位置，还含有空四面体和八面体结构。因为尖晶石材料的立方结构为锂离子扩散提供了 3 种晶格，当 $0 \leqslant x \leqslant 1$ 时，$Li_x Mn_2O_4$ 电池的放电电压为 4 V，当 $1 \leqslant x \leqslant 2$ 时，$Li_x Mn_2O_4$ 电池的放电电压为 3 V。其中 4 V 电压的锂电池氧化还原反应比 3 V 放电电压的更为稳定，原因是$Li_x Mn_2O_4$ 尖晶石结构在 4 V 下保持立方对称性，使电极在锂的插入/萃取过程中发生各向同性的膨胀和收缩。当锂在 3 V 状态时插入$Li_x Mn_2O_4$ 中时，锰离子的平均价态下降＜3.5，Jahn－Teller 畸变使晶体的对称性由立方向四次方转变，同时 c/a 增加了 16%，在循环过程中 c/a 过大而不能保持其结构完整性。虽然大多离子电池采用了稳定的 4 V 平台，但其在高压范围内出现了缓慢的容量衰减，这被归因于以下几个可能的因素：有机基电解质在高压下的不稳定性；由于过度反应而引起的Mn^{2+} 离子缓慢从$LiMn_2O_4$ 中进入电解液；深放电 Li 中 Jahn-Teller 效应的发生。尽管相较于$LiCoO_2$，$LiMn_2O_4$ 更具有经济效应，但是其也有相应问题：电池性能降低和电池寿命缩短。另外，掺杂尖晶石$LiMn_{2-x}M_xO_4$(M＝镍、铁、铬、钴、铜、铝或锂)已显示出预期效果。通过掺杂过渡金属尖晶石$LiMn_{1.5}M_{0.5}O_4$ 的放电电压可达到 4.7 V，且在室温下具有良好的循环和充放能力，其比容量也可达到良好的 147 mAh/g。然而，LMNO 尖晶石在高温下表现出显著的容量损失，这对其在电动汽车中的应用产生障碍。

磷酸铁锂($LiFePO_2$)，特别是纳米级的，是另一种很有前途的正极材料。在 20 世纪 90 年代末，Padhi 等人提出了橄榄石结构的 $LiFePO_4$ 空间群 Pnma，它具有较低的电压(3.45 V)，但比$LiCoO_2$ 具有更高的 170 mAh/g 的容量，这是第一种使用低电压的阴极材料。这是第一种使用如铁、锰等低成本、丰富且对环境无害的元素的阴极材料，可能对电化学储能产生重大影响。其具有非常稳定的隧道结构，如图 6.2 所示。由于 $LiFePO_4/FePO_4$ 两相转变，锂离子沿(010)方向扩散，其平坦电位为 3.45 V。该电池的电位比之前的铁基阴极材料电池高，这是由于$(PO_4)^{3-}$ 多阴离子的诱导作用，降低了橄榄石结构环境中Fe^{3+}/Fe^{2+} 氧化还原耦合的能量。除了成本低和环境友好外，橄榄石结构非常稳定，允许长时间的锂插入/提取循环。此外，铁和氧之间的牢固结合阻止了氧气的释放，而氧气可能在高温下引发典型的热失控反应。但是，该材料具有低的离子和电子导电性，通过引入纳米结构、碳涂层可缩短锂的扩散距离并增强电子传导速率。纳米磷酸铁材料是锂离子电池最新的阴极材料，在锂离子电池中获得了商业成功。除了上述的阴极成分外，还有大量的先进的、热稳定的更高容量阴极材料的研究和开发。尽管近年来取得了进展，但只有很少的成分接近商业化。

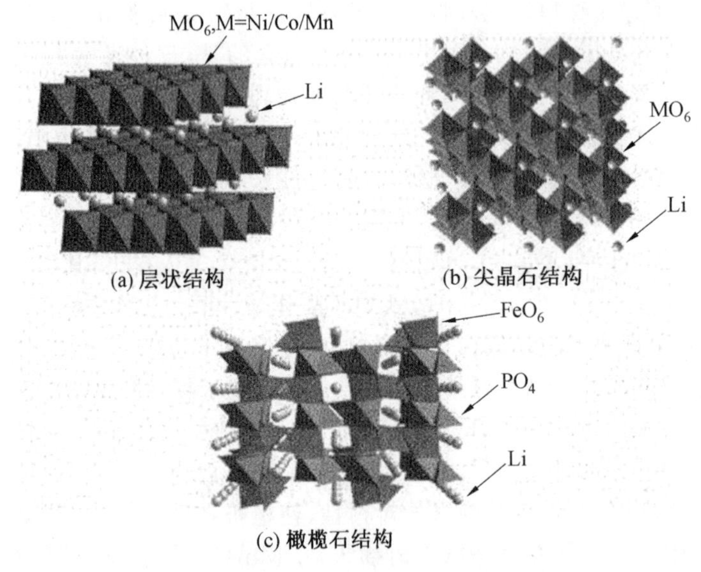

图 6.2　阴极材料晶体结构

6.2.2　阳极材料

为了充分利用锂离子电池的潜力，需要致力于开发高容量阳极，以匹配先进的阴极材料。自 1989 年 Kanno 等人和 Mohri 等人的前两篇关于碳基阳极的报告发表以来，含碳材料很快成为锂离子电池阳极的可选材料。石墨作为锂金属的替代材料在 20 世纪 80 年代末引起了广泛的关注，因为石墨具有可逆地将锂离子插入石墨晶格/从石墨晶格中剥离锂离子的能力。因此，石墨因其低的氧化还原电位和在重复循环过程中良好的结构稳定性而成为首选的阳极材料，并一直是商用锂离子电池中唯一实际使用的阳极材料。锂在碳材料中的电化学插层取决于许多因素，包括母体碳材料的结晶度、织构、结构和形态。已经有大量针对不同含碳材料的储存机制的研究，能够可逆地嵌入锂离子的碳质材料可分为石墨化或非石墨化（无序）碳。石墨碳的理论容量为 372 mAh/g，观察容量为 280～330 mAh/g，具体取决于类型。但是，由于 SEI 的形成，第一次充电循环通常超过 372 mAh/g。LiC_6 对Li/Li^+ 参比电极的电势几乎为零，这意味着电池的开路电压完全取决于耦合阴极材料的还原电位，让人感到遗憾的是，这可能会在快速充电过程中在阳极表面沉积锂，尤其是在寒冷的温度下。这一过程会降低电池的性能，在最坏的情况下，可能会导致热失控。在初始循环中，由于电解液分解和 SEI 层的形成，所有类型的碳基阳极在－0.8 V 电压下都会出现不可逆的容量损失。在随后的循环中，其可逆容量大大降低，并表现出稳定的循环特性。在许多不同类型的碳质电极中。石墨很容易获得，是天然石墨或石油的副产品，但价格因热处理工艺而异。

另一方面，软碳(在 500～1 000 ℃下热处理)在大约 1.0 V 的放电/充电电压的特征平台环境下可逆容量接近 700 mAh/g；硬碳(～1 100 ℃)的可逆容量为 600 mAh/g，但不可逆容量损失和极化很小。在商业锂离子电池应用中主要使用有序石墨，如 3 000 ℃热处理的中碳微球(MCMBs)、天然石墨和非石墨碳(Hardcarbon)。这些不同的阳极显示出不同的输出特性，在商用电池中具有恒定或略微倾斜的放电电位分布，被分别应用于手机和电动汽车电池。非石墨碳是由很小的石墨畴组成的，其很多类型不具有良好的应用特征，例如其六边形网状结构只分布在沿 c 方向晶化有序的平面石墨畴中。但是近年来它由于提供了比石墨更多的锂掺杂位置，具有高容量的潜在特性，受到人们的广泛关注。

碳纳米管(CNT)是碳家族中相对较新的成员。自 1991 年发现 CNT 以来，其独特的结构和特性使其成为具有吸引力Li^+插入宿主材料，然而理论计算表明，由于高能量势垒(～10eV)，Li^+ 通过纳米管壁的电化学插层在能量上是不可行的。多壁碳纳米管(MWNTs)的可逆容量为 145～400 mAh/g，而单壁碳纳米管的可逆容量为 450 mAh/g。通过化学蚀刻和掺杂处理方式可以使单壁碳纳米管的锂调节能力分别提高到700 mAh/g 和 1 000 mAh/g，但碳纳米管的循环性能普遍存在高不可逆性和大滞后现象，使其在实用锂离子电池中用作阳极材料变得困难。

石墨烯是碳家族中又一颗冉冉升起的新星，尽管它的历史较短，但自 2004 年它被发现以来，大量的研究揭示了它独特的二维晶格结构和优异的电子性质。最近对石墨烯的研究显示了将石墨烯用作锂离子电池负极材料的可行性，其容量在 500～800 mAh/g 范围内，明显高于石墨。石墨烯与锂离子的反应机理尚不清楚，但是其如此高的容量是在电压窗口在 0.01～3.0 V 的情况下，使其无法用作阳极。在石墨烯阳极的充放电演化曲线中没有观察到明显的电压平台，这表明石墨烯的锂化更像是一个类似于碳纳米管的表面吸收过程，而不是石墨中的“分期”机制。从各项研究证明来看，碳纳米管和石墨烯都不适合作为锂离子的负极材料。然而，这两种材料都具有一些前所未有的性能，例如优良的电子导电性和坚韧的机械强度，作为导电添加剂或基质来承载其他活性电极材料似乎很有吸引力。

大量的实验表明，具有高容量和低不可逆损耗的天然合金阳极材料，可取代石墨作为首选负极。锂与许多元素(如硅、锡、锑、铝、铋、锰和锌)发生反应，可以通过进行部分可逆的电化学反应来提供潜在的高比表面积。合金阳极的另一个优点是锂化电位通常低于 0.5 V，低到可以获得较高的能量密度。其合金反应可被阐述为

$$Li_xM \rightleftharpoons xLi^+ + xe^- + M \tag{6.6}$$

在 20 世纪 60 年代早期，Dey 首次通过研究表明了锂可以在室温下与多种金属电化学合金化，这激发了研究人员对开发锂离子电池用合金作为阳极的兴趣。Si、SnO_2、Sn 基阳极因其具有很大的质量及体积容量而成为最具吸引力的阳极合金候选材料。例如，完全锂化形式的硅提供了比石墨高近 10 倍的容量。但是，与锂离子嵌入相对开放的石墨晶体框架的一般“插入”过程相比，锂离子在致密合金颗粒中的调节本质上伴随着母体颗粒比体积的急剧增加。硅合金电极的锂化/脱硫，不可避免地导致其体积变化剧烈，增大约

300%,由于体积的巨大变化而产生的机械应变会导致电极开裂和碎裂,导致粒子间的电子接触损失,从而在几个周期内产生容量损失。虽然高容量合金阳极已取得了可喜的进展,但结构稳定性问题仍然存在,此外由于电位接近锂金属阳极,合金阳极与碳基阳极拥有相似的特性,因此在安全性方面两者也拥有相似的问题。与其他电化学活性材料不同,硅合金阳极对电极中使用的黏合剂非常敏感。例如,由羧甲基纤维素钠组成的黏合剂体系有时与丁苯橡胶结合,在改善硅阳极的循环性能方面比聚偏二氟乙烯(PVdF)更有效,Hochgatterer 等人阐明了 Na－CMC 黏合剂与硅之间形成共价化学键以稳定其长期循环。尽管最近的报告表明使用特定方式可以提高聚偏氟乙烯的黏结能力和重建电极的致密形态,但是使用 PVdF 的长期循环硅电极仍然不如 CMC 作为黏合剂的电极。聚酰胺酰亚胺(PAI)具有较高的机械强度,据报道通过保持导电网络可显著提高初始库仑效率。虽然发现 PAI 黏合剂在第一次充电时会与Li^+离子和电子发生反应,但使用 PAI 作为具有高拉伸强度的黏合剂可显著缓解硅阳极的容量衰减。另一种有趣的导电聚合物最近被报道作为黏合剂和导电基体,该导电聚合物在嵌锂过程中电子导电性增加,当导电黏合剂加入时,其电子导电性达到 2 000 mAh/g 以上。除此之外,另一种导电聚合物(Blinder P)也被提出,其可在循环过程中有效地与硅颗粒结合,硅的循环稳定性显著提高,特别是在较小的电化学窗口(0.17～0.9 V)内,这两种情况下的导电聚合物被用作黏合剂,其初始不可逆容量损失需要进一步降低才能在整个电池中使用硅基阳极。

由于碳基和合金基阳极电极面临上述挑战,金属氧化物和其他化合物被用作替代品,例如,钛酸锂尖晶石可作为石墨的安全替代品,钛酸锂阳极的工作电压为 1.55 V,理论容量为 175 mAh/g,其作为阳极的化学反应过程为

$$[Li]^{8a}[Li_{1/3},Ti_{5/3}]^{16d}[O_4]^{32e}+e^-+Li^+\leftrightarrow[Li_2]^{16c}[Li_{1/3}、Ti_{5/3}]^{16d}[O_4]^{32e} \quad (6.7)$$

钛酸盐电极虽然在一定程度上牺牲了能量密度,但相对锂而言较高的电势使钛酸盐电极本质上比石墨更安全。钛酸盐电极良好的可逆性和抗锂插入/拔出过程中的结构变化的能力,使其对提升锂离子电池寿命作用极大,对于一些需要较长循环寿命的应用来说,钛酸盐电极无疑是具有很大吸引力的,其与电解质没有或很少发生与不可逆容量和功率损失直接相关的副反应。

6.2.3　电解液

电解液一般情况下是根据不同类型的电池系统而特别进行设计的,电解液可以是液体、凝胶、固体聚合物或无极固体中的任何一种,但是实际情况中大多数的锂离子电池大多使用含有锂盐的液体电解质,例如$LiPF_6$、$LiBF_4$、$LiClO_4$、$LiBC_4O_8$(LiBOB)及 Li[PF3(C2F5)3](LiFAP)溶解于有机烷基碳酸酯溶胶的混合物中。在当前使用的易燃有机电解液溶剂存在的情况下,存在发热、热失控的风险,严重时还会造成火灾。同时该类电解液具有成本高的缺陷,这可能对小型便携式电子应用不具备适用性。

1.液体电解液

液体电解液与具有高氧化性的阴极材料一起工作,需要电解液组合在其热力学稳定性窗口(3.5 V)之外运行良好,这也是为什么高压阴极材料受到忽视的原因之一。但是,对于电解液的稳定性是可以进行动态控制的,可以在高达 5.5 V 的电位下使用非水电

解质。

以黏度和介电常数的概念为指导，优化液体电解质的离子电导率几乎成为寻找关键成分的一种现场试验方法。以碳酸盐为例，其是一种有机液体，是锂盐的良好溶剂，其氧化电位为4.7 V，还原电位接近1.0 V。而且，它们具有相对较低的黏度，导致Li^+离子扩散的活化能较低。因此，最常用的电解液是由以下一种或多种组成的碳酸盐或碳酸盐混合物：碳酸丙烯酯(PC)、碳酸乙烯酯(EC)、碳酸二乙酯(DEC)、碳酸二甲酯(DMC)、碳酸甲酯乙酯(EMC)。使用石墨作为阳极时，在大多数情况下，其电化学电位高于碳酸盐的LUMO，且由于EC在碳质阳极表面提供了一个钝化SEI层，所以一般会在溶剂中加入EC。其可保护电解液在形成SEI后不会进一步分解，但是，碳酸盐基溶剂在低于30 ℃的闪点下是高度易燃的。优选碳酸盐可以通过自催化分解成LiF与PF_5，且在60 ℃以上环境中，PF_5可以与以任何形式存在的水发生不可逆反应。这些反应会使电池劣化并导致安全隐患，但是另一方面用于降低工作温度的添加剂已被证明可以防止电池的自分解。

2. 固体聚合物电解质

使用聚合物而不是液体电解液作为锂离子电池电解液主要是由于聚合物的化学稳定性相关的一系列选择准则。固体电解液可以作为电极的分隔器，也可以在电池不同的充放电状态下，在电极适度产生体积变化的情况下保障电极与电解液界面的接触。与可用于优化电解质离子导电性的液体溶剂不同，只有少数锂基盐或聚合物可用于固体聚合物电解质，最常用的是以聚氧化乙烯(PEO)为基料。要在锂基聚合物电解质中获得高的离子导电性，需要对离子的分解和传输有更好的基本了解，其目的在于寻找一种新的、具有大电化学窗口的高导电性盐，且能够在最低温度下与PEO形成共晶成分。含有锂盐的PEO成本低、无毒、化学稳定性好，但其室温下的离子导电率对于动力电池应用来说太低了。虽然提高聚合物电解质的离子导电性对于室温操作来说还不够，但它们在成本和安全性方面为液基电解质带来了好处，这促使锂离子电池制造商进一步开发具有工作电压高于4.5 V的有机阴离子基盐，三氟甲基磺酰亚胺就是这种交叉应用的一个例子。虽然这种盐本身具有极强的抗氧化性，但因为阴离子键的坚固性可以形成稳定的可溶铝盐，这种盐的电化学用途仅限于工作电压为4 V的情况下。$LiPF_6$具备在任何介质中都具备高导电性、安全性和无毒性的特点，因此越来越多地被运用于锂离子电池中。对PEO聚合物化合物的电导率优化方式可以是引入氧化物纳米颗粒填料，此方式能将PEO聚合物在60～80 ℃温度下的电导率提高数倍，并在室温下抑制链结晶数。该方式提高了PEO聚合物的实用性能，但相较于碳酸盐电解质依旧有所欠缺。目前解决方案主要为以固体聚合物所提供的导电性为主体特性，剩下的部分则是使用添加剂，即增塑剂，作为链润滑剂，这就是所谓的“混合”聚电解质。增塑剂选自与液体电解质类似的极性溶剂，主要包括诸如PC、γ－丁内酯或聚乙二醇醚等溶剂。轻微增塑的材料可将导电性提高一个数量级。另一方面，含有60%～95%液体电解质的凝胶的导电性是其液体电解质的2～5倍。基于固体聚合物“混合”聚电解质的技术可根据增塑剂种类、添加数量，可控地进行性能优化，具有相当大的灵活性，为满足当今电子技术要求的灵活、形状有效的要求提供了优势。

3. 无机固体电解质和混合电解质

无机固体电解质因为其$\sigma_{Li}>10^{-4}$ S/cm^2，具有一个较宽的电化学窗口，同时还具备其他优势，无机固体电解质较低的离子迁移活化能可使固态电池可以在宽温度范围内工作，在工作环境下具有较高的安全性和化学稳定性，还可以大大提高电池的能量密度，因此常被认为是一种潜在的光离子导电材料。于是，大量的学者研究员已经创立了实验室来对大规模全固态锂离子电池进行实验研究。遗憾的是，在循环过程中，电极/电解质界面的保留率很低，难以匹配电极材料的体积变化，这使得无机固体电解质被排除在大型电池的考虑范围之外，只用于薄膜电池。

混合电解质是有机液体电解质、离子液体、聚合物电解质和/或有机固体电解质的混合物，学者们研究了两种或多种电解质的混合物，以充分利用每种成分的优点，但也由于其材质的不同，不同混合电解质的性能存在差异。

6.2.4　电力电子器件

电力电子器件是以锂子电为核心的储能系统的关键组成部分。

电力电子器件又被称为功率半导体器件（Power Semiconductor Device），是用作电力电子设备中的开关或整流的半导体器件，通常也称为功率器件、功率 IC 等。功率半导体器件种类繁多，如图 6.3 所示。

图 6.3　各种功率半导体器件

功率半导体器件最显著的特点是功率范围广，小到可用于 μW 级的 CPU 的一个单元，大到可用于高达 MW 级的直流电输电线路系统。

电力电子器件共有三种工作模式。

（1）整流（Rectification）模式。用于让电流只往一个方向流动，如图 6.4 所示。

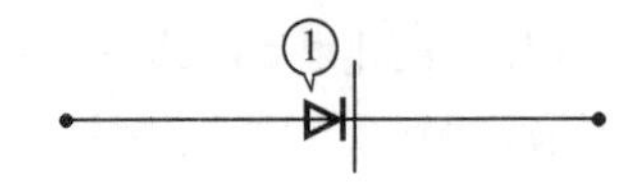

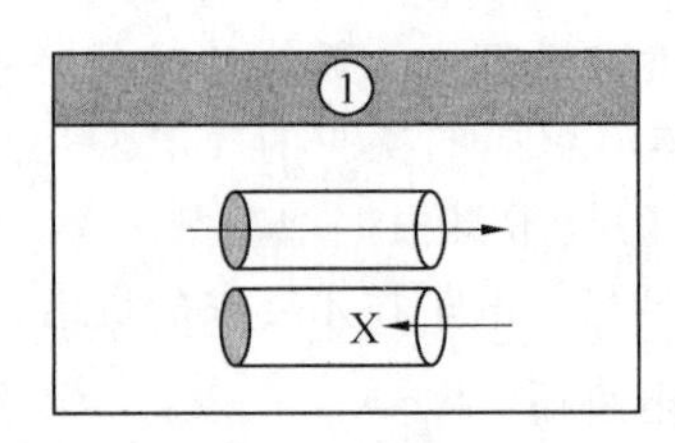

图 6.4　整流模式

(2)放大(Amplification)模式。用于放大电子信号。图6.5所示为NPN型三极管工作在放大模式。

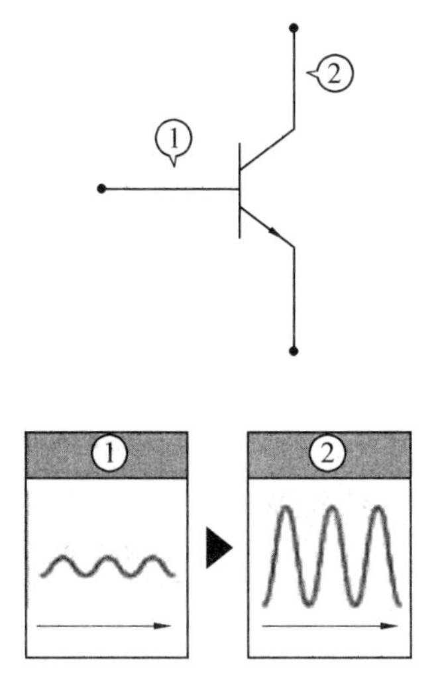

图6.5　放大模式

(3)开关(Switching)模式。用于控制电力的导通和关断,如图6.6所示。

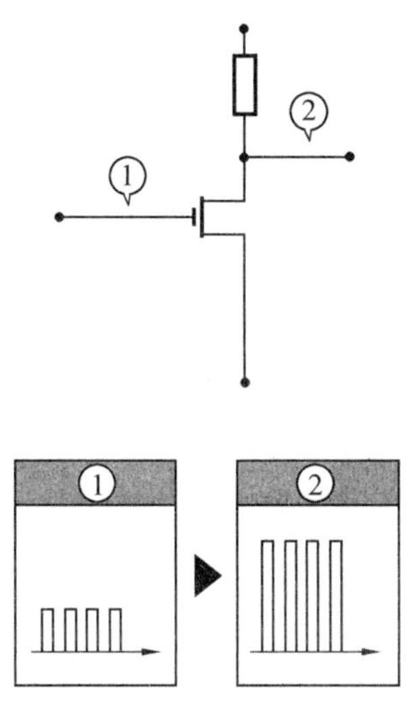

图6.6　开关模式

功率半导体器件虽然可以工作于整流、放大和开关模式,但是为了降低损耗,其通常工作于换流模式(Communication Mode)(即开或关模式)。因此,功能功率半导体器件多工作于整流和开关工作模式,极少工作于放大模式。

1. 开关特性

图6.7(a)所示是一常见的阻抗电路,Q_1表示MOS管(非理想,存在阻抗)。当Q_1导通时,阻抗很小,接近于短路,管压降接近于零,电流由外电路决定。由于MOS管是非理想的,存在阻抗,因此在导通时会存在导通损耗。同理,当Q_1阻断时阻抗很大,接近于开

路，电流几乎为零，管子两端电压由外电路决定；Q_1 导通时，导通电流 $i_{Q_1}(t)$ 逐渐上升且到达稳态，而导通电压 $V_{Q_1}(t)$ 逐渐下降直至为零。由于导通电流、导通电压存在不同时为零的状态，所以会产生导通损耗，导通损耗表达式为

$$p(t)=V_{Q_1}(t)i_{Q_1}(t) \tag{6.8}$$

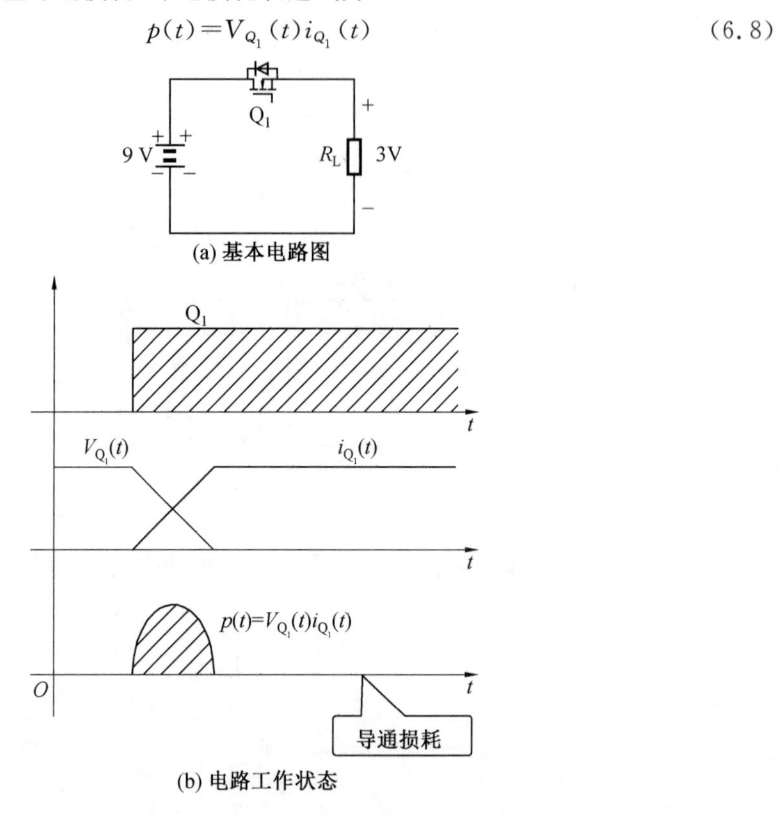

图 6.7　抗阻电路示意图

导通关断的瞬间会产生较大功率，因此在高性能电力电子系统的设计中器件的特性和参数尤为重要。通常在电路分析时，为了简单起见通常用理想开关来代替。

2. 损耗功率

由于功率半导体器件体型小、功率大，因此产生的耗散功率也很大。耗散功率由开关损耗、导通损耗和关断损耗引起。因此，通常需要配置额外的冷却装置。例如：自然冷却(Natural Air Cooling)、强制风冷(Forced Air Cooling)、水冷(Liquid Cooling)、热管冷却(Heat Pipes Cooling)、混合冷却等。

6.3　功率二极管

6.3.1　PN 结

通过扩散将 N 型和 P 型半导体组合在一块半导体基片上(通常是 Si 或 Ge)，在它们的交界面上形成了空间电荷区，简称 PN 结(PN junction)。PN 结具有单向导电性。

P 型半导体(P Type Semiconductor)：又称空穴型半导体，是以带正电的空穴导电为

主的半导体。在纯净的硅晶体中掺入三价元素硼元素，使之取代晶格中硅原子的位置。硼原子外层三个电子与周围半导体原子形成共价键时，会产生空穴，吸引电子归来填充，这就使得硼原子变成带负电的离子。由于这类半导体含有较高浓度的空穴（相当于正电荷），得它们能够吸引电子成为导电物质。

N 型半导体(N Type Semiconductor)：半导体材料为掺杂了少量碳元素的硅晶体，由于半导体原子被杂质原子所替代，磷原子外层五个电子中四个与周围半导体原子形成共价键，多出一个不受束缚的原子简称自由电子。于是，N 型半导体就成了含电子浓度较高的半导体，其具有导电性主要原因是自由电子导电。

由图 6.8 可以看出 N 型半导体有很多自由电子，存在少量空穴，称 N 区的自由电子为多数载流子（多子），空穴为少数载流子（少子）；同理，P 型半导体有很多空穴，仅有少量的自由电子，称 P 区空穴为多数载流子（多子），自由电子为少数载流子（少子）。少数载流子是由本征激发而产生的自由电子和空穴。

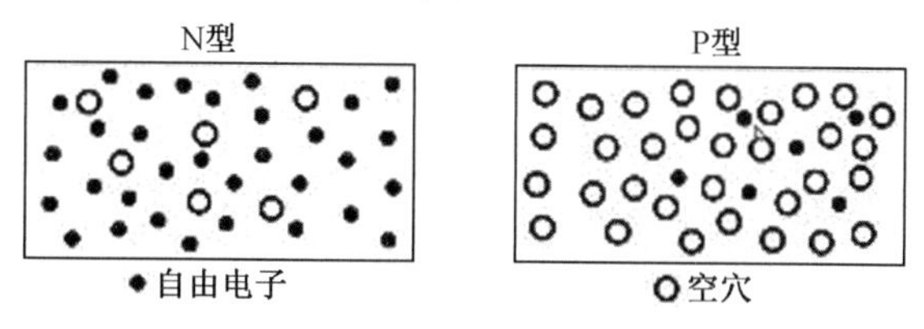

图 6.8　N 型、P 型半导体示意图

将 P 型半导体和 N 型半导体相连，N 区自由电子浓度高向 P 区扩散，邻近 PN 结的 N 型半导体中自由电子与 P 型半导体中空穴相结合，简称扩散运动；中间一部分区域缺少自由电子和空穴，被称为耗尽层或空间电荷区。PN 结如 6.9 所示。

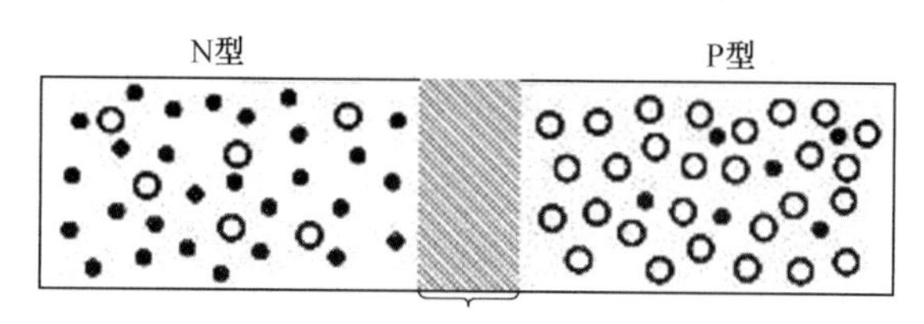

图 6.9　PN 结

N 型材料本体呈电中性，由于耗尽区 N 侧失去电子，留下正离子所以带正电；同理，P 型材料本体呈电中性，由于耗尽区 P 侧失去空穴得到电子，带负电。所以，中间空间电荷区产生电位差而带电，也就是静电场势垒区，如图 6.10 所示。

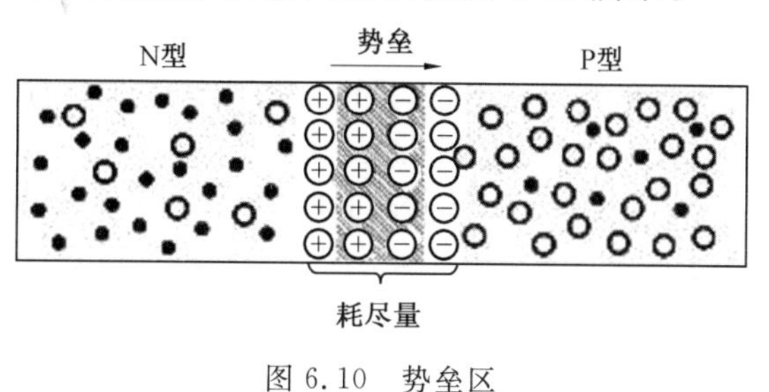

图 6.10　势垒区

因为电子和电场运动方向相反，所以空间电场势垒区的形成会阻碍电子的扩散，进而使得势垒区慢慢达到一个平衡，此时电子不再向 P 区扩散。

由于势垒区的存在阻碍了电子的进一步扩散，为了使电子能够继续扩散我们可以人为地在 PN 区末端加一个电源。P 区接电源正极，N 区接电源负极，如图 6.11 所示。

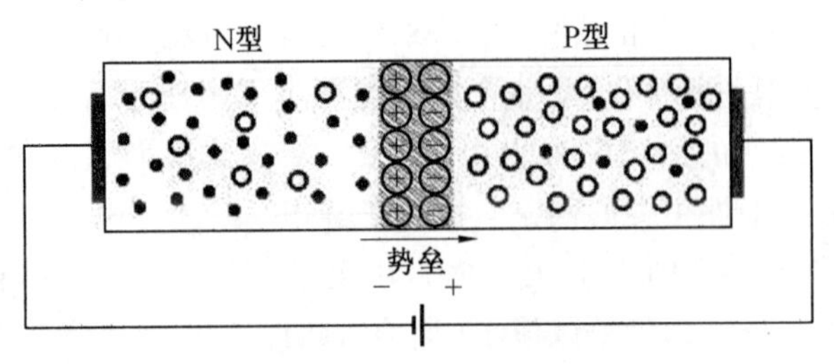

图 6.11　正向偏置电路

由图 6.11 可以看出外加电场与势垒区电场方向相反，当外加电场与势垒区电场幅值相等时可以抵消势垒区电场。当外加电场幅值大于势垒区电场时，就会有电流产生，这个电压称为正向偏置电压(硅 0.7 V，锗 0.3 V)。在正向偏置电压的作用下，电子从 N 区逐步扩散到 P 区，使得 P 区充满电子，电子源源不断从外部电路进入 N 区、P 区，再回到外部电路。

相反，如果 P 区接电源负极，N 区接电源正极，外加电路反向偏置。由图 6.12 可以看出，正极吸引 N 区电子远离 PN 结，负极吸引 P 区空穴远离 PN 结，从而造成电荷区随着反向偏置电压增加而变宽。N 区自由电子和 P 区空穴不能穿过厚的空间电荷区，没有大电流流过二极管。

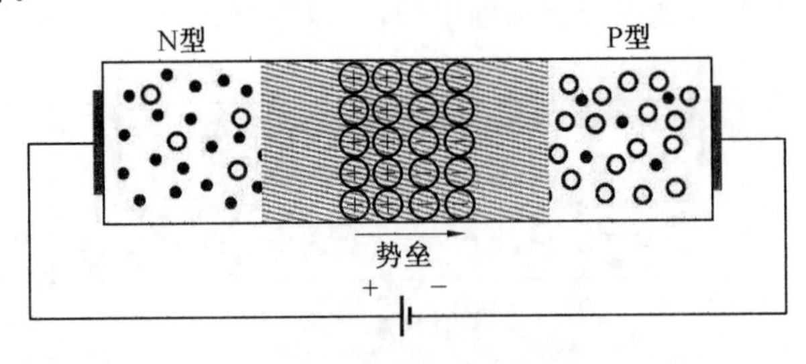

图 6.12　反向偏置电路

然而，会有少数的 N 区空穴和 P 区自由电子(少子)出现在空间电荷区附近，部分少子能够顺利地流过二极管，称为漂移运动；该电流很小，称为反向饱和电流

随着外加反向偏置电压的增加，耗尽区场强增强，附近自由电子动能也增加，自由电子以高速撞击原子产生新自由电子一空穴对；新产生的自由电子也在该电场内得到加速，进一步破坏共价键从而释放出更多电子，该过程使得耗尽区中自由电子和空穴成倍增加，称之为"雪崩击穿"

当掺杂浓度较高，PN 结中 P 区和 N 区的间距较窄时，一定的反向偏置电压的场强足以直接将电子从耗尽层内的共价键拉出并产生电流，最终使势垒区瓦解。该电压称为齐纳击穿。

还有，当温度较高时会产生热击穿，一旦发生热击穿，功率二极管就会被破坏。

随着外加偏置电压的变化，PN 结电荷量会变化，耗尽层的宽度也会变化，因耗尽层宽度变化而呈现的电荷效应称为势垒电容，也被称为暂态电容或耗尽区电容。

正向偏置电压较大时，耗尽层消失，因载流子(电子)向低浓度方向扩散、累计而形成的电容称为扩散电容。

势垒电容只在外加电压变化时才起作用，且外加电压频率越高，势垒电容越明显；而扩散电容仅在正偏时才起作用。正偏时，电压较低时势垒电容为主，电压较高时扩散电容为主。

6.3.2　功率二极管

功率二极管(Power Diode)属于不可控电力电子器件，是 20 世纪最早获得应用的电力电子器件，它在整流、逆变等领域发挥着重要作用。

相比于 PN 结型二极管，功率二极管中间多了一层低掺杂的 N－半导体，提高了反向耐压能力。其与普通二极管符号一致，包含两个电气连接端子，阳极 A(Anode)和阴极 K(Cathode)A 正 K 负为正向偏置，反之为反向偏置。

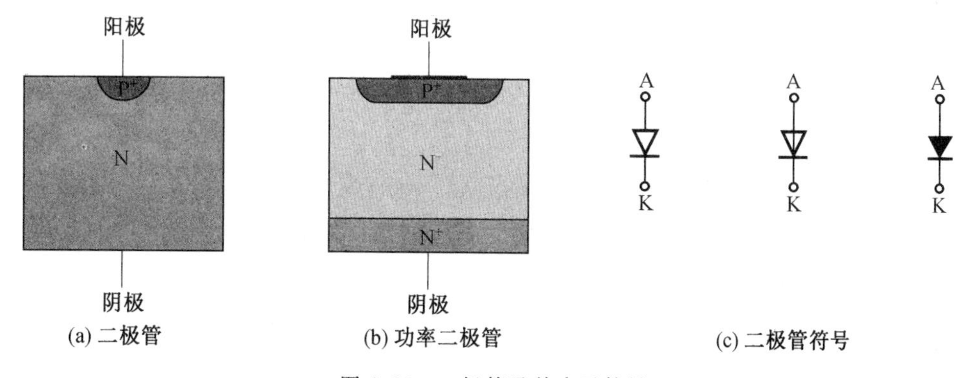

图 6.13　二极管及其表示符号

1. 封装

根据不同的容量和型号，功率二极管有多种封装形式，如图 6.14 所示。

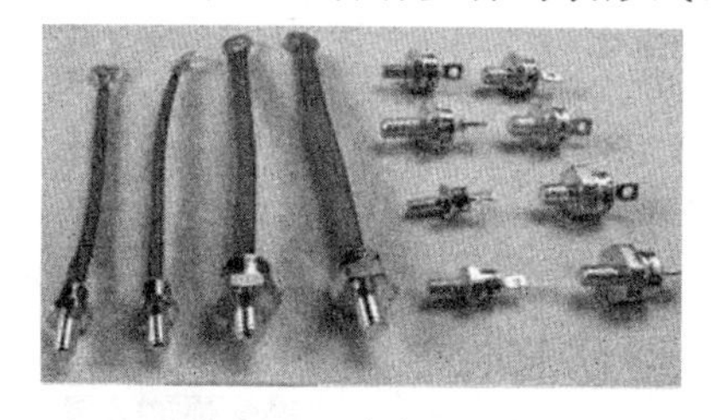

图 6.14　功率二极管封装形式

2. 静、动态特性

静态特性(伏安特性)：静态过程体现器件最基本的电压与电流稳态特性。

(1)反向偏置。

二极管承受反向偏置电压时，少子漂移运动形成微小且数值恒定的饱和电流。

到达反向击穿电压 V_B后，反向电流急剧增加，处于反向击穿状态。当 PN 结温度升

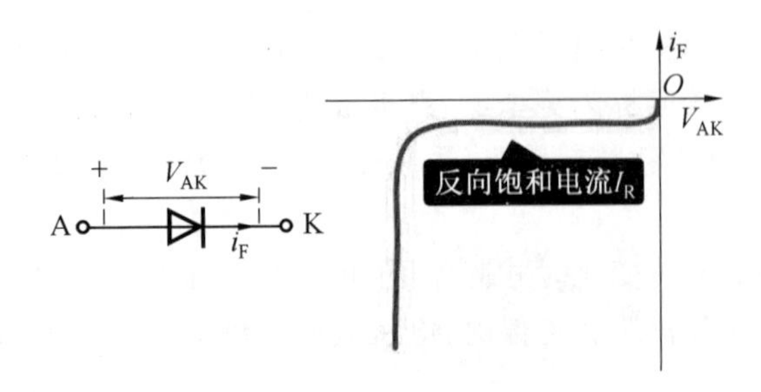

图 6.15 反向偏置静态特性

高时,反向饱和电流增加,反向击穿电压减小。因此,高温不适合功率二极管的稳态工作。

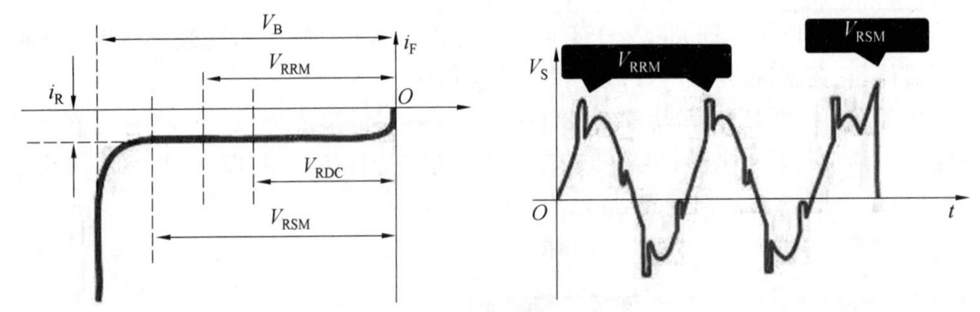

图 6.16 各参数含义

功率二极管工作在反向偏置电压下时,静态特性中各参数的意义如下。

①V_{RDC}:直流阻断电压(DC Blocking Voltage),在器件上能施加的最大直流电压。

②V_{RRM}:反向可重复峰值电压(Peak Repetitive Reverse Voltage),在器件上可周期出现的反向电压最大允许值。

③V_{RSM}:反向不可重复峰值电压(Peak Non-Repetitive Reverse Voltage),不能重复出现在器件上的瞬时反向电压的最大允许值。

④i_R:反向饱和电流(Reverse Current),器件上施加额定反向电压以下电压时的漏电流。

(2)正向偏置。

对功率二极管施加正向偏置电压时,正向电压从零逐渐升高,耗尽层变窄;当到达门槛电压 V_{TO}后,正向电流开始明显增加,处于稳定导通状态;稳定导通状态曲线斜率的倒数为斜坡电阻 r_T;结温升高,门槛电压降低,导通压降减小。

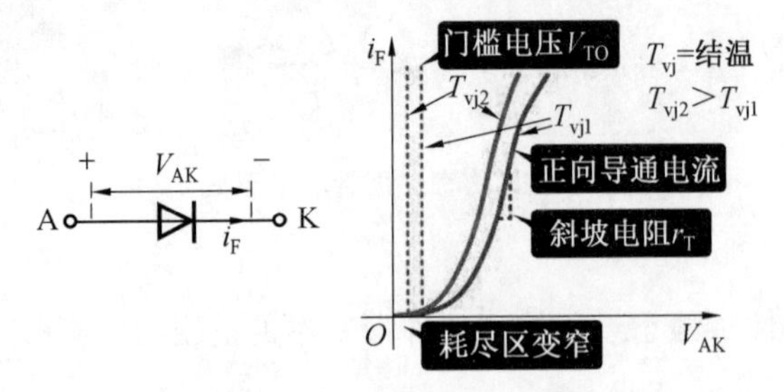

图 6.17 正向偏置静态特性

功率二极管工作在正向偏置电压下时,动态特性中各参数的意义如下。

①I_{FRMS}:导通电流有效值(RMS On-state Current),导通时器件能流过的最大电流有效值。

②I_{FAVM}:导通平均电流(Average On-state Current),导通时器件能流过的最大电流平均值。

③I_{FSM}:正向浪涌电流(Surge Current),允许流过的最大瞬时电流。

④$\int i^2 dt$:浪涌电流积分(Surge Current Integral),浪涌电流平方的积分值,单位$A^2 \cdot s$,代表浪涌发热损耗。

⑤v_F:导通压降(On-state Voltage),导通时器件上压降。

⑥V_{TO}:门槛电压(On-state Voltage)是器件稳定导通的最低电压值。

动态特性(开关特性):动态过程会产生电压和电流。器件开关过程中,电压、电流同时存在。动态过程与器件的能量损耗有关。

通过如图 6.18 所示测试电路,我们来研究一下功率二极管的动态特性。两电源 S_1 与 S_2 极性相反,一头与二极管 D_1 共阴极,另一头分别接单刀双掷开关(SPDT)两个触点;SPDT 合触点 1 时,二极管正偏,电阻 R 充当负载限流,电感 L 用于模拟电力电子变换器中的限流电感;SPDT 合触点 2 时,二极管反偏;测试过程中通过改变 SPDT 闸刀闭合位置实现正偏和反偏的转换。

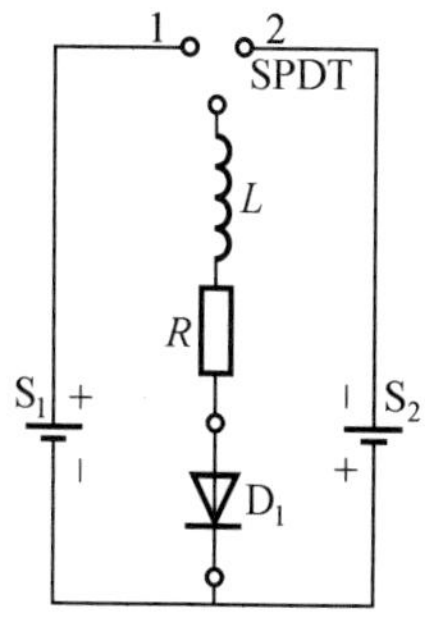

图 6.18　测试电路

当单刀双掷开关从 2 投到 1 时,闭合电路导通,流过功率二极管电流逐渐上升,直到稳态,其上升斜率与电感有关。功率二极管的正向压降先出现一个过冲 V_{FP},经过一段时间才趋于接近稳态压降的某个值;正向电压从 0 开始经峰值电压 V_{FP} 再降至稳态电压 V_F 所需时间为 t_{fr},其示意图如图 6.19 所示。

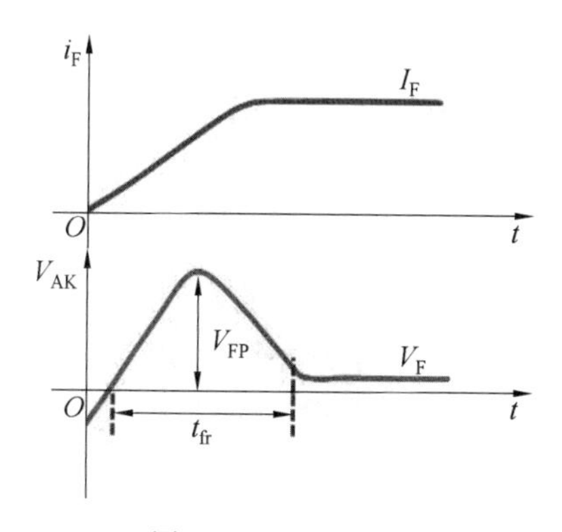

图 6.19　导通电路

当单刀双掷开关投到 2 时,外部电压反偏,二极管电流下降,但不会停止在零,需经过一段短暂的时间才能重新获得反向阻断能力,进入截止状态,往负方向增长到 I_{rr},称为“反向恢复电流峰值”,其值可与 I_F 相当;在二极管电流达到反向恢复电流峰值前,二极管两端的压降在其稳态值不会发生明显变化。

如图 6.20 所示,如果反向电流下降太快(缓冲因子 $S=t_f/t_d$ 较小),则在 I_{rr} 之后,电路杂散电感可能会导致器件上存在较危险的反向过电压(V_{rr})。在 t_f 期间,器件中同时存在大电流和电压,可能会导致总功率耗损明显增加;电流反向区间被称为反向恢复电荷 Q_{rr}。

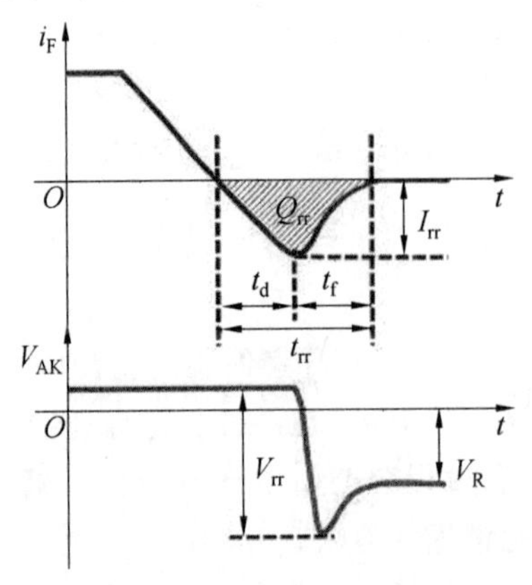

图 6.20 关断电路

实际应用中,功率二极管相较于信号二极管,能处理更大的电流和电压。理想情况下,它允许电流在一个方向上流过它的两端,并阻止电流在另一个方向上流过。

事实上,半导体物理学和当前工艺阻碍了“理想二极管”的诞生,现实功率二极管只能按照不同性能的参数制造,以满足不同应用场合。功率二极管包括常规、快恢复和超快恢复 PN 结二极管,以及肖特基势垒二极管,各类型都有不同特点。

6.4 双极结型晶体管

双极结型晶体管就是通常所说的三极管。三极管通常为三明治结构,通常有 NPN 型和 PNP 型。它是第一个完全可控制其“导通”和“关断”操作的半导体器件。虽然当前功率三极管几乎被完全替代,然而它是第一个最接近理想开关的半导体器件。其结构与三极管类似,但增加了与功率二极管类似的低掺杂 N-层。图 6.21 所示为功率三极管。

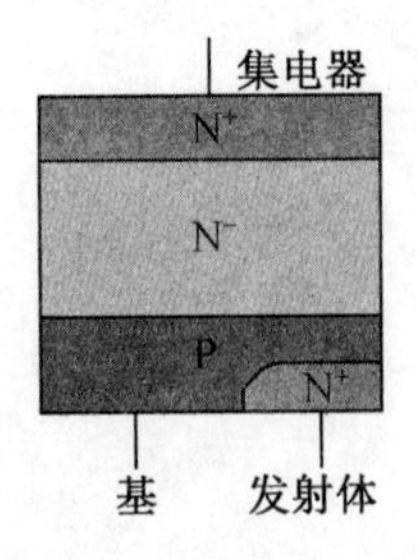

图 6.21 功率三极管

其符号与普通三极管符号一致(图 6.22),包含三个电气连接端子:发射极 E、基极 B 以及集电极 C。

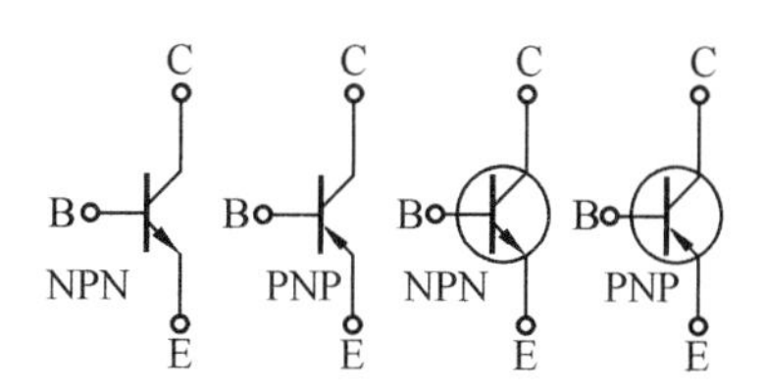

图 6.22　三极管表示符号

6.4.1　NPN 型三极管

NPN 结如图 6.23 所示。

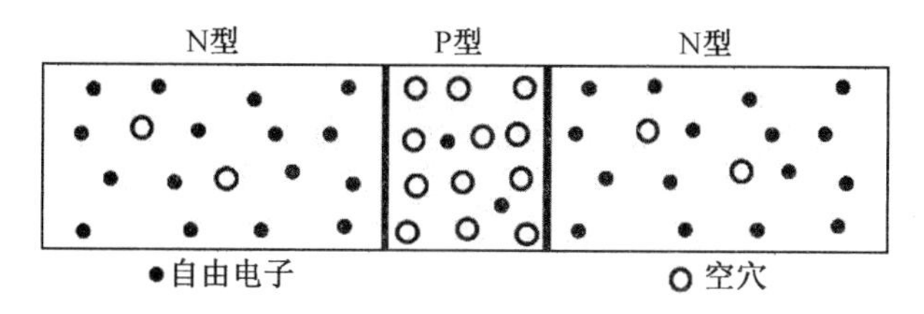

图 6.23　NPN 结

与二极管 PN 结原理相同，N 区中自由电子为多子，P 区中空穴为多子。电子扩散运动时也会形成势垒区。如图 6.24 所示，在 N 区两末端施加一个电源。

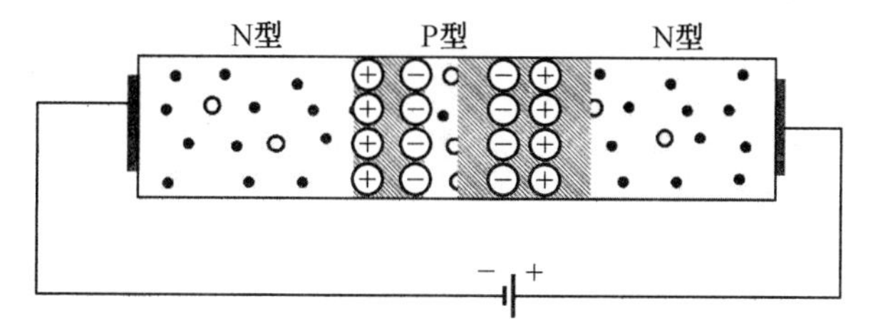

图 6.24　外加电源

从图 6.24 中可以看出，施加一个电源后会使得一个势垒区变弱，另一个变强，最终使得 NPN 结无法导通。因此，为了让 NPN 结能够导通，我们在中间 P 型与负端 N 型再加一个正向偏置电压，正向偏置电压足够大，使得 N 区和 P 区的势垒区消失。双电源 NPN 结如图 6.25 所示。

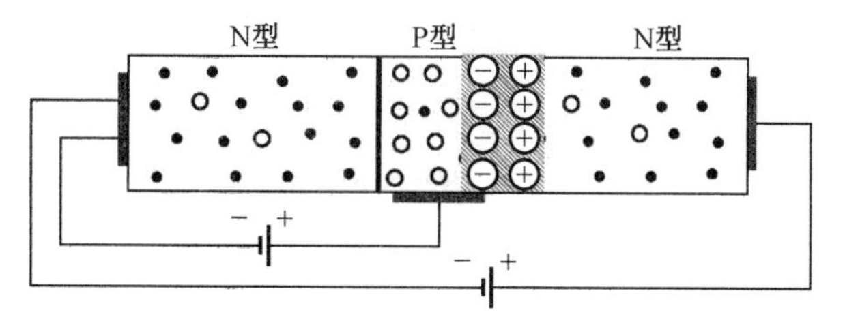

图 6.25　双电源 NPN 结

这样，左侧 N 区的电子就可以扩散进中间 P 区，一部分电子填充空穴，一小部分通过电源正端形成回路，另一部分积聚在 P 区；然而积聚在 P 区的电子与势垒区场强方向一致，可以轻易地漂移至右侧 N 区。由此 NPN 结与外电路就形成了回路。此时，左侧 N

区为发射极(Emitter),中间 P 区为基极(Base),右侧 N 区为集电极(Collector)。

功率型三极管结构与三极管结构类似。功率型三极管中 N 型和 P 型半导体材料垂直交替,使得导通时电流流过的横截面积最大化,即电阻和功率最小化。为保持大电流增益“β”发射极的掺杂密度比基极高好几个数量级。基极的厚度也较小。为在关断期间阻挡大电压,在基极 P 和集电极 N 之间引入轻掺杂的“集电极漂移区”N－。该漂移区的功能类似于功率二极管的功能。

功率三极管的发射极和基极相互交错,这是为了给基极电子留出通道,防止扩散电子与漂移至集电极的电子相互拥挤。功率三极管的结构示意图如图 6.26 所示。

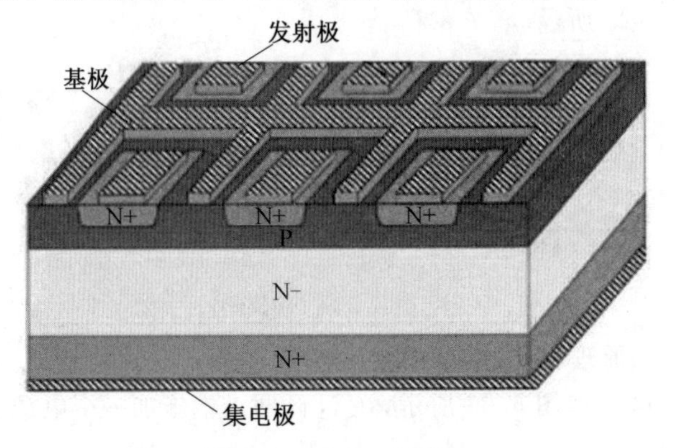

图 6.26 功率三极管

6.4.2 三极管静、动态特性

1. 静态特性

输入特性:表示集电极与发射极之间的电压 V_{CE}一定时,基极电流 i_B与基极－发射极电压 V_{BE}之间的伏安特性,与二极管正向伏安特性曲线相似,如图 6.27 所示,当施加适当偏置电压 V_{BE}时,该结处的势垒减小,并在某一点正向导通,与二极管正向伏安特性曲线类似;随着集电极－发射极电压 V_{CE}增加,P 区中耗尽层增加,空穴减少,从 N 区自由电子扩散减小,随着 V_{CE}增加,相同基极－发射极电压 V_{BE}下基极电流 i_B减小。

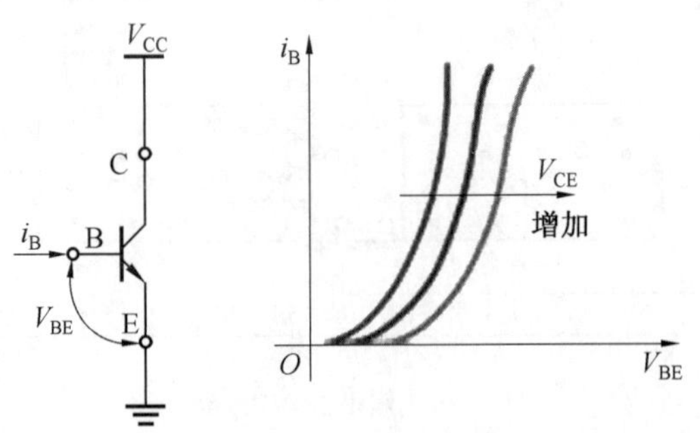

图 6.27 输入特性

输出特性:表示在基极电流 i_B一定时,共发射极接法的集电极电流 i_C与集电极－发射极电压 v_{CE}的关系。

如图 6.28 所示，功率三极管的输出特性类似信号三极管，表现为“截止”“放大”和“饱和”；在截止区（$i_B \leqslant 0$），集电极电流几乎为零。集电极－发射集之间最大电压为基极开路最大正向阻断电压 V_{CEO}（$i_B=0$）；发射极开路时，$i_B<0$ 时，正向阻断电压可提升至 V_{CBO}，即集电极－基极击穿电压。

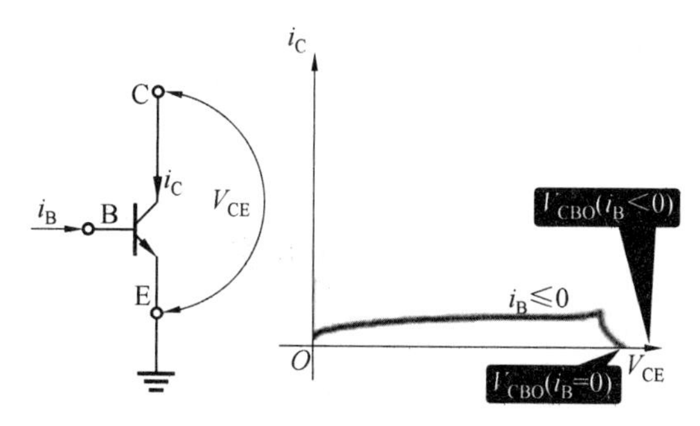

图 6.28　输出特性

在静态特性中我们需要关注以下几个特性。

（1）V_{CES}（$V_{BE}=0$）：最大集电极－发电极电压（Collector-emitter Voltage），基极－发电极电压为零时最大集电极－发电极电压。

（2）V_{CEO}（$i_B=0$）：最大集电极－发电极电压（Collector-emitter Voltage），基极电流为零时的最大集电极－发电极电压。

（3）V_{EBO}（$i_C=0$）：最大发电极－基极电压（Emitter-base Voltage），集电极电流为零时最大发电极－基极电压。

（4）i_C：集电极电流（Collector Current），最大允许集电极电流。

（5）i_{CM}：集电极电流峰值（Collector Peak Current），集电极电流峰值。

（6）i_B：基极电流（Collector Current），最大允许基极电流。

其示意图如图 6.29 所示。

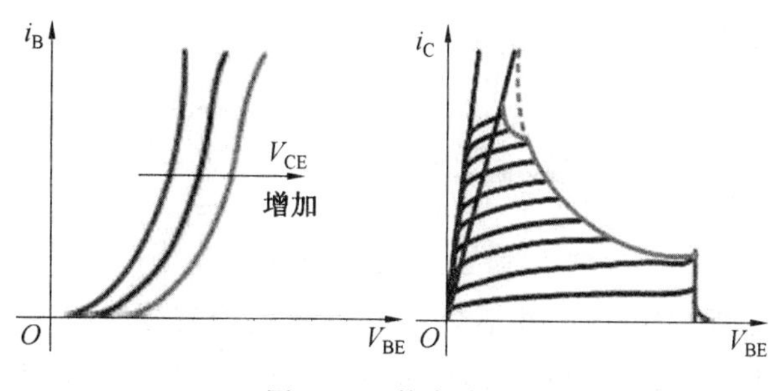

图 6.29　静态特性

2. 安全工作区

功率三极管的可工作限值由正偏安全工作区（FBSOA）和反偏安全工作区（RBSOA）组成，分别对应 $i_B>0$ 和 $i_B \leqslant 0$ 的情况。其示意图如图 6.30 所示。

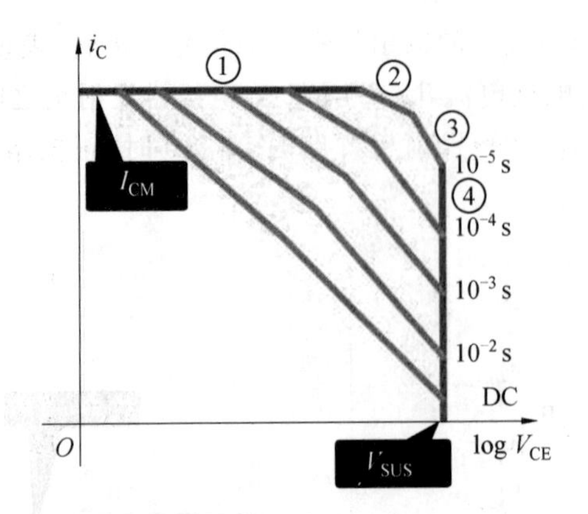

图 6.30 安全工作区

(1)FBSOA 的水平上限由最大允许集电极峰值电流(I_{CM})确定。

(2)受限于二次击穿故障模式,表示集电极电压和电流的组合限值也为一条直线。

(3)受限于最大允许功耗和最大结温,横轴采用对数坐标,表现为一条直线。

(4)右侧垂线受限于晶体管正偏的雪崩击穿电压(V_{SUS})。

3. 动态特性

控制电源 V_{BB}电阻 R 接在功率三极管基极-发电极两极,主电源 V_{CC}通过电阻 R_L连接在三极管集电极上,V_{BB}以阶跃形式控制导通和关断。其示意图如图 6.31 所示。

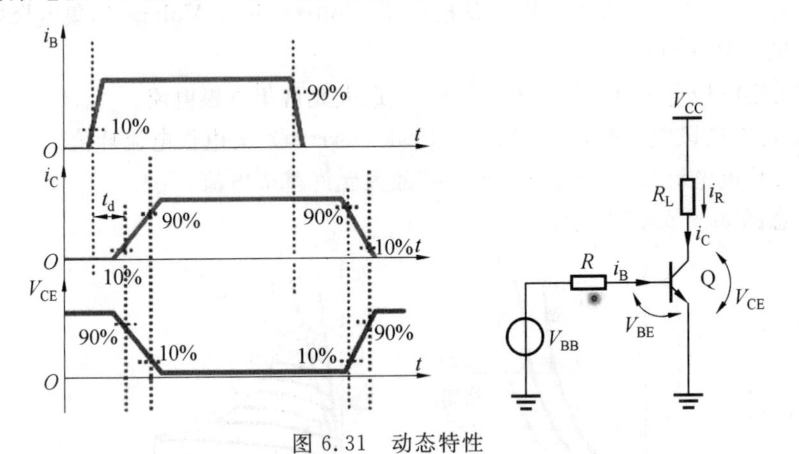

图 6.31 动态特性

当 V_{BB}导通,i_B逐渐上升,而 i_C并不会立即上升,它会有延时间 t_d,当 i_C开始上升集电极与发射极之间电压 V_{CE}开始下降。t_d延迟时间为基极-发电极结电容放电时间,t_{ri}为电流上升时间(从最大值 10%到 90%),取决于基极电流;t_s为存储时间,用于中和集电极和基极存储的载流子;t_{fi}为电流下降时间(从最大值 90%到 10%),同样取决于基极电流。

MOSFET 与三极管结构相似,首先以 P 型半导体作为底层,P 型半导体的一端有两个重掺杂 N+型半导体,两个 N+端引出,分别代表源极(Source)和漏极(Drain),并在 P 型半导体一侧表面涂上一层 SiO_2,目的是绝缘,之后在其上端表面放置一层薄的金属层并引出,称为栅极(门极,Gate)。其结构示意图如图 6.32 所示。

与三极管相似,在直接连接半导体的两端外接直流电源,无论源极负漏极正还是源极

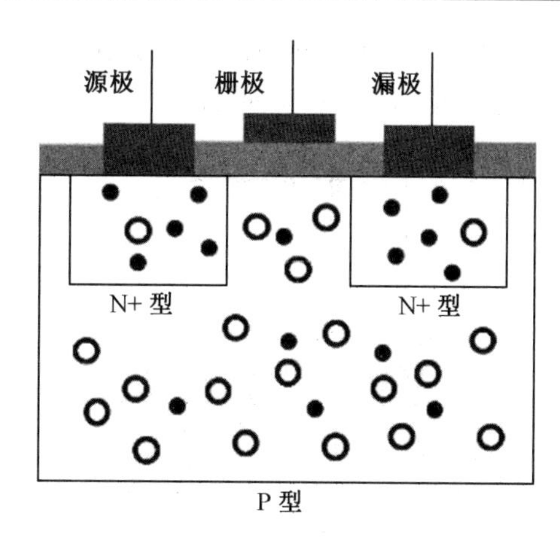

图 6.32 MOSFET

正漏极负,中间隔了P层,就始终会有反向偏置的PN结使其无法导通。假设在栅极G和源极S之间再加一个偏置,让栅极电压大于源极电压。这样,栅极正电压将吸引P区中的少子电子移至栅极附近;P区中少子电子在栅极附近积聚为源极和漏极导通创造了通路。在外电压的作用下,电子从源极经该通道到漏极,即器件源极一漏极导通,如图6.33所示。

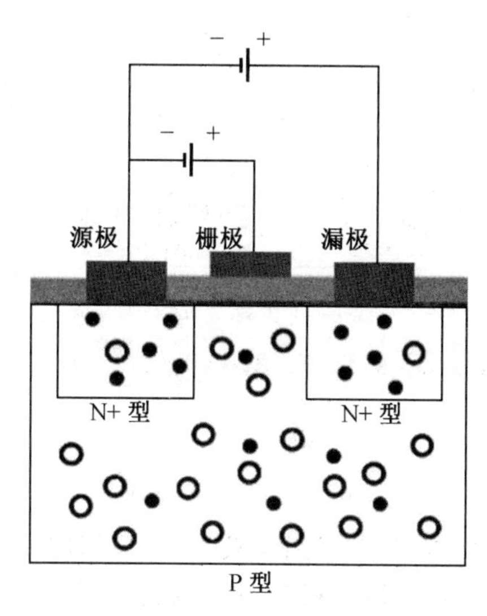

图 6.33 偏置电路 MOSFET

随着栅极一门极偏置电压的升高,将吸引更多的少子电子积聚在栅极附近,相当于拓宽了源极一漏极中间的通道使更多的电子从源极到漏极。这就是N沟道增强型MOSFET的基本原理。

如果事先在栅极下预留了N型半导体作为沟道,则漏极、源极分别接外部电源正、负端即可导通;若在栅极接一个相对于源极的负电压,则可将栅极下的N导通沟道电子排挤到P区中。若导通沟道消失,则器件无法导通。这就是N沟道耗尽型MOSFET的基本原理。

通常采用垂直扩散(VDMOS)结构增加其耐压能力,与上述相同,源极和漏极两端均为重掺杂 N+，P 层中间层为原衬底，而 N－轻掺杂厚度则决定了器件击穿电压。把栅极放置在 N+和 P 型之上，与之绝缘，如图 6.35 所示。

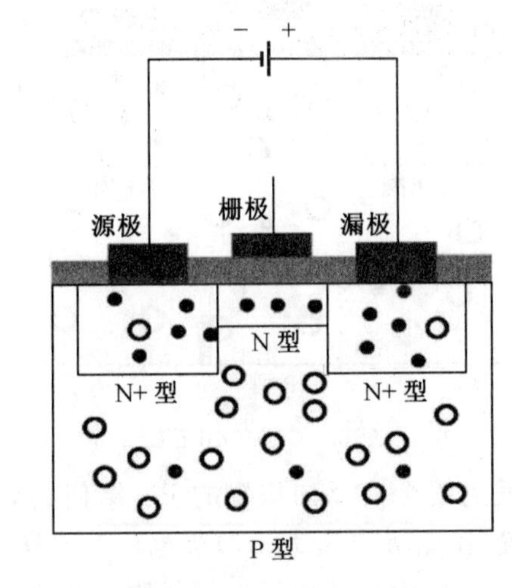

图 6.34　预留 N 型半导体

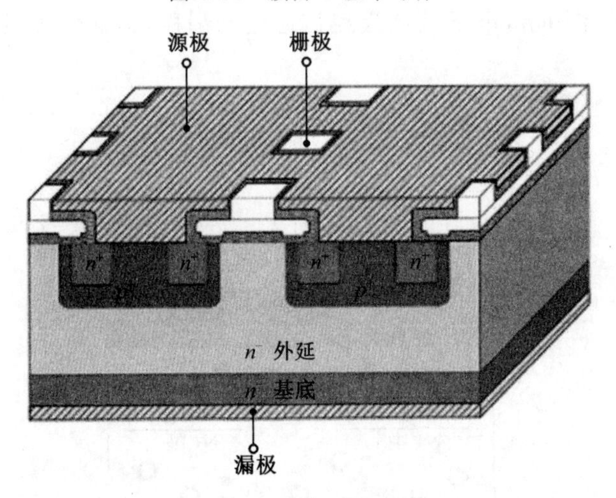

图 6.35　功率 MOSFET

从剖面图(图 6.36)可以看出，漏极到源极的 NPN 结构可以看作一只三极管，只不过其基极和发射极并联连接，因此，该三极管可等效为二极管。这就从结构上决定了功率 MOSFET 在源极和漏极之间自带二极管。

功率 MOSFET 是特定类型的金属氧化物半导体场效应晶体管(MOSFET)，将普通 MOSFET 改造成垂直结构，并增加 N－以提高其耐压能力，具有高开关速度和在低压下导通电阻低、负载电流大、效率高并且驱动容易。功率 MOSFET 广泛应用于中低压开关，如 DC/DC 变换器和部分 DC/AC 变换器中。其符号与三极管类似，有三个连接端子。

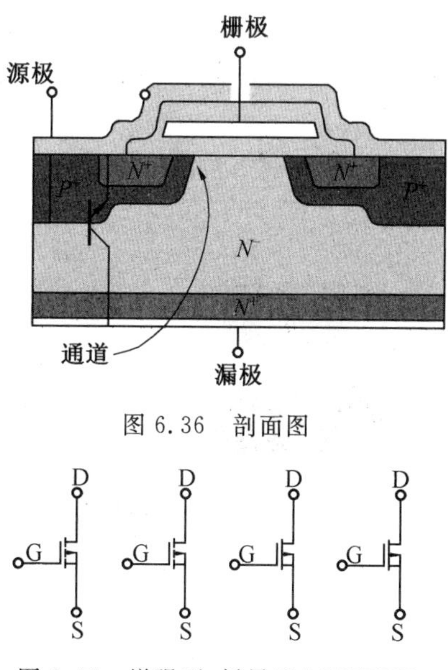

图 6.36 剖面图

D D D D
G G G G
S S S S

图 6.37 增强型、耗尽型 MOSFET

6.4.3 MOSFET 静态特性

由于功率 MOSFET 是场效应管,场效应管是电压驱动型,所以栅极没有电流。在讨论功率 MOSFET 静态特性时通常不讨论它的输入特性,而只讨论它的输出特性也就是输出伏安特性,如图 6.38 所示。

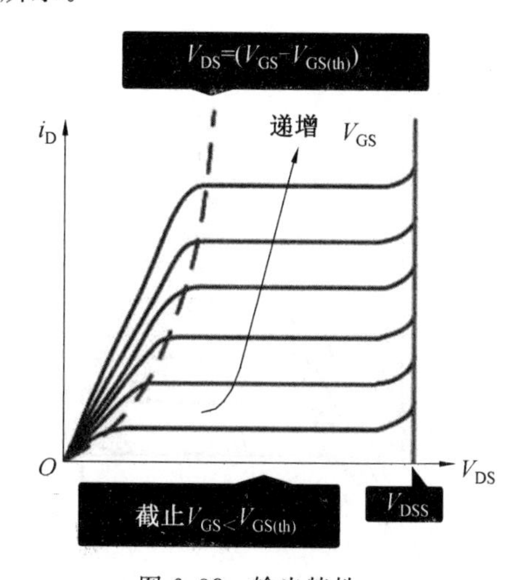

图 6.38 输出特性

当 v_{GS}增加到超过门槛电压 $v_{GS(th)}$后,漏极才有电流;在 v_{DS}较小[$v_{DS}<(v_{GS}-v_{GS(th)})$]时,$i_D$几乎与 v_{DS}成正比,因此该区域工作模式也被称为欧姆模式(Ohmic Mode),曲线斜率倒数即为导通电阻 $r_{DS(ON)}$;当 v_{DS}较大[$v_{DS}>(v_{GS}-v_{GS(th)})$]时,$i_D$与 v_{DS}偏离线性关系,随着 v_{DS}的增加,i_D趋于饱和。MOSFET 通常工作在欧姆模式或截止模式下。

如图 6.39 所示,其安全工作范围与三极管类似。顶部受最大运行漏电流 I_{DM}限制;

左侧受到 $r_{DS(ON)}$ 的限制，右侧首先考虑到结温的原因，最大耗散功率受到限制。值得注意的是，MOSFET 不受二次击穿的限制，最右端受到最大允许漏极－源极电压（V_{DSS}）限制，是由漏极附近的反偏 PN 结决定的。

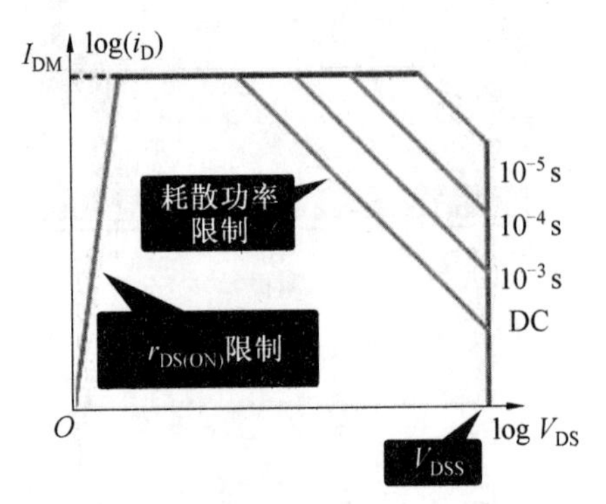

图 6.39　安全工作区域

由于存在体二极管，因此 MOSFET 不存在 RBSOA。

在静态特性中，主要参数有：

（1）V_{DSS}：漏极－源极击穿电压（Drain-source Breakdown Voltage），漏极、源极间承受的最大电压。

（2）I_{DM}：漏极电压最大值（Maximum Continuous Drain Current），漏极最大电流。

（3）$V_{GS(th)}$：门槛电压（Gate Threshold Voltage），器件导通所需的最小电压。

（4）I_{DSS}：零栅电压漏电流（Zero Gate Voltage Drain Current），栅极电压为零时的漏极电流。

（5）$V_{DS(ON)}$：通态漏－源电阻（Drain-source On-state Resistance），导通情况下，漏极、源极间等效电阻。

i_D-V_{DS}关系图如图 6.40 所示。

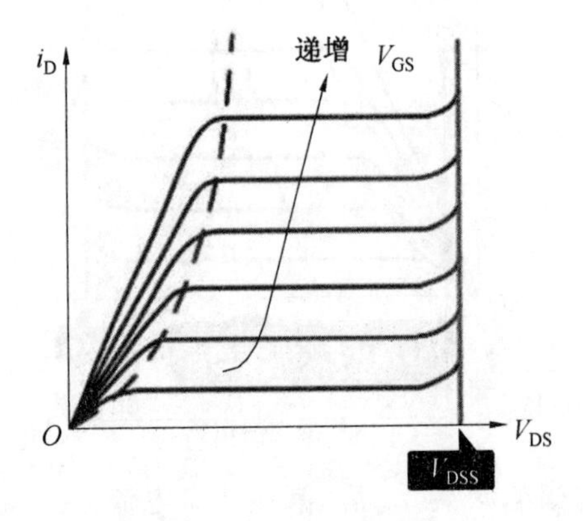

图 6.40　i_D-V_{DS}关系图

6.4.4　MOSFET 动态特性

首先以图 6.41 所示的测试电路为例。控制电源 V_{BB}电阻 R 接在功率 MOSFET 漏、源两极；主电源 V_{CC} 通过电感 L 连接在功率 MOSFET 漏极，电感上方并联续流二极管 D，V_{BB} 以阶跃形式控制电路的导通和关断。假设电感 L 足够大，电流不会改变，忽略二极管 D 的反向恢复特性。

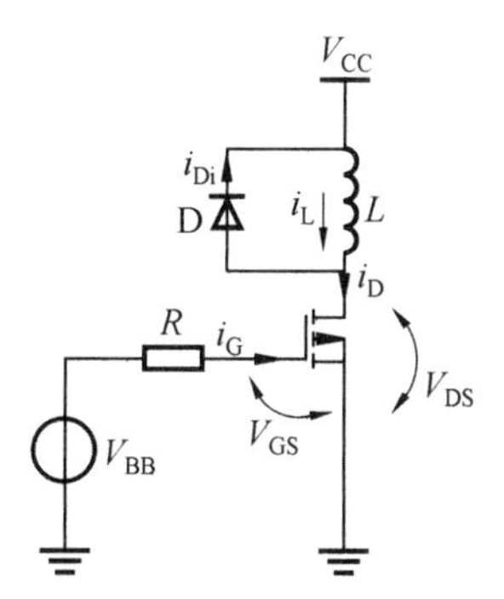

图 6.41　测试电路

电路导通时，V_{GS} 上升到 $V_{GS(th)}$ 的时间为延迟时间 t_d，此后，功率 MOSFET 漏极电流 i_D 开始上升，二极管电流 i_{Di} 下降，直到 $i_D = i_L$，二极管截止这段时间为电流上升时间 t_{ri}；t_{ri} 之后，漏极－源极电压 V_{DS} 迅速下降，一直到导通电压 V_{ON}，该时间为电压下降时间 t_{fv}，值得注意的是在该区间内，V_{GS} 几乎不变，形成“米勒平台”；随后，V_{GS} 上升到稳态值 V_{BB}。动态特性如图 6.42 所示。

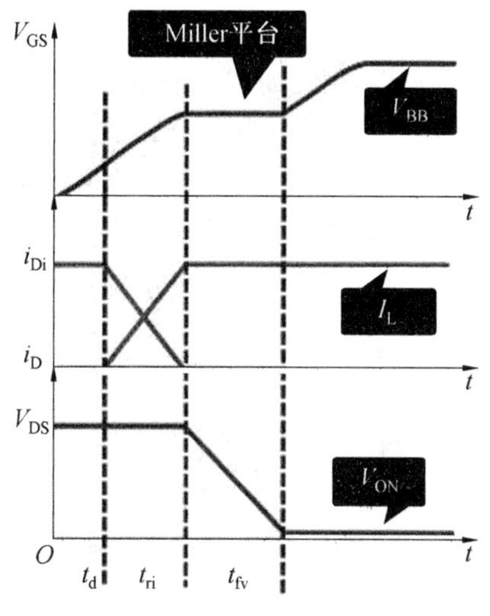

图 6.42　动态特性

IGBT(Insulated Gate Bipolar Transistor，绝缘栅双极型晶体管)，是由 BJT(双极型三极管)和 MOS(绝缘栅型场效应管)组合成的复合全空型电压驱动式功率半导体器件，兼有 MOSFET 的高输入阻抗和 GTR 的低导通压降两方面的优点。

1983 年，RCA 公司和 GE 公司研制出新一代电力器件 IGBT，第一代于 1985 年投入生产，主要特点是低损耗，导通压降为 3 V，下降时间 0.5 μs，耐压 500～600 V，电流 25 A。第二代于 1989 年生产，有高速开关型和低通态压降型，容量为 400 A/500～1 400 V，工作频率高达 20 kHz。目前第三代正在发展，仍分为两个方向，一是追求损耗更低和速度更高;二是发展更大容量,采用平板压接工艺,容量达 1 000 A,4 500 V。其被命名为 IEGT。

近几年,国内 IGBT 技术也在快速发展,国外厂商垄断逐渐被打破,已取得一定的突破,国内 IGBT 行业近几年的发展事迹如下。

(1)2011 年 12 月,北车西安永电成为国内第一个、世界第四个能够封装 6 500 V 以上的 IGBT 产品的企业。

(2)2013 年 9 月,中车西安永电成功封装国内首件自主生产设计的 50 A/3 300 V IGBT 芯片。

(3)2014 年 6 月,中车株洲时代推出全球第三条、国内首条 8 英寸 IGBT 芯片专业生产线并投入使用。

(4)2015 年 10 月,中车永电/上海先进联合开发的国内首个具有完全知识产权的 6 500 V高铁机车用 IGBT 芯片通过高铁系统上车试验。

(5)2016 年 5 月,华润上华/华虹宏力基于 6 英寸的平面型和沟槽型 1 700 V、2 500 V 和 3 300 V IGBT 芯片已进入量产。

1. 封装

封装分为单管产品封装和模块产品封装。单管产品封装有塑料封装、金属封装;模块产品封装有 34 mm 模块、130 mm 模块。

2. IGBT 的符号及构成

IBGT 和三极管类似,也是三端器件,分别为栅极 G、集电极 C 和发射极 E。从 C 到 E 有两个途径,一个路径为 PNP,另一个路径为由 PNP 基区连接 MOSFET。一般 IGBT 由 N 沟道 MOSFET 构成,P 型结构一般不太常用。N 沟道 IGBT 驱动端采用 MOSFET 形式驱动,也就是电压驱动型器件,驱动功率比较小,开关速度快。功率输出级采用功率 BJT 结构,电导调制效应好。

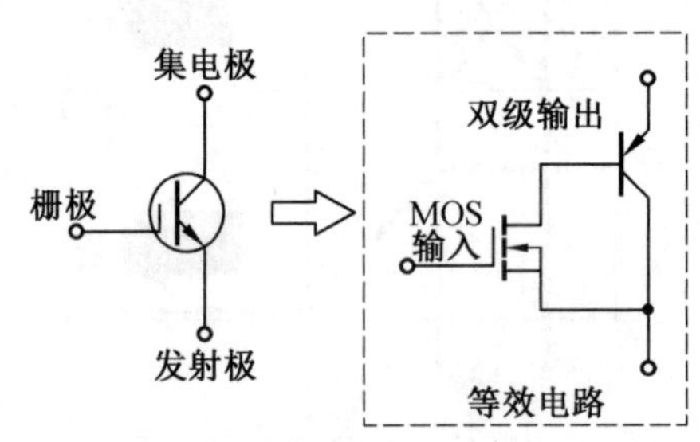

图 6.43　IGBT(N 沟道)结构

如图 6.43 所示,IGBT 的结构是在 N 沟道 MOSFET 的漏极 N 层上又附加一层的 P－N－PN＋的四层结构。其结构如图 6.44 所示。

由图 6.44 所示 IGBT 的内部结构可见,IGBT 的开关作用是通过加正向栅极电压 UGE 形成沟道,给内部 PNP 型三极管提供基极电流,IGBT 导通。反之,加反向栅极电压消除沟道,流过反向基极的电流,使 IGBT 关断。IGBT 的驱动方式和 MOSFET 基本相同,固具有高输入阻抗。当 MOSFET 的沟道形成后,从 P＋基极注入 N－层的空穴(少

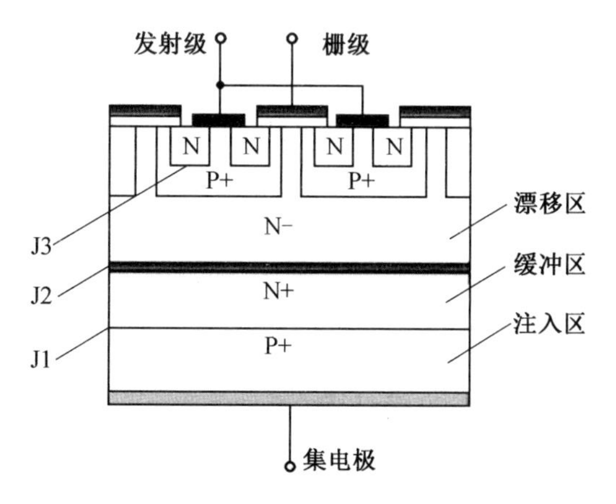

图 6.44　内部结构

子)，对 N－层进行电导调制，减小 N－层的电阻，使 IGBT 在高压时也具有低的通态电压。

3. 开通和关断原理

IGBT 的开通和关断是由门极电压来控制的。对栅极施以正电压时，MOSFET 内形成沟道，并为 PNP 晶体管提供基极电流，从而使 IGBT 导通，对栅极施以负电压时，MOSFET 内的沟道消失，PNP 晶体管的基极电流被切断，IGBT 即为关断。

4. 静态特性

(1)转移特性(Transfer Characteristic)。

图 6.45 为转移特性曲线。

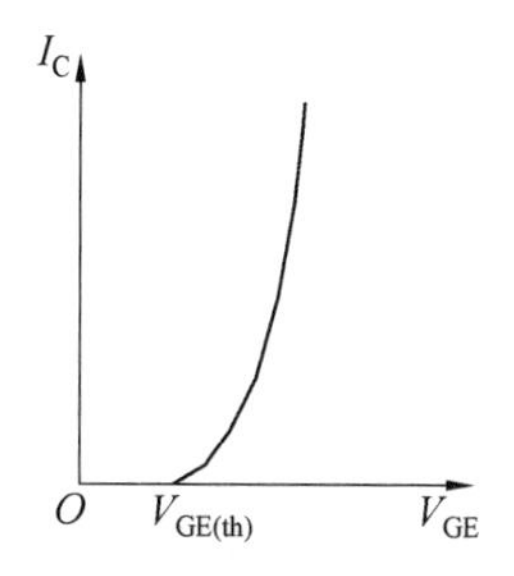

图 6.45　转移特性曲线

IGBT 的转移特性曲线是指输出集电极电流 I_C 与栅极－发射极电压 V_{GE}之间的关系曲线。我们知道 IGBT 可以理解为由 MOSFET 和 BJT 组成的复合晶体管。它的转移特性与 MOSFET 十分相似。为便于理解我们以 MOSFET 的转移特性为例。

当 MOSFET 的栅极－源极电压 $V_{GS}=0$ 时，源极 S 和漏极 D 之间相当于存在两个背靠背的 PN 结，因此不论漏极－源极电压 V_{DS}之间加多大或什么极性的电压，总有一个 PN 结处于反偏状态，漏极、源极间没有导电沟道，器件无法导通，漏极电流 I_d为 N＋PN＋管的漏电流，接近于 0。

当 $0<V_{GS}<V_{GS(th)}$时，栅极电压增加，栅极 G 和衬底 P 间的绝缘层中产生电场，使得少量电子聚集在栅氧下表面，但由于数量有限，沟道电阻仍然很大，无法形成有效沟道，漏

极电流 I_d 仍然约为 0。

当 $V_{GS} \geqslant V_{GS(th)}$ 时，栅极 G 和衬底 P 间电场增强，可吸引更多的电子，使得衬底 P 区反型，沟道形成，漏极和源极之间电阻大大降低。此时，如果漏源之间施加一偏置电压，MOSFET 会进入导通状态。

这里 MOSFET 的栅源电压 V_{GS} 类似于 IGBT 的栅射电压 V_{GE}，漏极电流 I_D 类似于 IGBT 的集电极电流 I_C。IGBT 中，当 $V_{GE} \geqslant V_{GE(th)}$ 时，IGBT 表面形成沟道，器件导通。

(2)输出特性(Output Characteristic)。

图 6.46 为输出特性曲线。

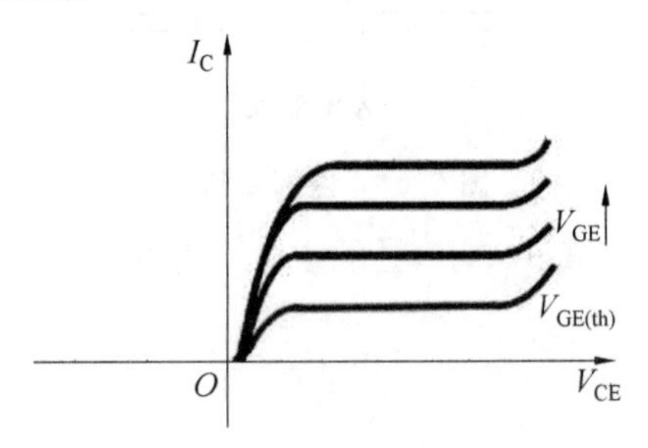

图 6.46　输出特性曲线

IGBT 的输出特性是指以栅极一源极电压 V_{GE} 为参变量时，漏极电流与栅极电压之间的关系曲线，输出漏电流比受栅极一源极电压 V_{GE} 控制，V_{GE} 越大，I_C 越大。IGBT 与 GTR 输出特性相似，分为饱和区、放大区和截止区。在截止状态下 IGBT 正向电压由 J2 承担，反向电压由 J1 承担。如果无 N+缓冲区，则正反向阻断电压可以做到相同的水平，加入 N+缓冲区后，反向管端电压只能达到几十伏水平，因此限制了 IGBT 的某些应用范围。

5. 动态特性

IGBT 一个主要的应用是与续流二极管反向并联工作在如图 4.7 所示的全桥逆变电路中。其负载通常为感性负载。IGBT 的动态过程主要包括开启和关断两个阶段。

对 IGBT 动态特性测试电路如图 6.47 所示。

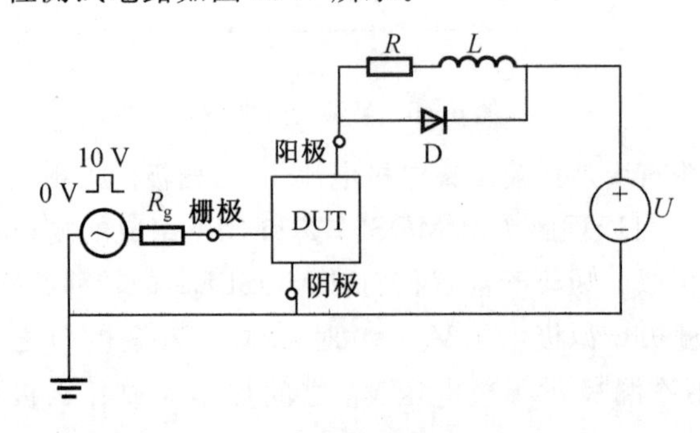

图 6.47　IGBT 动态特性测试电路

(1)IGBT 的开启过程。

由于 IGBT 的开启是通过控制 MOSFET 的开启完成的，所以其开启过程类似于 MOSFET。不同之处在于，在 IGBT 的开启过程中还有一个类似于 PNP 管的开启过程，所以它的开启过程相对于 MOSFET 的开启过程较长。

如图 6.48 所示，在 t_0 时刻，施加栅极电压在栅极之上。随着栅极电压的增加，IGBT 的栅极电容开始充电。当栅极电压达到其阈值电压时，即 t_1 时刻，IGBT 开始出现集电极电流，并且该电流随栅极电压的增加而增加。而此时续流二极管中的电流逐渐降低。输出电流开始主要由 IGBT 集电极电流组成。直到 t_2 时刻，IGBT 的集电极电流负担全部的输出电流。此时，二极管承受反向电压。然后由于 IGBT 器件中的电导调制效果，其正向电压逐步降低，直至正常工作的导通压降（t_3 时刻）。

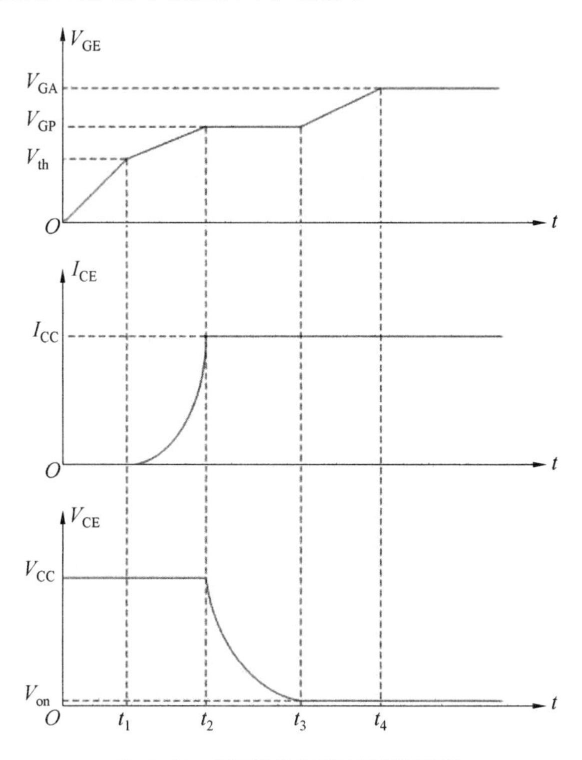

图 6.48　IGBT 的开启过程波形图

（2）IGBT 的关断过程。

在 IGBT 的关断过程中，漂移区由于电导调制作用其中存在大量的载流子，抽取这部分的载流子会形成一个明显的拖尾电流。这个拖尾电流会明显增加器件的关断时间。这是 IGBT 与 VDMOS 关断过程最大的不同。

如图 6.49 所示，在 t_0 时刻，关断开始。随着栅极电容的放电，栅极电压逐渐降低。在 t_1 时刻，栅极电压的下降正好使 IGBT 进入临界饱和状态。此时 IGBT 的正向压降开始升高。此时由于该电压变化所产生的感应电流会向栅极电容进行充电，在此阶段下，栅极电压几乎保持稳定。器件压降继续增加到 t_2 时刻，此时感应电流大大减小，栅极电压开始下降，正向电压也迅速上升。此时，输出电流主要由续流二极管的电流来负担。从 t_2 开始的下降过程主要是由于器件内部参数的影响，也是器件进行优化的重点部分。

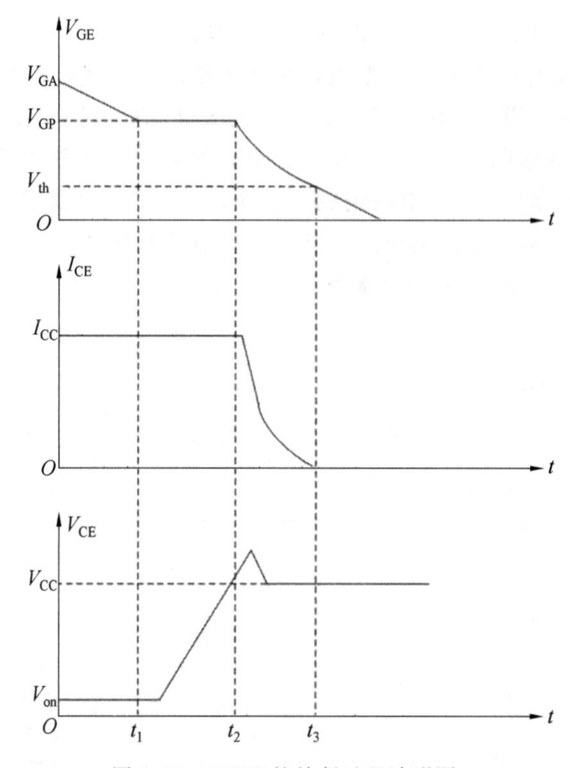

图 6.49　IGBT 的关断过程波形图

6. IBGT 的性能特点

IGBT 性能特点如下。

(1)开关速度高,开关损耗小。

(2)在相同额定电压和电流下,安全工作区较大。

(3)具有耐脉冲电流冲击能力。

(4)通态压降低,特别是在电流较大区域。

(5)输入阻抗高,输入特性与 MOSFET 相似。

(6)耐压高,流通能力强。

(7)开关频率高。

(8)可实现大功率控制。

7. IGBT 主要技术参数

(1)最大集电极一射极间电压 U_{CES}:IGBT 集电极一发射极之间的最大允许电压。此电压通常由内部 PNP 寄生晶体管的击穿电压决定。

(2)最大集电极电流 I_C:IGBT 最断续的集电极电流平均值。包括额定直流电流 I_C 和 1 ms 脉宽的脉冲电流。

(3)最大集电极功率 P_{cm}:IGBT 正常工作温度下所允许的最大功耗。

(4)最大工作频率 f_m:适合 IGBT 正常工作的最高开关频率。

6.5　超级电容器故障类型及优化方式

超级电容故障大致分为几种：①容量衰减过快，致使储能装置总体储能量降低，车辆续航能力变差；②内阻增大，功率密度降低，单体产热量增加，加速了电极材料与电解液的产气反应及电解液溶剂的挥发，导致单体内部气压过大，最终单体破裂后引燃电解液；功率密度下降，大功率储能装置的放电能力明显下降；③漏电（自放电）变大，超级电容节能效果明显下降，同时因均衡板需长时间开启，均衡电流积累热量，容易烧损均衡板，引起储能系统失效；④外部充电装备、均衡板、电连接等因素，例如过压、过流、均衡板和电连接失效等导致单体过热，以致发生连锁故障；⑤其他外部环境所致，例如燃烧、振动、撞击等。

综上所述，超级电容由于自身的原因引起故障的三大关键失效因素为容量失效（或能量密度失效）、内阻失效（或功率密度失效）、漏电失效。

6.5.1　能量密度失效

能量密度的潜在失效模式为电极失效。电极失效的原因为：①电极配方失效；②电极密度低；③碳材料衰减速度快。电极配方失效的潜在失效原因为固含量低、浆料黏度低、浆料分散不均匀，现用预防措施主要是严格控制原材料配比，取样检测浆料黏度，依靠浆料黏度判断浆料分散均匀性。采用合适的工艺流程可实现自动化控制原材料配比、黏度的在线监测。在固含量配比（固体∶水）一定的条件下，通过调节搅拌桨的转速，可实现黏度的可调。黏度的一致性直接影响涂覆层的附着力及碳层厚度和电极密度。由于浆料在电容制造过程中的中转易引起浆料的分层，造成上层浆料涂覆的电极密度低，因此应在设计、制造过程中增加中转过程中浆料的持续不断地搅拌，甚至采用高速分散装备进行分散，并定时检验浆料黏度，实现黏度的高度一致性。碳材料涂覆后的电极密度低，其主要与涂覆碳层疏松（涂覆工艺）、电极厚度不均匀（碾压工艺）相关。目前主要的预防措施是检验涂覆厚度、电极厚度、碳层体积密度和面密度，但实际上在生产制造过程中碾压辊的变形易引起电极厚度、体积密度和面密度之间的失衡，造成电极密度失控，因此设计碾压辊变形量的检测频次为每碾压 10 万米电极检测 1 次形变量。碳材料容量衰减主要由其表面含氧官能团、金属元素和水含量决定。在超级电容充放电过程中，水和表面含氧官能团易与电解液离子发生电化学反应，产气；金属元素具有催化分解电解液作用，最终致电容容量衰减快。碳粉的多孔性造成其极易吸水，为有效降低电极的水含量，电极需在 150～170 ℃、真空条件下干燥数小时，将电极的含水量控制在 2×10^{-6} 以内，因此必须严格控制电极干燥工艺，且定期检验干燥装备的密封性及干燥后电极的含水量。

6.5.2　功率密度失效

功率密度的潜在失效模式分为两种：电极失效和电连接失效。电极失效的潜在原因包括碳涂层膨胀和导电剂分散不均匀。碳涂层膨胀作为关键特性，主要依靠检验电极厚度及电极密度预防碳涂层膨胀率偏高，并利用电解液浸泡(7 天)方法测试碳涂层膨胀率。然而电解液浸泡方法属于静态测试，测试的碳涂层几乎不膨胀，但在实际应用中，频繁电流充放电作用下，电解液离子在碳孔道内吸 / 脱附，更易引起碳涂层的膨胀，进而降低电容的功率密度。因此膨胀率的探测方法应改为同时满足(40±5) ℃、40 C 倍率恒定电流下进行 5 万次循环充放电后，碳涂层膨胀率小于 2%；*X* ℃(电容允许的最高工作温度)、*Y* V(电容允许的最高工作电压)条件下浮充 1 500 h，碳涂层膨胀率小于 4%。另外根据设定的功率密度阈值，研究功率密度与碳涂层膨胀率、电极厚度及电极密度之间的关系，严格控制电极厚度和电极密度是预防碳涂层膨胀的关键。导电剂在电极中的作用是提供电子移动的通道，利于大电流充放电。导电剂分散均匀性由拌浆方式和搅拌时间决定，目前主要是利用扫描电子显微镜表征电极表面导电剂分散效果，分散均匀性很难探测。在导电剂分散过程中，采用分步式加入浆料进行分散，并利用在线的颗粒度检测仪探索粒度分布最佳的拌浆速度和时间的，可明显降低导电剂分散不均的探测度。极耳连接不良是电连接失效的重要的潜在失效模式，现有预防措施是采用试焊测试方法，将焊接后的极耳逐层剥离，验证极耳与端子连接界面，或者采用无损探伤方法测试连接界面。前者更适合极耳与端子焊接连接方式，后者更适合铆接连接方式，因此根据极耳厚度、层数，研究点焊接功率、点焊时间与连接界面强度，铆接性能与铆接界面连接的关系非常重要。另外在制造过程中，增加检测频次，可明显降低电极失效的发生频度。连接方式(极柱与外部电源的连接)包括焊接和螺纹连接两种，目前采用熔深检测仪、内阻检测仪探测焊接效果；利用内阻检测仪检测螺纹连接内阻是否符合设计值。实际应用过程中，由于振动原因，焊接、螺纹连接界面松动，引起电流在界面产热量增加，进而导致电容温度上升，影响使用寿命，因此在设计中应增加在振动条件下检测恒电流充放电连接界面的温升情况，同时在生产过程中，焊接熔深尽量达到 2 mm 以上，螺纹连接界面面积是允许的额定电流传输所需最小介质面积的 1.2 倍以上。

6.5.3 漏电失效

漏电产生的根本原因是电极 / 溶液界面由紧密层和分散层所构成，电极上的离子受到电极上异性电荷的静电吸引力和向溶液本体迁移力两个力的共同作用。分散层中离子受到的静电吸引力小，因此其向溶液本体中的迁移趋势更大，而紧密层中的离子也会因为自身的振动脱离紧密层进入分散层，导致电容漏电。漏电的潜在失效模式主要为隔膜失效，包括隔膜刺穿和老化。由于分切或冲切的原因，电极边容易形成毛刺，当毛刺长度大于隔膜厚度时，隔膜极易被刺穿，引起电容漏电变大。现有预防措施是采用显微镜表征电极边毛刺的长度，检测频次高于每 1 000 个电极检测 1 次。当毛刺长度达到隔膜厚度的三分之二时，必须换掉分切刀或冲切刀模具。由换冲切刀前后的电极表面可知，换刀前毛刺长度达到 97.436 μm,换刀后毛刺长度低于 20 μm。由于电容在充放电过程中,电解液离子穿梭、电化学反应及温度影响,隔膜长时间处于老化状态,导致隔膜孔径变大、材质变脆,进而引起电容漏电变大。目前隔膜老化的预防措施是采用高温加速老化的方法,检验老化后隔膜颜色的变化,验证隔膜的使用寿命。

附录A 分布式发电并网对电能质量和可靠性的影响

A.1 简 介

现代配电系统是由若干设备与众多供电点组成的结构复杂的集合。配电系统与主电网之间的相互作用导致供给用户的电力的特性发生短暂的变化。相对于较长周期的停运而言，这些变化通常以非常短的形式出现，或是表现为电压异常和/或频率方面的特征。这些变化决定了供电的质量，而供电质量取决于电压、频率和可靠性。近些年，由于在商业和工业领域中引进并广泛使用一些敏感的电气设备和电子设备，电能质量和可靠性的问题相当受重视。为使敏感的系统免受电能质量和可靠性问题的不利影响，一些用户在定制电力系统的购置和安装上进行投资，作为对供电方面的调节和补充。用于这类电力调节设备的制造、销售、购置和安装方面的投资促进了优质电力市场的发展。

分布式发电(DG)和以微电网形式出现的分布式能源(DER)的集成，可用于显著改善电能质量和可靠性以适应用户的需要。分布式发电和微电网可提供的具有潜力的服务如下。

(1)热电联产(CHP)系统的应用有助于提高电力系统的整体能效。此外，相较于分别购电和为热负荷采购燃料，热能和电能联合的使用为用户提供了一个更经济的选择。

(2)带有可再生或非传统能源的本地发电，像垃圾填埋气、生物质/生物燃料气或者光伏(PV)系统(有/无热回收系统)对远离中心发电厂的用户而言有更高的性价比。

(3)分布式发电只需要在高峰期运行，便可减少当地电力公司的"需求"收费。这种应用被称为遇峰，可通过减少高峰需求而降低用户总的能量成本，也有助于增加中心电力系统的容量以服务其他用户。

(4)分布式电网具有与主电网联网运行和独立运行的能力，可在主电网延长停电时间或者发生故障时为优先级高的负荷供电。借助智能控制器，这种从联网模式到独立运行模式的无缝转换，对敏感负荷的扰动最小。

(5)分布式发电机通过其精密的电力电子接口，可以提供电压和频率方面的高质量的优质电能。因此，它们适合为特别敏感的负荷供电，用户端不再需要独立的UPS。

因此，分布式发电系统可用于提高现有配电系统中的电能质量和服务可靠性。

A.2　电能质量扰动

发电厂一般发出的是规定电压幅值和频率的交流电(AC)。因此,用户使用的大多数电气设备也设计成工作在一个窄的电压和频率范围内,并且任何超出此范围的偏差都会使设备的性能恶化。当电力波形的幅值和频率超出规定范围时会产生电能质量扰动,对用户造成影响。对电能质量扰动的分析和评估针对的是扰动产生的原因及发生的频次、受电压和频率敏感度影响的负荷类型,以及用户采取的用于保护敏感负荷免受扰动的措施。电能质量扰动的基本类型如下。

A.2.1　暂态

暂态是指次周期电压扰动,表现形式为电压发生非常快速的变化。其特征是频率变化范围可从几十到数百赫兹甚至上千赫兹,而电压偏移范围可从几百伏到上千伏。暂态是由雷击、静电放电、负荷切换、线路切换、电容器组投切或电感性负荷断开导致的能量注入引起的。扰动可以是冲击性的或振荡性的(衰减或不衰减)。直接雷击产生的暂态最有可能损害电网或用户端的设备,即使是线路附近的雷击也可能引起严重的暂态。由调节功率因数的电容器的投切,或是大容量负荷转换开关引起的暂态可能会严重妨碍系统的正常运行。此外,负荷的电容和线路的电感甚至会形成谐振电路,谐振源会将电压放大。在进线端离开地面安装避雷器或暂态电压抑制器(Transient Voltage Surge Suppressor,TVSS)可以消除暂态,对个别设备安装较经济的专用系统也可消除暂态。然而,更多的敏感设备可能需要额外的保护装置,例如计算机系统,需要安装计算机级的功率调节器和铁磁谐振电路调节器来消除暂态。

A.2.2　电压暂降和暂升

电压暂降和暂升是根据电压幅值方均根的变化而定义的,持续时间为半个周波到几秒。暂降指的是电压下降,而暂升则指电压上升。电压暂升通常由系统的单相接地故障引起,导致正常相的电压瞬时上升,突然失去大容量负荷以及大的电容要组的切换等也是引起电压暂升的原因。受电压暂降和暂升影响最大的设备有:工业流程控制器、可编程序控制器、PC、可调速驱动器以及机器人系统。电压暂降可能会损坏基于微处理器的数字控制设备的数据,而电压暂升可能会损坏设备电源或使其重置。

A.2.3　过电压和欠电压

持续时间超过 2 min 的电压突降和突升分别被分类为欠电压和过电压。欠电压产生的原因可能是发生线路或变压器的突然停运,线路中某一电容器组断开,变压器容量不足或者出现故障,供电线路存在短路或是线路负荷超出其容量都会导致用户端出现低电压。

由于电流密度增加，欠电压可能会引起恒速电动机过热，也可能妨碍电气设备的运行。长时间的欠电压通常可通过改变调压变压器分接开关的挡位来校正。

相反，由于电压调节电感、电容和配电变压器的问题可能产生过电压。当过电压保护装置不能快速响应以完全保护所有下游设备的时候，这些问题会变得严重。

过电压问题通常可以通过安装电压调节设备解决，其一般安装在用户所在的关键配电地点，例如入户端、主配电盘或计算机室面板。也可安装 UPS 系统，主电网供电时可以调节敏感负荷的电压，主电网发生故障情况下可作为备用电源。主电网设计的电压变化范围保持在－10%～＋10%，同时还提供足够的过电压、欠电压及频率保护系统，以保护其设备免受超出规定范围的异常电压和频率偏差的影响。

A.2.4　停电

停电或电压中断是指在一定时间内电压完全消失。停电可能是短时的(不到2 min)，或者是长时间的。停电通常由隔离装置(断路器或线路的重合器)动作引起，或者由线路的保护动作引起。在输电或配电馈线出现故障的情况下，断路器或重合器会立即断开以清除故障，连接在故障馈线上的用户会遭遇一次或多次的电压中断，这取决于故障的类型和电力公司的重合闸情况。短暂的故障通常在两次重合闸后便可消除并恢复正常供电，而对于永久性故障，断路器会在多次尝试重合闸后被闭锁，这将导致发生永久性故障的线路上的长时间停电。在故障和连续的合闸尝试过程中永久性故障线路上的用户会持续停电，与永久性故障线路并联的线路也将会出电压突降。对系统而言，可以安装 UPS、存储机械能或者给设备配置多路馈线来消除停电的影响，其中 UPS 是带有电池储能以及功率调节装置的，机械能则存储在高速飞轮中。可以使用有源静态转换开关(State Source Transfer Switch，SSTS)来防止瞬时停电，对于持续停电(UPS 或电池系统的储能容量不足以消除停电的影响)可以通过柴油发电机组或基于可再生技术的低排放分布式发电机现场发电来供电。

A.2.5　谐波畸变

当电压或者电流的波形偏离了标准正弦波时就会产生谐波畸变。出现谐波畸变意味着在潮流中除了标准工频分量之外还存在较高频率的分量。高频分量会降低设备性能，甚至可能损坏设备。照明镇流器、调光设备、计算器、复印机、打印机、变频驱动器和其他具有一定非线性负载特性的电子控制设备都可能是潜在的谐波源。谐波畸变会导致电力变压器过热、电力电缆过热、干扰智能设备正常运行等危害。谐波干扰可以用设备来避免或控制，例如 12 脉冲的输入变压器、阻抗电抗器或者有源滤波器及无源滤波器等。

A.2.6　电压缺口

电压缺口是一种由静电放电、电力电子设备换相等引起的周期性电压扰动，它的持续时间很短，频率非常高，用常规信号分析方法很难准确检出。随着各种电力电子设备的广泛使用，电压缺口现象越来越频繁出现，带来的不利影响也逐渐引起人们的重视。电压缺口会导致相序保护器误动作，缺口扰动引起的电容器与系统电感振荡还会对电力系统造成严重后果。电能质量扰动信号分析方法主要有小波变换、S变换、Prony法等。小波变换和S变换是基于频带划分思想的，对于电压缺口这类高频奇异信号的适应能力较差。Prony法用一系列指数衰减正弦波的线性组合拟合信号，抗噪性能差，计算时间长，不能满足实时检测要求。近年来，混沌理论广泛应用于天体力学、物理学、数学、生物学等各个方面，适用于研究非线性时间序列问题。它以相空间重构理论为基础，利用观测到的一维时间序列重构出与原动力系统拓扑意义不变的相空间，找出隐藏在混沌吸引子中的演变规律，从而获取原系统的分维、Kolmogorov熵等特性指标，使观测到的时间序列被纳入某种可以描述的框架之下，避免了大量的数学运算，为时间序列的分析研究开辟了一条新途径。通过应用空间重构方法对电压缺口进行检测和特征参数辨识，抗噪性较好，避免了传统算法的大量计算，能用于实时分析。

A.2.7 闪变

闪变是指一系列电压随机变动或工频电压方均根值的周期性变化引起的照明烦扰现象。如果电压幅值变动达0.5%，每秒变动6.25次，将造成明显的烦扰现象。人眼对亮度变化的不适感就是闪变，因供电电压幅值波动产生。闪变的特点是超高压、瞬时态及高频次。如果直观地从波形上理解，电压的波动可以造成波形的畸变、不对称，相邻峰值的变化等，但波形曲线是光滑连续的，而闪变更主要的是造成波形的毛刺及间断。

A.2.8 电器噪声

电气噪声为电磁干扰(EMI)的一种形式。当线路的标准信号上叠加了高频低电压信号时，就会产生电磁干扰。电压高达20 V时，这些信号的频率变化范围从几千赫兹到几兆赫兹。EMI对通信过程产生不利影响，因此被称为噪声。自然干扰源和人为干扰源的变化产生了噪声，干扰源可能为照明、静电和太阳辐射，还有附近存在的工频输电线路、汽车点火、电力电子设备的高频开关以及荧光灯等。受噪声严重影响的设备为计算机、工业流程控制设备、电子测试设备、生物医学仪器、通信媒介以及气候控制系统。在设备层安装射频线路滤波器、电容器或电感器可降低噪声的影响。

电能质量扰动对设备运行的影响不仅取决于当地用电设备的类型，还取决于其全年发生的频次。即使典型的电压突降或中断持续的时间非常短暂，对用户影响的不同在很大程度上取决于设备的电压或频率敏感度。大多数敏感用户可能会受到若干小时的严重影响。研究表明，几乎一半的扰动是电压突降/突升，而另一个最常见的问题是谐波畸变，接下来是设备的线路/接地问题。然而，应注意的是，大多的电能质量问题并不是由电力系统方面的原因引起，而是由用户自己的用电设备或相邻用户的用电引起。

A.3　电能质量敏感用户

在商业和工业领域中，随着对电压和频率敏感的精密电力电子器件、数据采集和监控(SCADA)系统和计算机流程控制系统的出现，电能质量和可靠性问题作为判断供电质量的一个主要标准已相当受重视。为使敏感的系统免受电能质量和可靠性问题的不利影响，一些用户在定制电力系统的购置和安装上进行投资，以作为供电方面的调节和补充。对使用如微燃机、太阳能和风力、燃料电池以提高电能质量和可靠性的环境友好型分布式发电，以微电网的形式与主电网联网或独立运行的可能性也正在细致的研究之中。

在上节讨论过，当主电网提供的电压波形与等幅值、等频率的标准正弦波形不一致时，将会产生电能质量扰动。电能质量扰动的极端表现是导致用户终端的持续停电或电压完全消失，这些停电给用户造成的经济影响随用户的类型或特定用户所使用设备的敏感度有很大变化。不允许长时间停电的用户通常会在现场安装备用发电机组，作为供电中断时高优先级负荷的备用电源。反之，对于那些因为任何的供电中断或电能质量波动都会遭受严重经济损失的用户，通常配置相关电力和调节设备以消除冲击电压、电压突降、谐波和噪声的影响。

需要真正优质电力系统的用户如下。

(1)关键任务计算机系统：银行、储蓄机构、金融公司，股票市场、投资机构、保险公司、计算机处理公司、航空/铁路订票系统和需要保护其计算机、外围设备及计算机冷却系统的企业总部。

(2)通信设施：电视/无线电台、电话公司、互联网服务提供商、移动电话站、中继站、军事设施和卫星通信系统。它们都必须保护自己的计算机、外围设备、天线、广播设备以及交换机。

(3)医疗保健设施：如医院和养老院中的医疗保健设施，需要维持危重病人生命的支持系统、医疗设备，并确保关键性供暖、空调环境得到适当的维护。

(4)大型照片冲扩实验室：这些实验室必须保护其计算机和冲扩设备。

(5)连续流程生产系统：对于造纸、化工、石油、橡胶、塑料、石材、陶土、玻璃以及初级金属行业中的这类制造系统，任何供电中断都将导致生产损失。

(6)制造及基本服务：其他的制造业加上公用事业设备和交通设施，如铁路和城市轨道交通、供水和废水处理、煤气公司和管道等。

A.4　现有电能质量改善技术

电能质量可以在电力系统中的任意一点和任意程度上控制或改善，由主电网配置设备为用户层面上个人装置采取大范围的改善措施。由于对电能质量敏感的用户只能对主电网运行或其设备设计进行间接且有限的控制,所以他们只能在仪表的己方一侧采取连接功率调节设备的措施,来保护其负荷免受任何电能质量扰动的不良影响。在主电网供电时,这些功率调节设备帮助用户将其负荷和系统与电能质量的变化隔离开,或者减少用户设备产生的电能质量扰动。用户可以选择保护其进户电力线上或敏感子电路上的全部负荷,这些负荷带有独立电路保护,或者是选择通过独立设备保护装置来保护独立的运行及控制。

依照优先级负荷和功率调节设备的大小及类型来决定保护级别,分类如下。

(1)小型设备(小于 3 kV · A),包括低电压、单相电能质量保护设备,在使用点应用中保护单个设备如个人计算机(PC),或对大型设备进行逻辑控制。此类型的设备包括以下几种。

①UPS。

②单相 TVSS(暂态电压抑制器)。

③单相功率调节器、隔离变压器和电压调节器。

(2)中型设备(小于 100 kV · A)用于在工厂内保护低压配电系统。这种设备通常位于进户线面板或者对馈线或分支线供电的电路中。这种类型的设备包括以下几种。

①单相 UPS(3～18 kV · A)和三相 UPS(最大 100 kV · A)。

②三相 TVSS。

③三相功率调节器:电压线路调节器、隔离变压器、功率分配单元、电压调节器、电动发电机以及动态、静态谐波滤波器。

(3)大型设备(大于 100 kV · A)设计用于设备的进户线处。这种规模的设备可以安装在户外基座安装机箱或用户自有的变电站中。大型设备包括以下几种。

①储能系统,包括电池储能系统和机械储能系统。机械储能系统如带有电化学电容器的飞轮系统。

②产能系统。

③低压静态转换开关(低于 600 V)。

④中压静态转换开关(低于 35 kV)和用户电力产品,如静态串联补偿/动态电压恢复器(DVR)、静态分流补偿器和静态断路器。

A. 4. 1　备用电源技术

备用电源可以改善对用户服务的可靠性和供电质量。备用电源可以是另一主网馈线、备用发电机或是 DG 系统。电能质量和可靠性的改善取决于与从电源连接的技术。此连接转换技术的类型如下。

(1)手动转换开关:这需要足够的人员手动地将电源从一条馈电线路转换到另一条馈电线路。手动转换需要几分钟,避免了长时间停电。

(2)自动转换开关:当检测到主馈电线路中发生故障时,就会自动切换到备用馈电线路。即使在从馈电未受影响的情况下,一次成功的转换也会引起短暂的电力中断。如果从馈电是备用发电机,那么根据设备启动能力的不同,可能需要耗费更多的时间来完成转换。在分布式发电系统已经运行的情况下,对负荷的需求按正确整定值调度电力需要几个周波或几秒钟。这不会引起长期停电,但不能保护敏感用户不遇到电压突降和瞬时停电。

(3)有源静态转换开关:这是需要约 4 ms 的超高速开关。它采用固态开关完成从一个电源到另一个电源的无缝切换,但是此快速切换需要从电源准备随时带负荷。因此,对于没有任何 UPS 备用的有源静态转换开关的应用来说,备用发电机是没有用的。这种情况下,主电网的备用馈电会提供所有配电层面的主电网故障保护,但无法在持续的输电系统故障情况下保护用户。

A.4.2 功率调节技术

本小节将讨论一些功率调节设备。这些设备用于在用户现场改善电能质量。

(1)暂态电压抑制器(TVSS)。TVSS 用于防止雷击和其他电压冲击。它们通常是金属氧化物变阻器(MOV),可作为小的插件式浪涌抑制器用于个人计算机、小型电子设备以及大型设备,保护整个设备或关键电路。

(2)无功补偿(VAR)。由于系统没有无功功率补偿会引起电网的不平衡,例如电压的突降和突升,这将引起电流过大和用户设备过热导致发生损坏。电压被动的影响也往往会降低设备的预期寿命。因此,下面的无功功率补偿技术可用于恢复和保持电压稳定。

①同步调相机。

②配置在大型感性负荷附近的固定电容器组。

③晶闸管开关电容器(TSC)。

④晶闸管开关电抗器(TCR)。

⑤静止无功补偿装置(SVC)。

⑥静止同步补偿装置(STATCOM)。

⑦有源无功补偿装置。

(3)动态电压恢复装置(Dynamic Voltage Restorer,DVR)。DVR 为系统提供了足够的缓冲以度过暂时的扰动,如下降、突降及突升的电压暂态。DVR 串联在电网和受保护的负荷之间,在输电或配电系统发生故障引起电压暂态时可以稳定用户系统的电压。DVR 可以设计用于满足任何电压和负荷的要求,但最适合工业和大型商业用户的中、高电压情况下的应用。DVR 中的电容器组可提供高达 300~500 m 的电压突降的储能。

(4)隔离变压器。从统计上看屏蔽隔离变压器用于屏蔽对电磁干扰敏感的负荷。这些负荷包括用于医疗和外科手术室或者是非常精确的流程控制的线感的电子设备及计算机设备。隔离变压器通过非直接接触来保护这些负荷,初始故障时电路不中断。因此,优先安装隔离变压器的负荷不希望发生突然中断,严禁自动中断。

(5)同步电动机—发电机组。同步电动机—发电机组被用作一个非常有效的“线路调节器”,可稳定电压并抑制噪声。该同步电动机—发电机组由连接到发电机/同步发电机上的直流或交流电动机组成,在电源故障期间为优先级的负荷供电。它不仅抑制共模噪声,还可以抑制由轴或传送带连接进入输出中的任何线对线(Line—to—line)噪声。旋转式UPS使用同步电动机—发电机组的转动惯量穿越短时电源中断。在这个系统中,发电机提供了真正的电源隔离,除了由发电机绕组特性产生的一些轻微谐波之外,不会产生任何异常通过UPS。

(6)不间断电源(UPS)。

在双变换或优质UPS中,输入的交流整流成直流供给UPS内部的直流母线,输出逆变器将直流电转换成规定标准的工频交流对优先级的负荷供电。在正常运行(电网电源可用)时,连接在直流母线上的电池浮动充电,而当电网停电时,电池给直流母线供电,支持逆变器及优先级的负荷。

该UPS包括了以下子系统。

①系统控制系统。其控制逻辑自动管理主母线的运行,并监测UPS模块的性能,通过微处理器及专用固件提供与外部设备的交互显示及端口通信。

②整流器/充电器。整流器/充电器将交流电转换成直流给电池充电,并给低纹波直流电源逆变器提供直流输入,以防在电源中出现谐波电流畸变。

③逆变器。逆变器将直流电转换成所需的精确的交流电,给敏感的优先级负荷供电。它通过易于进行的滤波将直流电转换成脉冲宽度调制(Pulse— Width Modulated,PWM)的波形,产生一个最大限度减少由典型切换电源和其他非线性负荷组件引起的谐波电压畸变的纯正弦波输出。

④静态旁路开关。当系统上严重过负荷或UPS内有故障时,固态旁路开关能快速地将负荷从由电源逆变器供电转换到由旁路交流电源供电。静态旁路开关动作时不需要中断对负荷的供电。该系统需要包括冗余电路,用于检测并隔离静态旁路开关内发生短路的SCR(晶闸管整流器)。

⑤熔断器。熔断器与静态旁路电路串联安装,在任何灾难性输出情况下提供可靠的过载保护。静态开关SCR的额定容量足以承受令熔断器动作的电流。

⑥旁路电路。旁路电路由电动机操作的断路器和与之并联的固态开关及相关的同步控制电路组成。同步控制电路可将负荷从逆变器转换到旁路电源,或者从旁路电源转换回逆变器。

⑦电池储能系统。当交流电源电压超出规定范围时,电池储能系统替代其用作向逆变器供电的直流电源。电池为逆变器供电到主电网供电恢复或备用电源可用,如果交流电源未恢复或备用电源无法使用,电池可为负荷的有序断开提供足够的电力。此UPS的主要优点如下。

a. 优先级的负荷与输入的交流电源完全隔离。

b. 优先级的负荷将始终通过内部直流母线馈电的逆变器供电。因此，在输电源出现故障的情况下，由于逆变器按 DC 输入工作，所以输出电压不存在过渡作突降。

c. 即使交流输入电压和频率发生波动，双变换 UPS 也并不会在意，因为整减器只将直流电供给直流总线。当输入电压低于标称值的 15％时，UPS 可以工作甚至可以继续给电池充电。当电压突降低于标称值的 20％时，UPS 可以继续工作，无须电池放电。同样，如果输入频率在规定范围内外波动，整流器将继续产生直流电，同时输出逆变器在不使用电池的情况下继续产生 50 Hz 的电力。

d. 输出逆变器通常包含一台产生隔离的电源中性点的隔离变压器。这使 UPS 能被电气隔离，对负荷进行共模噪声保护。

e. 双向变换 UPS 本质上是双输入，即具有整流器和旁路电路的独立输入。

f. 当输入线路上发生故障时，UPS 转为电池供电，但 UPS 整流器不允许有从直流母线向上游的潮流。

g. 这是一个很好理解的设计，其性能经过长期验证。尽管电池储能是 UPS 中最常见的形式，但其他的储能形式正被使用和/或开发用于商业用途。这些新出现的系统包括飞轮、超级电容器、超导电磁储能装置等。

参 考 文 献

[1] 杨德才. 锂离子电池安全性——原理、设计与测试[M]. 成都：电子科技大学出版社，2010.

[2] 张继红. 微电网控制理论及保护方法[M]. 西安：西安电子科技大学出版社，2018.

[3] 李宏仲，段建民，王承民. 智能电网中蓄电池储能技术及其价值评估[M]. 北京：机械工业出版社，2012.

[4] NARSA R T，UJJAL M，ABHISEK U，et al. Control strategy for AC-DC microgrid with hybrid energy storage under different operating modes[J]. Electrical Power and Energy Systems，2019，104：807-816.

[5] JILTE R D，KUMAR R，AHMADI M H，et al. Battery thermal management system employing phase change material with cell-to-cell air cooling[J]. Applied Thermal Engineering，2019，161：144199.

[6] DAISUKE M，YOSHIKI Y，TAKAHIRO Y，et al. Optimization of local microgrid model for energy sharing considering daily variations in supply and demand[J]. Energy Procedia，2019，158：4109-4114.

[7] BHANU B，MD H U，JAEDO P. Coordinated control and dynamic optimization in DC microgrid systems[J]. International Journal of Electrical Power & Energy Systems，2013，113：832-841.

[8] MOHAMMAD H，MORADI，MOHSEN E，et al. Cooperative control strategy of energy storage systems and micro sources for stabilizing microgrids in different operation modes[J]. International Journal of Electrical Power & Energy Systems，2016，78：390-400.

[9] BENFEI W，LIANG X，UJJAL M，et al. Hybrid energy storage system using bidirectional single-inductor multiple-port converter with model predictive control in DC microgrids[J]. Electric Power Systems Research，2019，173：38-47.

[10] NARSA R T，UJJAL M，ABHISEK U，et al. Control strategy for AC-DC microgrid with hybrid energy storage under different operating modes[J]. International Journal of Electrical Power & Energy Systems，2019，104：807-816.

[11] IOAN S. A control strategy for microgrids：Seamless transfer based on a leading inverter with supercapacitor energy storage system[J]. Applied Energy，2018，

221:490-507.

[12] YINGHUI H, MINGCHAO X, XIAOYU H, et al. A smooth transition control strategy for microgrid operation modes[J]. Energy Procedia, 2014, 61:760-766.

[13] 郭伟,张建成,苏浩,等. 针对并网型风储微网的飞轮储能阵列系统控制方法[J]. 储能技术与科学, 2018, 7(5):810-814.

[14] 刘梦璇. 微电网能量管理与优化设计研究[D]. 天津:天津大学,2012.

[15] 刘振亚. 中国电力与能源[M]. 北京:中国电力出版社,2012.

[16] 范斌. 电价规制方法与应用研究[D]. 北京:华北电力大学,2010.

[17] RAMTEEN S, PAUL D, THOMAS J, et al. Estimating the value of electricity storage in PJM: Arbirage and some welfare effects[J]. Energy Economics, 2009, 31:268-277.

[18] 张文亮,丘明,来小康. 储能技术在电力系统的应用[J]. 电网技术,2008,32(17):1-9.

[19] 朱伟,王大成,沈晓峰. 上海电网线损精细化管理的技术与实践[J]. 华东电力,2010,10:1617-1620.

[20] 杨志淳,刘开培,乐健. 孤岛运行微电网中模糊 PID 下垂控制器设计[J]. 电力系统自动化,2013,33(1):19-24.

[21] 王久和. 电压型 PWM 整流器的非线性控制[M]. 北京:机械工业出版社,2008.

[22] NOGUCHI T, TOMIKI H, KONDO S, et al. Direct Power Control of PWM Conerter Without Power-Source Voltage Sensor [J]. IEEE Transactions on Industry Application, 1998, 34(6):473-479.

[23] CORTES P, KAZMIERKOWSKI M P, KENNEL R M, et al. Predictive control in power electronics and drives[J]. IEEE Trans. On Industrial Electronics, 2008, 55(12):4312-4323.

[24] 李玉玲,鲍建宇,张仲超. 基于模型预测控制的单位功率因数电流型 PWM 整流器[J]. 中国电机工程学报,2006,26(19):60-64.

[25] 杨勇,赵方平,阮毅,等. 三相并网逆变器电流预测控制技术[J]. 电工技术学报,2011, 26(6):153-159.

[26] 叶虹志. 永磁直驱风电系统并网变流器的预测直接功率控制[D]. 长沙:湖南大学,2014.

[27] 唐欣,罗安,涂春鸣. 基于递推积分 PI 的混合型有源电力滤波器电流控制[J]. 中国电机工程学报,2003,23(10):38-41.

[28] 刘艳妮. 风电场并网运行电压稳定性研究[D]. 北京:华北电力大学,2010.

[29] 肖磊. 直驱型永磁风力发电系统低电压穿越技术研究[D]. 长沙:湖南大学,2009.

[30] 程玮.光伏和风力发电系统的动态建模[D].杭州:浙江大学,2012.

[31] 温家良,吴锐,彭畅,等.直流电网在中国的应用前景分析[J].中国电机工程学报,2012(13):7-12.

[32] 廖志波,阮新波.独立光伏发电系统能量管理策略[J].中国电机工程学报,2009,29(21):46-52.

[33] LU X, SUN K, GUERRERO J M, et al. State-of-charge balance using adaptive droop control for distributed energy storage system in DC microgrid applications [J]. IEEE Transactions on Industrial Electronics, 2014,61(60):2814-2815.

[34] ROCABERT, LUNA A, BLAABJERG F, et al. Control of power converters in AC microgrids[J]. IEEE Transactions on Industrial Electronics, 2012, 27(11): 4734-4749.

[35] 陶琼,吴在京,程军照,等.含光伏阵列及燃料电池的微电网建模与仿真[J],电力系统保护与控制, 2010, 38(21):104-107.

[36] 陈锴,杨逸,尚锦萍.光伏发电系统逆变器控制策略[J].自动化仪表,2020,1:41-1.

[37] HE J W, LI Y W. Generalized closed-loop control schemes, with embedded virtual impedances for voltage source converters with LC or LCL filters[J]. IEEE Transactions on Power Electronics,2012,10(3):45-50.

[38] 刘斌,林小峰,张思敏,等.基于 PI 与准 PR 联合控制的光伏并网电流优化[J].电力系统保护与控制,2017,45(7):121-125.

[39] 王德玉,吴俊娟,郭小强,等.单相光伏逆变器 PDFI 控制技术研究[J].电力电子技术,2012,45(5):52-53.

[40] 丁明,王伟胜,王秀丽,等.大规模光伏发电对电力系统影响综述[J].中国电机工程学报,2014,34(1):1-14.

[41] 刘中原,王维庆,王海云,等.并网型光伏系统无功电压稳定性控制策略研究[J].电力电容器与无功补偿,2017,38(6):130-137.

[42] 刘伟,彭冬,卜广全,等.光伏发电接入智能配电网后的系统问题综述[J].电网技术,2009,36(19):1-6.

[43] 邓长吉,刘向立,胡永华,等.基于 dq 坐标变换的单相逆变器控制研究[J].电气传动,2015,45(9):30-32.

[44] 李军,李玉玲,陈国柱.无阻尼 LCL 滤波器的并网变流器稳定性控制策略[J].电工技术学报,2012,27(4):110-116.

[45] 王要强,吴凤江,孙力,等.阻尼损耗最小化的 LCL 滤波器参数优化设计[J].中国电机工程学报,2010,30(27):90-95.

名 词 索 引

A

AGC 性能监视(AGC PM)　3.4
安全工作区　6.4

B

BBS(模块－总线－软件)　3.2
被动均衡　3.4
备用容量监视(RM)　3.4
比热(Specific Heat)　5.5
并网储能系统　3.1
并网发电系统　3.1
不间断电源(UPS)　1.2

C

超导磁储能　3.2
超级电容储能　1.3
抽水蓄能　1.1
储能变流器　4.1
储热　1.3
储热材料　1.3
传感器　3.2
从控单元(CSC)　3.4

D

DG(分布式发电)　3.2
单片机　1.4
电池管理系统(BMS)　1.4
电池剩余容量(SOC)　1.4

电池系统评估(Battery System Estimate,BSE) 3.4
电磁干扰 3.2
电化学储能 1.2
电解液 1.2
电力电子积木(Power Electronic Building Block,PEBB) 3.2
电力电子技术 3.2
电力电子接口 3.2
电流积分法 3.4
电路板(PCB) 3.2
电网能源管理系统 3.4
定联络线净交换功率控制方式(CNIC) 3.4
定频率控制方式(CFC) 3.4
动态特性 3.4
动态转移技术 3.4
对等控制策略 3.2

E

EMS 3.2

F

反向偏置 6.3
飞轮储能 1.1
分布式发电 2.1
风冷 3.2
负荷频率控制(LFC) 3.4

G

改进的粒子群优化算法 3.1
高压管理单元(HVU) 3.4
功率 MOSFET 6.4
功率半导体器件(Power Semiconductor Device) 6.2
功率二极管(Power Diode) 6.3
固体聚合物电解质 6.2
光伏发电 2.1
光伏发电系统 3.1

I

IGBT(绝缘栅双极型晶体管） 3.1

J

集成功率模块(IPM） 3.2
集装箱式储能系统 4.2
寄生电感 3.2
交流电(AC） 3.1
金属氢化物储氢 1.3
金属氧化物半导体场效应晶体管(Metal-Oxide Semiconductor Field Effect Transistor，MOSFET） 3.2
经济调度控制(EDC） 3.4
静态特性 6.3
绝缘栅双极型晶体管(IGBT） 3.2
均衡技术 3.4

K

卡尔曼(Kalman)滤波算法 3.4
卡诺定理 5.5
开关特性 6.2
可编程控制器(PLC） 3.4
可再生能源发电(VG） 2.1
空心玻璃微球储氢 5.3
控制策略 3.1

L

$LiCoO_2$ 1.2
$LiFePO_4$ 1.2
$LiNiO_2$ 1.2
$Li_xMn_2O_4$ 1.2
离网储能系统 3.1
离子液体 5.3
锂离子电池 1.2
联络线偏差控制(TBC） 3.4

M

脉冲宽度调制技术(PWM) 3.1
摩尔热容(Molar Specific Heat) 5.5

N

钠硫电池 1.2
内能(Internal Energy) 5.5
逆变器 3.1

P

PQ 控制 3.2
Park 变换 3.2
PI 调节 3.2
PN 结 3.1
硼氢化物 5.3

Q

气态储氢 5.1
铅酸电池 1.2
氢气存储 5.1

R

燃料电池 1.2
热管理技术 3.4
热化学储热 1.3
热力学第二定律 5.5
热力学第一定律 5.5
热力学第零定律 5.5
热容量(Thermal Capacity) 5.5

S

SCADA 3.2
SOC(荷电状态) 1.2
SOH(健康状态) 1.4

SPWM　3.2
神经网络算法　3.4
数据采集与监控系统(SCADA)　3.4
双极结型晶体管　6.4

T

通信系统　3.4

W

微电网　3.1
微电网群　3.4
微孔材料储氢　5.3
微型燃气轮机　3.2
无功功率　3.2

X

吸附蓄热　5.6
下垂控制　3.2
显热储热　1.3
相变材料(PCM)　1.3
相变储热　1.3

Y

压缩空气储能　1.1
阳极材料　6.1
液冷　3.4
液流电池　2.1
液体电解液　6.2
移动式储能系统　3.4
用户能量管理　4.2
远程终端系统　3.4
远程终端站(RTU)　3.4

Z

正向偏置电路　6.3

直流电 DC　3.1
智能电网系统　3.2
主从控制　3.2
主控单元(BMU)　3.4
自动发电控制(AGC)　3.4